Joseph H. Spurk

Dimensionsanalyse in der Strömungslehre

Mit 72 Abbildungen

Springer-Verlag Berlin Heidelberg GmbH

Professor Dr.-Ing. Joseph H. Spurk

Fachgebiet Technische Strömungslehre
Technische Hochschule Darmstadt
Petersenstraße 30
6100 Darmstadt

Die Deutsche Bibliothek - CIP-Einheitsaufnahme
Spurk, Joseph H.:
Dimensionsanalyse in der Strömungslehre / Joseph H. Spurk. -
Berlin ; Heidelberg ; NewYork ; London ; Paris ; Tokyo ;
HongKong ; Barcelona ; Budapest : Springer, 1992

ISBN 978-3-662-01582-7 ISBN 978-3-662-01581-0 (eBook)
DOI 10.1007/978-3-662-01581-0

Ursprünglich erschienin bei Springer-Verlag Berlin Heidelberg in 1992

Satz: Reproduktionsfertige Vorlage des Autors
Umschlagentwurf: K. Lubina, Schöneiche

60/3020 5 4 3 2 1 0 - Gedruckt auf säurefreiem Papier

Vorwort

Dimensionsbetrachtungen reichen bis in die Anfänge der Mechanik und besonders der Strömungslehre zurück. Zu der Fortentwicklung dieser Wissenschaften und zu dem Erkenntnisfortschritt der Naturwissenschaften allgemein haben Dimensionsbetrachtungen wesentliche Beiträge geliefert und oft richtungsweisend neue Wissensgebiete eröffnet. Leider verdeckt der Hinweis auf dimensionsanalytisch begründete Ansätze leicht die hinter diesen Ansätzen stehende geistige Leistung und verführt zur Annahme, daß sich die Mühen neuer Erkenntnisse durch hastige, rezeptartige Anwendungen dimensionsanalytischer Methoden vermeiden ließen. Gescheiterte Ansätze und bittere Enttäuschungen sind die Folge und einhergehend die Ablehnung dieser Methoden überhaupt. Der leichtfertige Umgang mit Dimensionsbetrachtungen wird durch Lehrbücher gefördert, die Rezepturen in den Vordergrund stellen und an (wohl bekannten) Beispielen zeigen, wie leicht, ans Wunderbare grenzend, sich physikalische Erkenntnisse von tiefer Bedeutung gewinnen lassen. Die formale Dimensionsanalyse kann aber aus einer Problemstellung nur die, für die Lösung unwichtige, Information entfernen, die über das Maßsystem eingetreten ist. Das stellt noch keine physikalische Erkenntnis dar. Daher kann die formale Durchführung der Dimensionsanalyse nicht im Vordergrund stehen, zumal diese fast trivial ist. Im Vordergrund steht vielmehr die Durchdringung der gegebenen Fragestellung, die Abstraktion und Vereinfachung des Problems, die es erst gestattet, die relevanten physikalischen Größen zu erkennen und damit ihre Zahl auf das für die Beschreibung absolut notwendige Minimum zu beschränken. Erst dann ist eine Dimensionsanalyse sinnvoll, weil sie die notwendige Zahl der Veränderlichen weiter reduziert. Aber dieser Satz der neuen Veränderlichen ist nicht eindeutig. Es gibt unendlich viele Sätze und nur einer ist in der Regel zur Beantwortung der vorgelegten Fragestellung geeignet. Auf der anderen Seite kann derselbe Satz bei physikalisch ganz verschiedenen Problemen auftreten. Die Allgemeinheit der Dimensionsanalyse ist ihre Stärke und ihre Schwäche zugleich: „... it is fatally easy to prove too much and to get more out of a problem than was put into it" (BATCHELOR [1954]).

Dieses Buch hat den Zweck, die sinnvolle Anwendung der Dimensionsbetrachtungen zu fördern und zu zeigen, daß sich dann wertvolle Erkenntnisse und Einsichten gewinnen lassen. Die einfachen Methoden der Dimensionsanalyse sind auch ohne zusätzliche Anstrengungen immer präsent und im täglichen Umgang mit Problemstellungen einsetzbar. Das Buch soll diesen Umgang lehren, es soll lehren, in „Dimensionen" zu denken.

Das Buch besteht inhaltlich aus zwei Teilen. Der erste Teil, der für sich als Lehrbuch der Dimensionsanalyse angesehen werden kann, ist den Methoden gewidmet. Er führt auf anschaulichem und strengem Wege die für den logischen Aufbau der Dimensionsanalyse notwendigen Definitionen der physikalischen Größe, der Basisgröße und der abgeleiteten Größe ein und stellt das Basisgrößensystem und das Maßsystem vor. Zahlreiche Beispiele demonstrieren die zweckmäßige Wahl des Basisgrößensystems und die Bedeutung dimensionsbehafteter Konstanten. Im zweiten Kapitel werden die Methoden zur Lösung einfacher Beispiele aus der Strömungslehre angewandt. Das dritte Kapitel rückt die Modelltheorie als direkte Konsequenz der Dimensionsanalyse ins Bewußtsein. Dieser erste Teil des Buches kann ohne Vorkenntnisse der Strömungslehre gelesen werden.

Im zweiten Teil werden ausgesuchte Gebiete der Strömungslehre aus dimensionsanalytischer Sicht behandelt. Die Auswahl erfolgte vom Standpunkt des Maschinenbauers, denn selbst bei Beschränkung auf strömungsmechanische Probleme müssen wichtige, von der Dimensionsanalyse geprägte und auf ihr fußende Gebiete der Strömungslehre unberücksichtigt bleiben. Das vierte Kapitel behandelt die Anwendung der Modelltheorie auf die Strömungsmaschinen und enthält eine bisher nicht veröffentlichte, dimensionsanalytisch begründete Theorie der Aufwertung. Dieses Kapitel ist von meinem Darmstädter Kollegen Herrn Stoffel gründlich durchgesehen worden und seine wohlwollende Bewertung hat mich ermuntert, die neuen, sicherlich noch nicht ausreichend getesteten Aufwerteformeln in dieser Form zu veröffentlichen. Herrn Dr. Grein, Zürich, danke ich für sein ermutigendes Interesse und der Sulzer Escher Wyss AG in Zürich, daß sie mir gestattet hat, Meßprotokolle auszuwerten und so die Aufwertung an ausgeführten Maschinen ganz verschiedener Bauart zu testen. Neben der inhärenten Bedeutung der Gleitlager für das Maschinenwesen war die Aufnahme eines Kapitels über diesen Gegenstand auch aus historischer Sicht angezeigt; haben doch die Arbeiten M. D. HERSEYS auf diesem Gebiet viel zur Akzeptanz dimensionsanalytischer Methoden im Maschinenbau beigetragen. Wie auf kaum einem anderen Gebiet waren und sind Dimensionsbetrachtungen so fruchtbar wie auf dem Gebiet der Turbulenz. Gerade bei diesem immer noch weitgehend ungelösten Problem beruhen die wirklich verläßlichen Ergebnisse auf Dimensionsbetrachtungen. Auch hier müssen ganze Bereiche, in denen die Dimensionsanalyse besonders erfolgreich war, außer Betracht bleiben. Nur die für die Ingenieursanwendungen besonders wichtigen turbulenten Scherströmungen werden im sechsten Kapitel besprochen. Das letzte Kapitel hat die Anwendung der Dimensionsanalyse auf Ähnlichkeitslösungen zum Ziel. Hier werden verstärkt zusätzliche Überlegungen mit Dimensionsbetrachtungen verbunden.

Für das Verständnis dieses zweiten Teiles sind Grundlagenkenntnisse der Strömungslehre notwendig, etwa in dem Umfang, wie sie Ingenieurstudenten an wissenschaftlichen Hochschulen vermittelt werden. Daher werden im Text Ausgangsgleichungen ohne Quellenangaben zitiert. Ich habe mich in der Bezeichnungsweise an das von mir verfaßte Lehrbuch[1] gehalten, aber ständige Hinweise darauf unterlassen, weil das nötige Hintergrundwissen auch anderen Lehrbüchern entnommen werden kann.

Bei der Abfassung dieses Buches haben mir viele Leute geholfen, denen ich meinen Dank ausspreche, ohne Verantwortung für den Inhalt zu übertragen: Für alle Fehler und Mängel bin ich verantwortlich. Die erste Fassung des Buches verdanke ich meinem früheren Mitarbeiter, Herrn Dr. J. C. Depp, dessen ansteckende Begeisterung mich überhaupt bewogen hat, ein Vorlesungsmanuskript in Buchform herauszubringen, das noch auf Vorlesungen beruht, die ich in den U.S.A. gehalten habe. Eine frühe Version des Buches wurde von Herrn Dr. habil N. Aksel, Karlsruhe, sorgfältig gelesen. Für seine zahlreichen Anregungen danke ich ihm. Mein Mitarbeiter, Herr Dipl.-Ing. O. Meister, hat alle Ableitungen nachgerechnet und die meisten Abbildungen angefertigt. Sein verläßliches Urteil war mir eine große Hilfe. Besonderer Dank gilt Frau C. Meister, die selbstlos, freundlich und kompetent die Rechtschreibung überprüft hat. Aus einem schlecht leserlichen Manuskript hat mein Mitarbeiter, Herr Dipl.-Ing. V. Simon, und Herr cand. mach. D. Wilhelm eine druckreife Vorlage angefertigt. Herr Simon hat auch die Ausarbeitung der Beispiele übernommen und alle Formeln nachgeprüft. Er war mir ein verständiger und geschätzter Gesprächspartner.

Darmstadt, im September 1991 — J. H. Spurk

[1] Spurk, J. H.: *Strömunglehre*. Berlin, Heidelberg, New York, London, Paris, Tokyo: Springer, 1989

Inhaltsverzeichnis

1 Einführung in die Dimensionsanalyse

The magic numbers in the engineering sciences today are the dimensionless numbers.
HERSEY [1966]

1.1 Einleitung

Fragestellungen in der Physik und den Ingenieurwissenschaften betreffen Beziehungen zwischen *physikalischen Größen*, wobei wir vorläufig als bekannt voraussetzen, daß eine physikalische Größe durch Zahlenwert (Maßzahl) und Einheit gekennzeichnet ist (FOURIER [1822]). Bei diesen Fragestellungen dreht es sich darum, den Zahlenwert einer gesuchten physikalischen Größe aus den Zahlenwerten gegebener physikalischer Größen zu berechnen. Im allgemeinen ist dabei die Funktion, welche die gesuchte Größe in Abhängigkeit der gegebenen Größen darstellt, nicht explizit bekannt, sondern wird meist erst nach erheblichem mathematischen Aufwand (etwa als Lösung von Differential- oder Integralgleichungen), häufig aber überhaupt nicht erhalten; sei es, weil die mathematischen Schwierigkeiten unüberwindbar oder die das Problem beschreibenden Gleichungen unbekannt sind.

Unter der selbstverständlichen Annahme, daß die gesuchte Funktion existiert, läßt die Methode der *Dimensionsanalyse* aber eine Teillösung auch ohne weitere mathematische Lösungsverfahren zu. Das Ergebnis der Dimensionsanalyse ist exakter Natur und besteht i. allg. in einer Reduktion der Anzahl der Veränderlichen. Diese Reduktion ermöglicht unter Umständen erst eine – im mathematischen Sinne – exakte Lösung des Problems. Aber auch dann, wenn nach einer Dimensionsanalyse eine exakte Lösung nicht möglich ist und das Problem mit numerischen oder experimentellen Verfahren bearbeitet wird, bringt die Reduktion der Anzahl der Veränderlichen offensichtliche Vorteile.

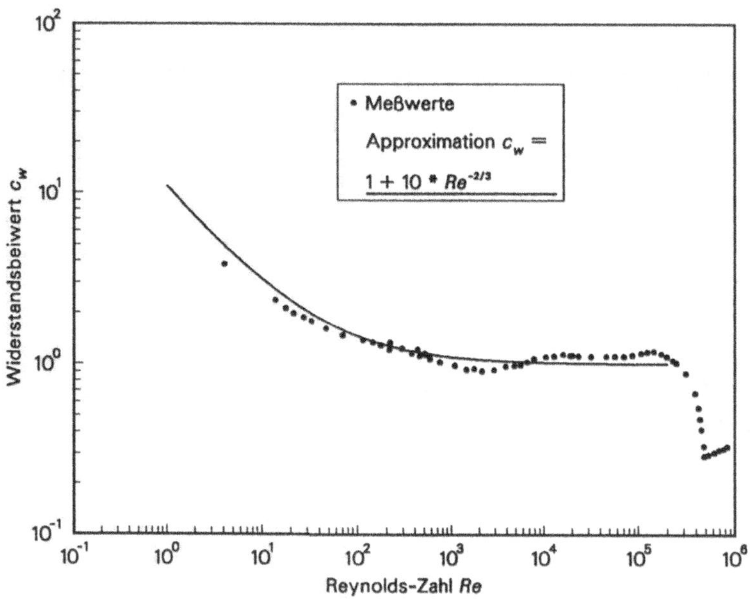

Abb. 1.1. Widerstandskurve des Kreiszylinders

Man denke zur Veranschaulichung an das technisch wichtige Widerstandsproblem, etwa an einen Zylinder in inkompressibler, isothermer Strömung einer Newtonschen Flüssigkeit. Die gesuchte Funktion ist hier

$$W = W(U_\infty, \eta, \varrho, d) \; ; \tag{1.1}$$

sie gibt die Maßzahl des Widerstandes W (pro Tiefeneinheit) als Funktion der Maßzahlen der Anströmgeschwindigkeit U_∞, der Scherviskosität η, der Dichte ϱ und des Zylinderdurchmessers d an.

Zusammenhänge wie (1.1) können auch als Beziehungen zwischen physikalischen Größen angesehen werden, ein Standpunkt, den wir zuweilen einnehmen werden. Im konkreten Fall betrachten wir sie aber als Gleichungen zwischen Maßzahlen, d. h. als Gleichungen, die von den Maßzahlen der fraglichen physikalischen Größen erfüllt werden.

Bisher ist es nicht gelungen (auch nicht auf numerischem Wege), den Zusammenhang (1.1) für den gesamten technisch interessierenden Wertebereich zu berechnen, so daß man in dieser wichtigen Frage auf Experimente angewiesen ist. Bei einer unkritischen Vorgehensweise könnte man zunächst W als Funktion von U_∞ bei festgehaltenen ϱ und d für verschiedene η messen. Das Ergebnis der Messung bestünde in einem Kurvenblatt,

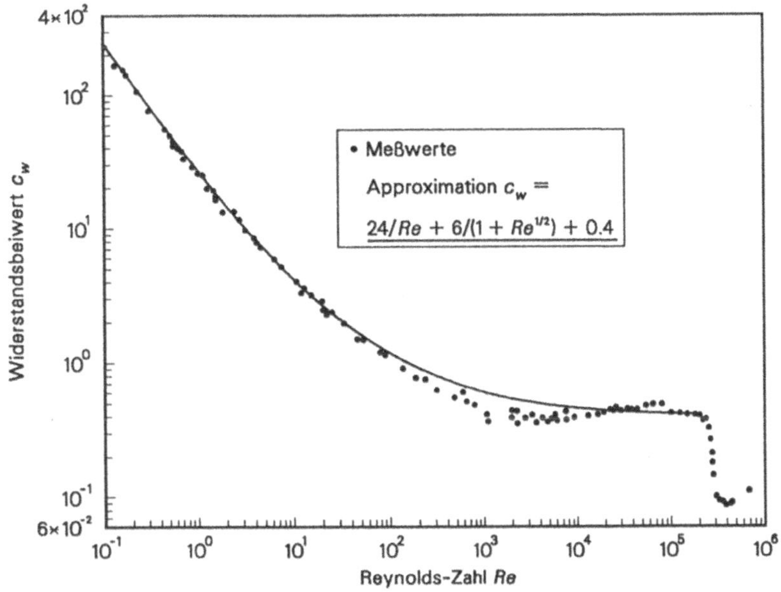

Abb. 1.2. Widerstandskurve der Kugel

in dem W als Funktion von U_∞ mit η als Scharparameter dargestellt ist. Für jede Änderung in ϱ erhielte man ein neues Kurvenblatt, zusammen also eine Kartei von Blättern mit ϱ als Blattparameter. Für jede Variation von d schließlich würde eine solche Kartei von Blättern erzeugt. Bei Beantwortung der Fragestellung (1.1) durch numerische Berechnung wäre man bei derselben Vorgehensweise auf eine entsprechend große Anzahl von Rechenläufen angewiesen.

Mit den Methoden der Dimensionsanalyse läßt sich die gesuchte Funktion (1.1) auf den Zusammenhang zwischen zwei dimensionslosen Größen

$$c_w = c_w(Re) \tag{1.2}$$

zurückführen, wobei c_w der *Widerstandsbeiwert*

$$c_w = \frac{2W}{\varrho U_\infty^2 d} \tag{1.3}$$

und Re die *Reynoldssche Zahl*

$$Re = \frac{U_\infty \varrho d}{\eta} \tag{1.4}$$

ist. Damit läßt sich durch eine einzige Kurve der Widerstand von Zylindern beliebigen Durchmessers bei beliebigen Anströmgeschwindigkeiten, Scherviskositäten und Dichten der Flüssigkeit beschreiben, solange nur die Geschwindigkeit klein genug ist, um die Annahme inkompressibler, isothermer Strömung zu rechtfertigen.

Die Funktion (1.2) selbst kann nicht aus einer Dimensionsanalyse gewonnen werden. Sie muß experimentell ermittelt werden, wozu aber eine einzige Meßreihe mit einem Zylinder beliebigen Durchmessers in einer beliebigen Newtonschen Flüssigkeit bei variierter Anströmung genügt. Abb. 1.1 zeigt diese experimentell bestimmte universelle Kurve, bei der Widerstandsbeiwerte von Zylindern von der Dicke eines „Frauenhaars" bis zu Zylindern in „Baumstammdicke" (PRANDTL [1921]) aufgetragen sind. Wie ersichtlich, fallen alle Versuchsreihen auf eine einzige Kurve. In Abb. 1.2 ist die entsprechende Kurve für Kugeln dargestellt, die später noch besprochen wird.

Für alle *geometrisch ähnlichen Körper* erhält man so jeweils eine Widerstandskurve der Form (1.2). Wir benutzen die Gelegenheit, den Begriff der *geometrischen Ähnlichkeit* zu erläutern: Die Geometrie eines Körpers läßt sich sowohl durch eine Anzahl von Längen als auch durch eine Länge und eine Anzahl von Längenverhältnissen darstellen. Geometrisch ähnliche Körper entstehen, wenn diese eine Länge verändert, die Längenverhältnisse aber beibehalten werden.

Im obigen Beispiel wurde schon die wichtigste Folge der Reduktion der Veränderlichen sichtbar: Beziehungen zwischen dimensionsbehafteten physikalischen Größen können auf Beziehungen zwischen dimensionslosen Größen zurückgeführt werden. Dieses Ergebnis vereinfacht und verallgemeinert Antworten auf physikalische Fragestellungen und bildet die Grundlage der Modelltheorie und des Modellversuchswesens.

Verkürzt ausgedrückt: Physikalische Vorgänge werden nicht durch dimensionsbehaftete, sondern durch dimensionslose Größen beschrieben.

Die Methoden der Dimensionsanalyse lassen sich allerdings nur auf Gleichungen anwenden, die *dimensionshomogen* sind, was aber, wie wir gleich sehen werden, keine wirkliche Einschränkung bedeutet. An dieser Stelle genügt es, unter dimensionshomogenen Gleichungen solche Beziehungen zu verstehen, die den routinemäßigen *Dimensionskontrollen* – notwendige Bedingung für die Richtigkeit einer dimensionshomogenen oder physikalischen Gleichung – der Ingenieure und Physiker standhalten. Die Dimensionskontrolle prüft bekanntlich, ob jeder Summand einer physikalischen Gleichung dieselbe Dimension hat.

Solche dimensionshomogenen Beziehungen erfüllen die wichtige aber nur hinreichende Bedingung, für jede Wahl der Einheiten gültig zu sein. So ist z. B. die *Torricellische Ausflußformel*

$$u = \sqrt{2gh} \,, \tag{1.5}$$

die bei verlustfreier Strömung die Flüssigkeitsgeschwindigkeit u aus einem großen Gefäß mit dem Flüssigkeitsstand h über dem Ausfluß angibt, für alle Einheiten gültig, egal ob die Höhe h in Metern, Fuß oder Angström gemessen wird.

Setzt man für die Erdbeschleunigung g den Zahlenwert 9.81 ein, d. h.

$$u = 4.43\sqrt{h} \; , \tag{1.6}$$

so ist die resultierende Gleichung nicht mehr dimensionshomogen, daher keine physikalische Gleichung mehr, und nur noch für die Einheiten Meter und Sekunde der *Basisgrößen* Länge und Zeit gültig. Selbstverständlich kann eine derartige Gleichung, insbesondere wenn sie aus experimenteller Untersuchung erwächst, zweckmäßig sein. In der angewandten Hydraulik finden sich viele, für praktische Zwecke nützliche Beziehungen, die keine dimensionshomogenen Gleichungen sind und durch Angabe der Einheiten ergänzt werden müssen. Diese Gleichungen sind richtig, da sie Ergebnisse von Messungen wiedergeben, also Erfahrungen, d. h. universelle Naturgesetze in Gleichungen zusammenfassen.

Wir können (1.6) als das Ergebnis von Messungen der Ausflußgeschwindigkeit in Abhängigkeit des Flüssigkeitsstandes auffassen, wobei der Experimentator die Ausflußgeschwindigkeit in Metern pro Sekunde und den Flüssigkeitsstand in Metern mißt. Ein Experimentator, der diese Größen in Fuß pro Minute und Fuß mißt, stellt dieselbe Abhängigkeit fest; allerdings beträgt der Zahlenfaktor nunmehr 481.39 statt 4.43 und hängt daher von den verwendeten Einheiten ab, d. h. der Zahlenfaktor ist dimensionsbehaftet. Wählt man also für die Größe in (1.6), deren Zahlenfaktor 4.43 ist, die Einheit $m^{1/2}/s$, so ist die Gleichung dimensionshomogen und dann auch für jede andere Wahl der Einheiten gültig. Die Umrechnung des Zahlenwertes der dimensionsbehafteten Größe in den Einheiten Meter und Sekunde auf die Einheiten Fuß und Minute ergibt den oben erwähnten Zahlenfaktor.

Empirische Gleichungen wie (1.6) können durch Einführung dimensionsbehafteter Konstanten immer in dimensionshomogene Gleichungen überführt werden. Im allgemeinen wird dies erreicht, indem man jede gemessene Größe mit einer dimensionsbehafteten Konstanten multipliziert, deren Zahlenwert die Eins ist und deren Einheit reziprok zur Einheit der gemessenen Größe ist. Die Gleichung ist dann in offensichtlicher Weise dimensionshomogen und daher für alle Einheiten gültig. Natürlich ändert sich der Zahlenwert Eins der dimensionsbehafteten Konstanten, wenn man von der ursprünglichen Einheit zu neuen Einheiten übergeht. Die so eingeführten Konstanten lassen sich oft zu einer einzigen Konstanten zusammenfassen, in die man auch einen Zahlenfaktor absorbieren kann, wie es der Fall ist, wenn man die allgemeine Regel auf (1.6) anwendet.

Dimensionshomogene Gleichungen sind daher nicht vermöge einer höheren Ordnung dimensionshomogen, sondern entstehen, weil Naturgesetze durch Einführung dimensionsbehafteter Konstanten in eine dimensionshomogene Form gebracht wurden.

Größen, die ihre Zahlenwerte ändern, wenn die Einheiten der Basisgrößen geändert werden, sind für die Zwecke der Dimensionsanalyse als Veränderliche zu zählen, und daher sind auch die dimensionsbehafteten Konstanten Veränderliche im obigen verallgemeinerten Sinn. Die Nichtbeachtung dimensionsbehafteter Konstanten bei Schlußweisen der Dimensionsanalyse führt in der Regel zu falschen Ergebnissen. Selbst aus dieser noch beispielhaften Darstellung wird es schon einsichtig, daß das Auftreten dimensionsbehafteter Konstanten von den gewählten Basisgrößen abhängt, während der Zahlenwert, wie oben gezeigt, von der Wahl der Einheiten im Basisgrößensystem festgelegt wird.

Dies bietet zugleich die Möglichkeit, dimensionsbehafteten Konstanten, die ja meistens Naturkonstanten sind, den Zahlenwert 1 zuzuweisen. Die sich dabei ergebenden „natürlichen" Einheiten sind aber für die Ingenieurwissenschaften ungeeignet. Wenn man beispielsweise (PLANCK [1959]) der Boltzmannschen Konstanten, der Planckschen Konstanten, der Lichtgeschwindigkeit und der Gravitationskonstanten der Reihe nach den Zahlenwert 1 zuweist, ergibt sich die neue Einheit der Temperatur zu $3.6 * 10^{32}\ {}^0C$, eine Temperatur, welche man höchstens Bruchteile von Sekunden nach dem „Urknall" erwartet.

Eine Besonderheit physikalischer Gleichungen ist die, daß man die Maßzahlen verschiedener physikalischer Größen nicht addieren darf. Vom mathematischen Standpunkt aus aber ist die Addition von Zahlen völlig korrekt, und es ist durchaus auch zulässig, z. B. die Erhaltungssätze der Energie und der Masse zu addieren. Die resultierende Gleichung ist nicht dimensionshomogen, aber da die beiden Ausgangsgleichungen invariant gegen Änderung der Einheiten der Basisgrößen waren, ist es auch ihre Summe. Die entstandene Gleichung stellt einen Zusammenhang zwischen Zahlen dar, die aber nicht Maßzahlen bekannter physikalischer Größen sein können, da keine physikalische Größe „Leistung plus Massenänderung" im Gebrauch ist.

Es ist offensichtlich, daß man auf triviale Weise solche nicht dimensionshomogene Gleichungen erzeugen kann, die für jede Wahl der Einheiten der Basisgrößen gültig sind. Sie liefern aber keine über die Ausgangsgleichungen hinausgehenden Informationen.

Vom Standpunkt einer Dimensionsbetrachtung ist nur wichtig, daß Gleichungen bzw. Funktionen, die physikalische Zusammenhänge beschreiben, dimensionshomogen sind oder gegebenenfalls in eine dimensionshomogene Form gebracht werden können.

1.2 Definitionen und Begriffe

Die Objekte, Vorgänge und Zustände, mit denen sich die Ingenieurwissenschaften beschäftigen, nennen wir *physikalische Systeme* oder -*Gegenstände*. Die Systeme sind über ihre Merkmale der Beobachtung zugänglich. Wenn die Merkmale meßbar sind, d. h. wenn sie durch reelle Zahlen darstellbar sind, nennen wir sie *physikalische Größen*.

Die Gegenstände selbst sind nicht meßbar, nur die Merkmale. So ist z. B. ein Zimmer selbst nicht meßbar, hat aber meßbare Merkmale: etwa seine Höhe, Breite oder sein Volumeninhalt. Ein Massenpunkt ist nicht meßbar, wohl aber seine Koordinaten, Geschwindigkeit, Masse etc. Wärmeleitung ist nicht meßbar, aber Temperaturverteilung, Temperaturgradient, Wärmeleitfähigkeit etc. sind meßbare Größen, wobei wir unter meßbaren Größen auch solche verstehen, die nicht direkt gemessen, sondern aus gemessenen Größen berechnet werden können.

Die Menge der physikalischen Größen gleicher Art bildet die *physikalische Größenart*. Die Höhe eines Zimmers ist beispielsweise eine physikalische Größe der Größenart Länge, genauso wie seine Breite und Länge physikalische Größen der Größenart Länge sind.

Die obengenannte Zuordnung der reellen Zahlen zu Merkmalen derselben Größenart muß eindeutig sein und erfordert daher Regeln. Wir teilen physikalische Größen zweckmäßigerweise in *Basisgrößen* und *abgeleitete Größen* ein, je nach den Regeln, die ihre Maßzahlen bestimmen. Eine physikalische Größe kann daher eine Basisgröße sein, wenn ihre Maßzahl nach den Regeln für Basisgrößen ermittelt wird (bzw. werden kann), oder auch eine abgeleitete Größe, wenn ihre Maßzahl nach den Regeln für abgeleitete Größen ermittelt wird.

Die Bestimmung der Maßzahlen der Basisgrößen geschieht durch Vergleich der physikalischen Größe mit einer physikalischen Größe derselben Art, die als Einheit willkürlich akzeptiert ist. Der Vergleich liefert die Maßzahl x, die angibt, wie oft die Einheit $\{p\}$ in der physikalischen Größe enthalten ist.

Neben der Einheit legen wir den Nullpunkt und damit die Eins einer Maßstabsskala fest, von der wir weiter verlangen, daß sie linear ist. Dies bedeutet insbesondere, daß sich die Maßzahl einer physikalischen Größe verdoppelt, wenn die Einheit halbiert wird. Das Verhältnis der Maßzahlen zweier Basisgrößen ist dann von der Wahl der Einheit unabhängig. Dies ist eine notwendige Bedingung für die Anwendbarkeit der Dimensionsanalyse.

Aus den weiter oben gemachten Bemerkungen ist ersichtlich, daß die Wahl der Basisgrößen, d. h. welche der physikalischen Größen die Rolle der Basisgrößen übernehmen, weitgehend willkürlich ist. Wenn aber die Maßzahlen von physikalischen Größen einer Größenart durch direkten Vergleich mit einem *Standard* ermittelt werden können, so wählt man gerne diese Größenart als *Grund-* oder *Basisgrößenart*. Dies ist am einsichtigsten bei der Größenart Länge, wo Maßzahlen direkt durch Vergleich mit dem Urmeter, jedenfalls im Prinzip, feststellbar sind.

Wie die Wahl der Basisgrößen bzw. der Basisgrößenarten, so ist auch ihre Anzahl weitgehend willkürlich. In der Mechanik wählt man oft Länge, Masse und Zeit als Basisgrößenarten.

Die Gesamtheit der Basisgrößenarten bildet das *Basisgrößensystem*. Wir kennzeichnen das Länge-Masse-Zeit-System durch die Symbole für Länge L, Masse M und der Zeit T in eckigen Klammern: $[LMT]$-System.

Wir werden später auf die zweckmäßige Wahl von Basisgrößenarten eingehen; die obige Wahl hängt aber auch wesentlich damit zusammen, daß für diese Größenarten sehr genaue Standards vorliegen und der direkte Vergleich im Prinzip die Maßzahlen der physikalischen Größen der entsprechenden Größenarten liefern kann. Z. B. könnte man die Zeit mit der Periodendauer des Überganges zwischen den beiden Hyperfeinstrukturniveaus der Grundzustände von Atomen des Nuklids ^{133}Cs vergleichen. Aber auch den Zahlenwert der Masse könnte man durch Vergleich mit der Masse des internationalen Kilogrammprototyps ermitteln. (Schwere) Massen haben an derselben Stelle im Gravitationsfeld nämlich dasselbe Gewicht und können daher mit Hebelwaagen verglichen werden.

Die Einheiten der Basisgrößen bezeichnet man als *Basiseinheiten* und wählt vorzugsweise Meter (m), Kilogramm (kg) und Sekunde (s) im $[LMT]$-System. Die Einheiten der Basisgrößen können auch Bruchteile oder Vielfache des Standards sein: Die Einheit Meter z. B. war ursprünglich als das 10^{-7}fache des durch Paris gehenden Erdquadranten definiert, später als Abstand zwischen zwei parallelen Linien auf einem Platin-Iridium-Stab („Urmeter"), dann als das 1650763.73fache der Wellenlänge der rot-orangen Linie im Spektrum von Krypton-88 und schließlich als die Strecke, die Licht im Vakuum in der Zeit 1/299792458 s durchläuft.

Die Gesamtheit der Basisgrößen und Basiseinheiten bildet das *Maßsystem*. Das oben beschriebene Maßsystem wird auch als {m kg s}-System bezeichnet. Wir kennzeichnen es mit den Symbolen der Basiseinheiten in geschweiften Klammern. Dasselbe Grundgrößensystem wie das {m kg s}-System verwendet das {cm g s}-System, benutzt aber als Grundeinheiten Zentimeter (cm), Gramm (g) und Sekunde (s).

Das {m kg s}-System ist das Untersystem für Mechanik des allgemeinen internationalen Maßsystems $\{SI\}$-System, welches aus sieben Grundgrößen mit Grundeinheiten besteht: Länge L (Meter m), Masse M (Kilogramm kg), Zeit T (Sekunde s), Temperatur Θ (Kelvin K), Stoffmenge N (Mol mol), Stromstärke I (Ampere A) und Lichtstärke S (Candela cd).

Das Akzeptieren eines internationalen Maßsystems entspringt dem Wunsch, physikalische Größen unmißverständlich durch Verwendung eines international anerkannten Einheitensatzes zu vergleichen. Weder das $[LMT\Theta NIS]$-Grundgrößensystem noch das zugehörige $\{SI\}$-Maßsystem sind aber in irgendeiner Weise verbindlich für die Zwecke der Dimensionsanalyse. Im Gegenteil, es wäre ungeschickt, sich nur auf diese Basisgrößen festzulegen. Auswahl und Anzahl der Basisgrößen sind weitgehend willkürlich, und die damit verbundene Freiheit ist bei Dimensionsbetrachtungen von Vorteil.

Während die Addition von Maßzahlen physikalischer Größen verschiedener Größenarten nicht auf physikalische Größen führt, gibt die Multiplikation bzw. Division von Maßzahlen, speziell der Basisgrößen, Anlaß zu neuen physikalischen Größen, den erwähnten abgeleiteten Größen.

Diese entstehen auf natürliche Weise bei der Behandlung physikalischer Fragestellungen: Zunächst wird die Berücksichtigung von Merkmalen nahegelegt, deren Maßzahlen durch Vergleich mit bereits bekannten Größen ermittelt werden können. In dieser Stufe werden die Basisgrößen festgelegt. Wenn wachsende Einsicht eine genauere Beschreibung ermöglicht, wird die Erfassung von Merkmalen notwendig, die außerhalb der Merkmalmenge der verwendeten Basisgrößen liegen. Ihre Maßzahlen können also nicht mehr durch direkten Vergleich ermittelt werden, sondern müssen aus den Maßzahlen der Basisgrößen nach einer Vorschrift berechnet werden, die diese physikalischen Größen definiert. Nach dieser Vorgehensweise läßt sich bei jedem Problem die Art und Anzahl der Basisgrößen treffen. Die Bevorzugung des $[LMT]$-Systems ist vom Standpunkt der Dimensionsanalyse nur bei Problemen der Dynamik gerechtfertigt, wie wir später noch zeigen werden.

Die Basisgrößen sind im folgenden Sinne unabhängig: Wird die Einheit einer Basisgröße geändert, so ändert sich nur die Maßzahl dieser Größe, die Maßzahlen der anderen Basisgrößen bleiben unverändert. Nach Festlegung der Basisgrößen sind alle anderen physikalischen Größen abgeleitete Größen, d. h. ihre Maßzahlen werden durch die die physikalischen Größen definierende Rechenvorschrift ermittelt. Im allgemeinen ändern sich die Maßzahlen der abgeleiteten Größen, wenn die Einheit auch nur einer Basisgröße geändert wird.

Wir erläutern die Rechenvorschrift im $[LMT]$-System am Beispiel der abgeleiteten Größe Geschwindigkeit: Die Maßzahl der physikalischen Größe „Geschwindigkeit einer Kugel" der Größenart „Geschwindigkeit" wird durch die Rechenvorschrift

$$u = \frac{\Delta s}{\Delta t} \tag{1.7}$$

ermittelt, indem die Maßzahl des von der Kugel im Intervall Δt zurückgelegten Weges Δs durch die Maßzahl des Zeitintervalls Δt dividiert wird. Diese Rechenvorschrift ist für jede Wahl der Grundeinheiten gültig, und diese Eigenschaft der Invarianz gegen die Wahl der Basiseinheiten muß jede Rechenvorschrift erfüllen, die Maßzahlen abgeleiteter Größen aus Maßzahlen von Basisgrößen oder anderen abgeleiteten Größen liefert.

Nun läßt sich aber die Geschwindigkeit auch direkt messen, etwa durch Vergleich mit der Lichtgeschwindigkeit über den Dopplereffekt. Dies kann die Wahl der Geschwindigkeit als Basisgröße nahelegen, wobei dann die Länge eine abgeleitete Größe ist, deren Maßzahl durch Multiplikation der Maßzahl der Geschwindigkeit mit der Maßzahl eines Zeitintervalles folgt. In der Tat ist der jetzt gültige Standard der Länge ja gerade auf diese Weise definiert.

Die *Dimensionsformel* (kurz: Dimension) gibt an, auf welche Weise die Zahlenwerte der Grundgrößen in den Zahlenwert der abgeleiteten Größe eingehen. Im $[LMT]$-System (Grundgrößen Länge, Masse, Zeit), in dem die Einheiten der Grundgrößen noch frei wählbar sind, entnehmen wir (1.7) unmittelbar die Dimensionsformel

$$[u] = \frac{L}{T} \tag{1.8}$$

und interpretieren $[u]$ als die Dimension der physikalischen Größe „Geschwindigkeit der

Kugel", deren Maßzahl u ist. Im speziellen {m kg s}-Maßsystem erhalten wir aus (1.8) die Einheit der Geschwindigkeit zu

$$\{u\} = \frac{\mathrm{m}}{\mathrm{s}} .$$

Wir werden später zeigen, daß die Dimensionsformeln aller abgeleiteten Größen Produkte von Potenzen der Symbole der Grundgrößenarten sind, also im $[LMT]$-System die Form

$$[p] = L^{a_1} M^{a_2} T^{a_3} \tag{1.9}$$

annehmen, die auch für Basisgrößen gilt, z. B.:

$$[m] = L^0 M^1 T^0 .$$

Eine physikalische Größe p mit der Dimension

$$[p] = L^0 M^0 T^0 \tag{1.10}$$

nennt man *dimensionslos*. Mit (1.9) ergibt sich bei Wahl der Basiseinheiten X_1, X_2, X_3

$$\{p\} = X_1^{a_1} X_2^{a_2} X_3^{a_3} , \tag{1.11}$$

speziell im {m kg s}-System also

$$\{p\} = \mathrm{m}^{a_1} \mathrm{kg}^{a_2} \mathrm{s}^{a_3} .$$

Aus der Darstellung (1.11) erhält man auch Formeln zur Umrechnung des Zahlenwerts abgeleiteter Größen bei Änderungen der Basiseinheiten: X_1, X_2, X_3 seien die „alten" und X_1', X_2', X_3' die „neuen" Basiseinheiten. Dann folgt aus der Identität der physikalischen Größen in beiden Maßsystemen:

$$x\, X_1^{a_1} X_2^{a_2} X_3^{a_3} = x'\, X_1'^{a_1} X_2'^{a_2} X_3'^{a_3} , \tag{1.12}$$

wobei x und x' die Maßzahlen der abgeleiteten Größe im alten bzw. neuen Maßsystem sind. Für die Basiseinheiten gelte

$$X_1 = c_1 X_1' \; ; \; X_2 = c_2 X_2' \; ; \; X_3 = c_3 X_3' , \tag{1.13}$$

d. h. die Einheit der Masse beispielsweise im neuen System ist das $1/c_2$-fache der Masseneinheit im alten System. Wir schreiben dann

$$x X_1^{a_1} X_2^{a_2} X_3^{a_3} = x\, c_1^{a_1} c_2^{a_2} c_3^{a_3} X_1'^{a_1} X_2'^{a_2} X_3'^{a_3} \tag{1.14}$$

und erhalten durch Vergleich mit (1.12) für die Maßzahl der abgleiteten Größe im neuen Maßsystem:

$$x' = x\, c_1^{a_1} c_2^{a_2} c_3^{a_3}. \tag{1.15}$$

Wir verwenden dieses Ergebnis zur Präzisierung: Abgeleitete Größen sind Größen, deren Maßzahlen sich unter der Transformation (1.13) gemäß (1.15) ändern.

Als Beispiel sei die Maßzahl der Erdbeschleunigung im $[LMT]$-System von den Grundeinheiten m, kg, s umzurechnen auf die Grundeinheiten km, kg und h. Aus (1.14) ergibt sich

$$g\, \mathrm{m}^1 \mathrm{kg}^0 \mathrm{s}^{-2} = g \left(\frac{1}{1000}\right)^1 1^0 \left(\frac{1}{3600}\right)^{-2} \mathrm{km}^1 \mathrm{kg}^0 \mathrm{h}^{-2} \,,$$

so daß mit (1.15) und $g = 9.81$ für die Maßzahl g' folgt:

$$g' = 9.81 * 1000^{-1} * 3600^2 = 127.1 * 10^3 \,.$$

1.3 Das Bridgman-Postulat

Im vorangegangenen Abschnitt haben wir gesehen, daß die Änderung der Grundeinheit um das $1/c$-fache den Zahlenwert der Grundgröße um das c-fache verändert. Bilden wir aber das Verhältnis der Maßzahlen zweier Basisgrößen derselben Größenart, etwa Zimmerhöhe und Zimmerbreite, so ist das Verhältnis dieser Zahlenwerte unabhängig von der Grundeinheit, denn eine Änderung der Grundeinheit um das $1/c$-fache vergrößert zwar die Maßzahl der Zimmerhöhe um das c-fache, aber auch der Zahlenwert der Zimmerbreite ändert sich um den Faktor c, das Verhältnis beider Maßzahlen bleibt unverändert. Aus der Ermittlungsvorschrift für die Maßzahlen der Grundgrößen ist klar, daß das Verhältnis zweier Maßzahlen von Grundgrößen derselben Größenart von der Wahl der Basiseinheiten unabhängig ist.

Die Forderung nach der Unabhängigkeit des Verhältnisses der Maßzahlen abgeleiteter Größen derselben Größenart von der Wahl der Basiseinheiten ist von grundlegender Bedeutung in der Dimensionsanalyse und stellt den Inhalt des *Bridgman-Postulats* der „absoluten Bedeutung relativer Größen" dar: Die Aussage, daß sich z. B. ein Fahrzeug doppelt so schnell bewegt wie ein anderes, hat absolute Bedeutung, d. h. sie ist unabhängig von der Wahl der Grundeinheiten.

Mit dem Bridgman-Postulat läßt sich die Dimensionsformel (1.9) begründen: Wir betrachten dazu die Maßzahl x der abgeleiteten Größe p und schreiben

$$x = f(x_1, x_2 \ldots x_r) \ , \tag{1.16}$$

wobei f die Funktion ist, die festlegt, wie die Maßzahlen x_i $(i = 1 \ldots r)$ der beliebig wählbaren Basisgrößen in den Zahlenwert x eingehen.

Eine andere physikalische Größe q derselben Größenart habe die Maßzahl y, die sich analog (1.16) aus den Zahlenwerten y_i $(i = 1 \ldots r)$ derselben Basisgrößen berechnet:

$$y = f(y_1, y_2 \ldots y_r) \ . \tag{1.17}$$

Bei Änderung der Basiseinheiten gemäß (1.13), d. h. $X_1 = c_1 X_1'$ bzw. $Y_1 = c_1 Y_1'$ etc. folgt aus (1.16)

$$x' = f(c_1 x_1, c_2 x_2 \ldots c_r x_r) \tag{1.18}$$

und aus (1.17)

$$y' = f(c_1 y_1, c_2 y_2 \ldots c_r y_r) \ . \tag{1.19}$$

Das Bridgman-Postulat führt uns auf die Gleichung

$$\frac{x'}{y'} = \frac{x}{y} \tag{1.20}$$

oder

$$f(c_1 x_1, c_2 x_2 \ldots c_r x_r) = f(c_1 y_1, c_2 y_2 \ldots c_r y_r) \frac{f(x_1 \ldots x_r)}{f(y_1 \ldots y_r)} \ , \tag{1.21}$$

die für jede Wahl der Zahlenwerte c_i $(i = 1 \ldots r)$ gilt. Aus der partiellen Ableitung der stetig differenzierbaren Funktion nach c_1 gewinnen wir die Differentialgleichung

$$x_1 \frac{\partial f}{\partial(c_1 x_1)} = y_1 \frac{\partial f}{\partial(c_1 y_1)} \frac{f(x_1 \ldots x_r)}{f(y_1 \ldots y_r)} \ , \tag{1.22}$$

in der wir $c_1 \ldots c_r$ jetzt jeweils den Wert 1 zuweisen, so daß die Gleichung

$$\frac{x_1}{f(x_1 \ldots x_r)} \frac{\partial f(x_1 \ldots x_r)}{\partial x_1} = \frac{y_1}{f(y_1 \ldots y_r)} \frac{\partial f(y_1 \ldots y_r)}{\partial y_1} \tag{1.23}$$

entsteht. Die Funktionalgleichung (1.23) ist nur erfüllt, wenn beide Seiten gleich einer Konstanten sind:

$$\frac{x_1}{f(x_1 \ldots x_r)} \frac{\partial f(x_1 \ldots x_r)}{\partial x_1} = const = a_1 \ . \tag{1.24}$$

Die Integration ergibt

$$f(x_1, x_2 \ldots x_r) = C_1(x_2, x_3 \ldots x_r) \, x_1^{a_1} \ , \tag{1.25}$$

wobei C_1 wie angedeutet eine Funktion der Zahlenwerte der restlichen Grundgrößen ist. Hätte man (1.21) statt nach c_1 nach c_2 differenziert, so wäre die Gleichung

$$f(x_1, x_2 \ldots x_r) = C_2(x_1, x_3 \ldots x_r)\, x_2^{a_2} \tag{1.26}$$

entstanden, was zeigt, daß die Funktion f die Form

$$f = C x_1^{a_1} x_2^{a_2} x_3^{a_3} \ldots x_r^{a_r} \tag{1.27}$$

haben muß, wobei C nunmehr eine absolute Konstante ist, die wir beispielsweise durch die Forderung festlegen können, daß der Zahlenwert der abgeleiteten Größe den Wert 1 annimmt, wenn alle Zahlenwerte der Grundgrößen 1 sind. Dann zeigt die Gleichung

$$f = x_1^{a_1} x_2^{a_2} x_3^{a_3} \ldots x_r^{a_r}\ , \tag{1.28}$$

daß sich die Maßzahl der abgeleiteten Größe als Produkt von Potenzen der Zahlenwerte der Grundgrößen darstellen lassen muß und begründet daher die Dimensionsformel (1.9). Gleichung (1.28) läßt sich auch ohne die einschränkende Forderung der Differenzierbarkeit gewinnen (BIRKHOFF [1950], GÖRTLER [1975]).

1.4 Physikalische Größen und dimensionsbehaftete Konstanten

Ein physikalisches Problem besteht letztlich darin, die Maßzahl x_1 einer gesuchten physikalischen Größe p_1 zu ermitteln. Nur in fast trivialen Fällen läßt sich die Maßzahl durch direkten Vergleich mit einer Größe derselben Art finden, in welchem Fall wir die fragliche Größe als Basisgröße identifizieren. Im allgemeinen muß die Maßzahl aus den Maßzahlen anderer gegebener Größen berechnet werden. Bei experimenteller Lösung des Problems ist dies genauso, wenn die Maßzahl der gesuchten Größe nicht direkt gemessen, sondern aus den Maßzahlen anderer gemessener Größen berechnet wird. Die Ermittlung des Zahlenwertes, wie auch immer, macht es notwendig, ein Maßsystem, d. h. Basisgrößen nebst Einheiten, für die aktuelle Fragestellung niederzulegen. Erst dann kann die Maßzahl im Prinzip aus einem Zusammenhang der Form

$$p_1 = \mathrm{fn}(p_2, p_3 \ldots p_n) \tag{1.29}$$

berechnet werden, den wir auch in impliziter Form schreiben können[1]:

$$\mathrm{Fn}(p_1, p_2, p_3 \ldots p_n) = 0 \ . \tag{1.30}$$

Neben den anderen physikalischen Größen, die den Zahlenwert x_1 der physikalischen Größe p_1 festlegen, gehen in den Zusammenhang (1.30) aber auch noch dimensionsbehaftete Konstanten ein, schon deswegen, weil wir den Zusammenhang als dimensionshomogen voraussetzen. Wir fassen die physikalischen Größen, deren Maßzahlen sich nicht nur bei Änderung der Basiseinheiten ändern, sondern auch, weil sie im mathematischen Sinne abhängige oder unabhängige Veränderliche im betrachteten Problem sind, mit den dimensionsbehafteten Konstanten, deren Maßzahlen sich nur bei Änderung der Basiseinheiten ändern, zusammen und bezeichnen sie, wie schon erwähnt, verallgemeinernd als Veränderliche.

Natürlich liegt der obige Zusammenhang im allgemeinen nicht vor, sondern muß erst gefunden werden, sei es mit experimentellen oder theoretischen Methoden, häufiger mit einer Synthese beider.

Über die Eindeutigkeit von (1.29) läßt sich aus mathematischer Sicht nichts sagen, wenn keine mathematische Formulierung, etwa in Form von Differentialgleichung und Randbedingungen, vorliegt, unter Umständen also, unter denen die Dimensionsanalyse besonders hilfreich ist. Wir setzen aber immer voraus, daß ein eindeutiger Zusammenhang der Form (1.29) existiert und können ihn dann mit den Methoden der Dimensionsanalyse vereinfachen und dadurch u. U. seine Ermittlung ermöglichen.

Gleichung (1.30) ist ein Zusammenhang zwischen Maßzahlen und enthält notwendigerweise Informationen, die vom Maßsystem herrühren. Da aber nach dem Bridgman-Postulat nur relative Größen absolute Bedeutung haben, ist die im Maßsystem enthaltene Information irrelevant. Sie läßt sich durch die Forderung, daß die Beziehung (1.30) invariant gegenüber Änderung der Basiseinheiten sein muß, aus der Beziehung entfernen. Diese Elimination äußert sich in einer Reduktion in der Zahl der Veränderlichen und schafft aus (1.30) eine äquivalente Beziehung

$$\mathrm{Fn}(\Pi_1, \Pi_2 \ldots \Pi_{n-r}) = 0 \tag{1.31}$$

zwischen den $n - r$ dimensionslosen Veränderlichen Π_i (siehe Abschnitt 1.5).

[1] Wir benutzen für explizite Funktionen das Symbol fn, auch für verschiedene Funktionen, und Fn für implizite Funktionen.

Der Index r, der die Zahl angibt, um die die Zahl der ursprünglichen n Veränderlichen erniedrigt wurde, ist gleich der Zahl der Basisgrößen, genauer die kleinste Zahl der Basisgrößen, die nötig ist, die Dimensionen der auftretenden Veränderlichen zu bilden. Wir werden später sehen, daß r der Rang einer Matrix (der sogenannten *Dimensionsmatrix*) ist.

Hier bleibt zunächst festzuhalten, daß nur die Merkmale der physikalischen Gegenstände eingegangen sind, welche sich durch das Maßsystem bewerten lassen und die wir physikalische Größen nennen. Physikalische Gegenstände oder Systeme haben aber auch andere Merkmale, etwa Vektor- oder Tensoreigenschaften, die durch Zahlenwert und Einheit nicht erfaßt sind. Man kann solche Eigenschaften für die Zwecke der Dimensionsanalyse berücksichtigen, indem man etwa drei Basisgrößen der Länge einführt, für je eine Komponente des Längenvektors und kann damit u. U. eine weitere Reduktion der Veränderlichen erzielen. Wir machen aber von dieser Möglichkeit keinen Gebrauch.

In diesem Zusammenhang weisen wir auch darauf hin, daß Dimensionshomogenität eine notwendige, nicht aber hinreichende Bedingung für die Addition der Maßzahlen physikalischer Größen ist. So ist es nicht erlaubt, die Maßzahl der physikalischen Größe Energie, die eine skalare Größe ist, mit der Maßzahl der physikalischen Größe Moment, die eine Vektorgröße ist, zu addieren, obwohl beide Größen im $[LMT]$-System dieselbe Dimension besitzen.

Weitere Vereinfachungen sind selbstverständlich möglich, wenn das (1.30) zugrunde liegende Problem Symmetrie oder weitergehende Invarianzeigenschaften besitzt. Wenn wir uns auch nicht scheuen, solche Eigenschaften im Zusammenhang mit den Anwendungen der Dimensionsanalyse auszunutzen, so steht hier die Invarianz gegen Änderung der Basiseinheiten im Vordergrund: Sie führt auf die Reduktion der Veränderlichen und ist der Kern der Dimensionsanalyse.

Die Existenz und Eindeutigkeit des Zusammenhangs (1.30) beinhaltet natürlich, daß die Veränderlichen $p_i\,(i = 2 \ldots n)$ ausreichend dafür sind, die Veränderliche p_1 eindeutig innerhalb einer vorzugebenden Genauigkeit festzulegen. Die Nichtbeachtung einer wesentlichen Veränderlichen führt nicht nur in (1.30) zum falschen Ergebnis, sondern selbstverständlich auch in der reduzierten Form (1.31). Der Prozeß der Reduzierung kann aus einem mangelhaft gestellten oder falsch verstandenen Problem kein sachgerecht beschriebenes Problem machen, ebensowenig wie der Prozeß der numerischen Berechnung mit Hilfe eines Computers ein mathematisch unsachgemäß formuliertes Problem zu einem sachgemäß formulierten Problem macht, dessen Rand- und Anfangswerte dem Typus der zu lösenden Gleichungen angepaßt sind. Es ist ebenso einsichtig, daß die Hinzunahme einer unwesentlichen Veränderlichen eine Information in den Zusammenhang einbringt, die unwichtig ist und die Ermittlung des Zusammenhangs unnötig erschwert oder unmöglich macht und schon dem Leitgedanken der Dimensionsanalyse zuwider läuft, nämlich unwichtige Infomationen zu eliminieren.

Am unproblematischsten ist die Auswahl der relevanten Veränderlichen, wenn die Fragestellung bereits in Form einer mathematischen Formulierung vorliegt, d. h. wenn beispielsweise die maßgeblichen Differentialgleichungen mit den problemangepaßten Rand- und Anfangsbedingungen zur Verfügung stehen. Selbstverständlich können in die Lösung, also in den Zusammenhang (1.30), nur Veränderliche (im verallgemeinerten Sinn) eingehen, die entweder in den Differentialgleichungen selbst oder in den Rand- und Anfangsbedingungen auftreten. Die Dimensionsanalyse zeigt durch die Reduzierung dann die Form der Lösung und die dimensionslosen Kombinationen auf, in denen die Veränderlichen in der Lösung auftreten.

Die Verwertung der oben erwähnten Symmetrie oder Invarianzeigenschaften, die über die Dimensionsanalyse hinausgehen, setzt in der Regel voraus, daß das Problem in sachgemäßer mathematischer Formulierung vorliegt (BIRKHOFF [1950]). Dies ist aber in den wenigsten Anwendungsfällen gegeben. Dann dreht es sich darum, das Problem zunächst einmal verstehen zu lernen, um wesentliche Veränderliche von unwesentlichen trennen zu können: Erstere müssen berücksichtigt, letztere sollten vernachlässigt werden.

Dieser „Erkenntnisakt“ ist ein langwieriger und viel Erfahrung erfordernder Vorgang, bei dem Abstraktionsvermögen und Vereinfachung das physikalische Problem in ein Modell abbilden. Bei dieser Modellbildung ist es oft nützlich, sich den Ausgang eines Gedankenexperimentes zu überlegen, was Aufschlüsse über die Größen ermöglicht, die die gesuchte Größe beeinflussen können oder von denen der Ausgang des Experimentes nicht abhängen kann. Das einfachste Modell, welches im Sinne der Fragestellung ein nichttriviales Ergebnis liefert, steht dabei am Anfang. Anhand dieses einfachsten Modells kann dann geprüft werden, ob es zu einer Übervereinfachung gekommen ist, ob also wesentliche Aspekte des physikalischen Problems verloren gegangen sind.

Im Laufe dieses Prozesses ist es unumgänglich, daß man sich über die *Bewegungsgleichungen* (ebenfalls im verallgemeinerten Sinne), die im Problem wichtig sind, bis zu dem Punkt Klarheit verschafft, daß man sie für das einfachste Modell hinschreiben kann. Dies ist schon deswegen nötig, weil im Zusammenhang (1.30) auch dimensionsbehaftete Konstanten auftreten. Diese werden über Gleichungen eingeführt und sind, ohne daß Gleichungen vorliegen, nicht zu erkennen. Es genügt aber durchaus, wenn die

Gleichungen nur in einer primitiven, für eine angemessene mathematische Form noch nicht ausreichenden Detaillierung zur Verfügung stehen. Selbstredend kann man ein Problem mit den Methoden der Dimensionsanalyse (oder irgendwelchen anderen Methoden) nicht angehen, wenn nicht einmal klar ist, ob es z. B. der Dynamik oder Statik zuzuordnen ist.

Wenn wir im folgenden oft die Variablen, die das Problem bestimmen, als bekannt voraussetzen, so deshalb, weil dieser Teil der Lösungsfindung nicht spezifisch ist für die Anwendung der Dimensionsanalyse, sondern in jedem Fall zu leisten ist, ganz gleich, wie das physikalische Problem angegangen wird. Wir verschweigen dabei nicht, daß dieser Teil der schwierigste Teil der Lösungsfindung überhaupt ist. Rezeptartige Anleitungen führen hierbei nur selten zum Ziel.

Die Notwendigkeit, im Prozeß der Modellbildung Gleichungen aufzustellen, wenn auch noch in unvollständiger Form, zeigt aber auch, daß schon im frühen Stadium eine Entscheidung über Art und Zahl der Basisgrößen fallen sollte, denn die Form der Gleichungen und die auftretenden Konstanten sind davon beeinflußt. Man erkennt dies schon daran, daß das Ergebnis (1.31) nahe legt, die Zahl der Basisgrößen so groß wie möglich zu wählen. Erst die das Problem beherrschenden Gleichungen zeigen, daß mit der Erhöhung der Zahl der Basisgrößen im allgemeinen eine Erhöhung der Zahl der Veränderlichen in Form von dimensionsbehafteten Konstanten einhergeht, so daß der Nettogewinn der Reduktion oft derselbe bleibt. Nur ein durchdringendes Verständnis des Problems zeigt auf, ob bei zweckmäßiger Wahl der Basisgrößen dennoch eine weitergehende Reduzierung möglich ist.

Wir demonstrieren die zweckmäßige Wahl an einfachen Beispielen, zeigen aber zunächst, wie die Wahl der Basisgrößen die Anzahl der dimensionsbehafteten Konstanten beeinflußt.

Oft fällt die Wahl des Grundgrößensystems bei dynamischen Problemen auf das $[LMT]$-System. In diesem System ist die Kraft eine abgeleitete Größe, deren Dimensionsformel sich aus dem Zweiten Newtonschen Gesetz in der Form (F Kraft, m Masse und a Beschleunigung)

$$F = ma \tag{1.32}$$

zu

$$[F] = L^1 M^1 T^{-2} \tag{1.33}$$

ergibt. Wählt man als Grundgrößen Länge, Kraft und Zeit ($[LFT]$-System) und betrachtet die Masse als abgeleitete Größe, so folgt deren Dimension wieder aus (1.32) zu

$$[M] = L^{-1}F^{1}T^{2} \,. \tag{1.34}$$

Nach den vorhergehenden Ausführungen kann es aber von Vorteil sein, ein $[LMFT]$-System zu verwenden, in dem sowohl Kraft als auch Masse als Grundgrößen vorkommen, womit also die Zahl der Basisgrößen erhöht wird. Damit dann das Zweite Newtonsche Gesetz weiterhin eine dimensionshomogene Gleichung bleibt, führen wir eine dimensionsbehaftete Konstante C ein, so daß (1.32) die Form

$$F = Cma \tag{1.35}$$

annimmt, wobei C die Dimension

$$[C] = L^{-1}M^{-1}F^{1}T^{2} \tag{1.36}$$

besitzt. Bereits EULER (zitiert in MACAGNO [1971]) hat diese Form des Newtonschen Gesetzes benutzt und die Größe C aus Dimensionsgründen eingeführt. (Auf einen Vorschlag von Gauss ist diese Konstante dann dimensionslos mit dem Zahlenwert Eins gewählt worden, was auf das $[LMT]$-System führt.) Der Zahlenwert dieser dimensionsbehafteten Konstanten hängt von der Wahl der Basiseinheiten ab. Wenn im $[LMFT]$-System die Einheiten der Basisgrößen der Reihe nach m, kg, N und s sind, so ist der Zahlenwert der dimensionsbehafteten Konstanten C gleich 1 und die Einheit $\mathrm{N\,s^2/(kg\,m)}$, wobei jetzt das Newton (N) eine Basisgröße und keine abgeleitete Größe ist. Wählt man als Basiseinheit der Kraft das Kilopond (kp), so ist die Maßzahl der Konstanten 1/9.80665 und die Einheit $\mathrm{kp\,s^2/(kg\,m)}$.

Eine abgestützte Masse m unterliegt auf der Erde als Folge der Gravitation einer Kraft, die wir aus dem Newtonschen Gravitationsgesetz, mit m_e als Erdmasse, zu

$$F = G\,\frac{m\,m_e}{r^2} = g\,m \tag{1.37}$$

berechnen. Wir bezeichnen g mit der Dimensionformel $[g] = F\,M^{-1}$ im $[LMFT]$-System als „Gravitationskonstante“ und nicht als Erdbeschleunigung, da ja nicht etwa das Zweite Newtonsche Gesetz (1.35) in Anwendung kommt. Wir unterscheiden g, für das auch die Bezeichnung Gravitationsfeldstärke benutzt wird, von der (allgemeinen) Gravitationskonstanten G, die im $[LMFT]$-System die Dimension $L^2\,M^{-2}\,F$ hat. In diesem System ist, bei Verwendung der Einheiten m, kg, kp und s, der Zahlenwert von

g Eins, mit anderen Worten: 1 kg Masse ruft auf der Unterlage die Kraft von 1 kp hervor.

Eine nichtabgestützte Masse erfährt unter dem Einfluß der Gravitationskraft nach (1.37) eine Beschleunigung a, so daß jetzt das Zweite Newtonsche Gesetz (1.35) zum Tragen kommt:

$$m_g\, g = C\, m\, a\ . \tag{1.38}$$

Die Masse links (aus dem Gravitationsgesetz), die wir vorübergehend mit dem Index g gekennzeichnet haben, nennt man die „schwere Masse" und die Masse rechts im Zweiten Newtonschen Gesetz die „träge Masse".

Die experimentell festgestellte Gleichheit der trägen und der schweren Masse, trotz ihrer begrifflichen Unabhängigkeit, spielt eine entscheidende Rolle bei den Schlußweisen, die zur allgemeinen Relativitätstheorie führen.

Hier erlaubt sie uns die Beschleunigung

$$a = \frac{g}{C} = \frac{1}{1/9.81}\frac{\mathrm{m}}{\mathrm{s}^2} = 9.81\frac{\mathrm{m}}{\mathrm{s}^2} \tag{1.39}$$

zu berechnen, die ein fallender Körper erfährt. Im $[LMT]$-System (und im $[LFT]$-System) ist die Konstante C dimensionslos, und die Gleichung (1.38) lautet nun

$$m\, g = m\, a \tag{1.40}$$

oder

$$a = g\ , \tag{1.41}$$

so daß der Zahlenwert der Gravitationskonstanten g gleich der Beschleunigung eines auf der Erde fallenden Körpers, d. h. gleich der Erdbeschleunigung ist.

Daher wird die Gravitationskonstante oft auch *Gravitationsbeschleunigung* (DIN 1305) oder häufiger Erdbeschleunigung genannt, auch unter Umständen wo nichts beschleunigt wird.

Im folgenden wollen wir zeigen, wie Zahl und Auswahl der Basisgrößen die Behandlung eines Problems beeinflussen. Wir betrachten dazu das mit (1.5) bekannte Ausflußproblem aus dimensionsanalytischer Sicht: Wir vermuten, auch ohne Kenntnis von (1.5), daß die Ausflußgeschwindigkeit u aus einem großen Behälter (siehe Abb. 1.3) von den physikalischen Größen h (Höhe des Wasserstandes), g (Erdbeschleunigung), ϱ (Dichte der Flüssigkeit) und η (Viskosität der Flüssigkeit) abhängt und postulieren gemäß (1.29)

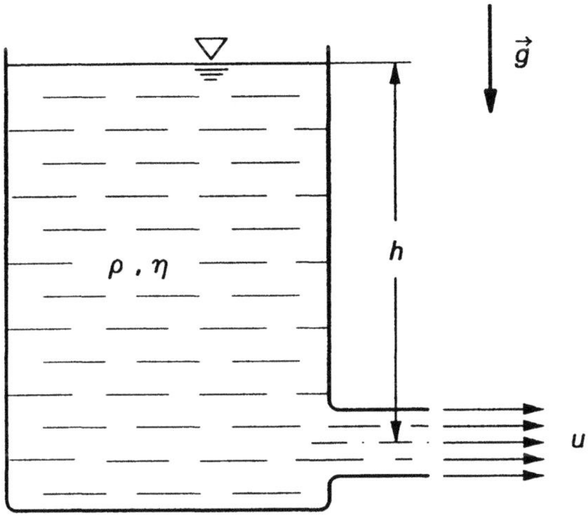

Abb. 1.3. Ausfluß aus einem großen Behälter

einen Zusammenhang der Form

$$u = \mathrm{fn}(h, g, \varrho, \eta) \tag{1.42}$$

bzw. nach (1.30)

$$\mathrm{Fn}(u, h, g, \varrho, \eta) = 0 \ . \tag{1.43}$$

Es dreht sich nun darum, diesen Zusammenhang auf einen Zusammenhang zwischen dimensionslosen Größen Π_i $(i = 1 \ldots n - r)$ gemäß (1.31) zu reduzieren. Auf eine systematische Berechnung gehen wir später ein, stellen hier aber eine Methode vor, die oft schneller zum Ziel führt und sowohl die dimensionslosen Größen wie auch ihre Anzahl liefert (TAYLOR [1974]). Zunächst behandeln wir das Problem im $[LMT]$-System und ordnen die Größen so an, daß die Exponenten in den Dimensionsformeln als Elemente der Dimensionsmatrix erscheinen:

	u	g	ϱ	η	h
L	1	1	-3	-1	1
M	0	0	1	1	0
T	-1	-2	0	-1	0

. (1.44)

Es empfiehlt sich dabei, die gesuchte Größe (hier u) in die erste Spalte zu stellen und die bei der Modellbildung gefundenen Größen in dynamische Größen, Materialgrößen, geometrische Größen und dimensionsbehaftete Konstanten zu gruppieren. Eine Anordnung nach diesem Schema ist schon während des ersten Schrittes der Dimensionsanalyse, der Modellbildung, oder bei einem Gedankenexperiment hilfreich.

Wenn wir aus der Liste der physikalischen Größen in (1.44) η weglassen, betrachten wir den reibungsfreien Austritt der Flüssigkeit, der, wie (1.5) zeigt, keinesfalls auf ein triviales Ergebnis führt. Wir beschränken uns auf diesen Fall und entnehmen (1.44), daß die Dichte ϱ aus dem Problem verschwinden muß, da offensichtlich keine der anderen Größen die Basisgröße Masse enthält, was aber notwendig wäre, um mit der Dichte eine dimensionslose Größe bilden zu können. Aus der verbleibenden Matrix

	u	g	h
L	1	1	1
T	-1	-2	0

(1.45)

berechnen wir die dimensionslosen Produkte, indem wir die Zeilen in einer Art Eliminationsverfahren durch Multiplikation bzw. Division der physikalischen Größen der Reihe nach zu Null machen und bekommen zunächst

	u/g	u/h
L	0	0
T	1	-1

, (1.46)

da die unabhängigen Verhältnisse u/g und u/h keine Länge enthalten. Wir entnehmen (1.46) die einzige dimensionslose Größe

$$\Pi = \frac{u^2}{gh} ,$$

so daß sich der Zusammenhang (1.43) auf

$$\mathrm{Fn}\left(\frac{u^2}{gh}\right) = 0 \tag{1.47}$$

bzw.

$$\frac{u^2}{gh} = const \tag{1.48}$$

reduziert. Die Konstante auf der rechten Seite läßt sich nicht aus der Dimensionsanalyse bestimmen. Dem Vergleich mit der analytischen Lösung (1.5) entnimmt man $const = 2$.

Zum selben Ergebnis (1.48) kommt man bei Verwendung eines $[ULR]$-Systems, in dem die Geschwindigkeit, die Länge und die Dichte Basisgrößen sind:

	u	h	g	ϱ
U	1	0	2	0
L	0	1	-1	0
R	0	0	0	1

.

Die Dichte kann wieder keine Rolle spielen, so daß die Restmatrix

	u	h	g
U	1	0	2
L	0	1	-1

lautet. Durch Kombination von g und h erhält man

	u	$g\,h$
U	1	2
L	0	0

mit dem Ergebnis

$$\frac{u^2}{g\,h} = const\ .$$

Es ist zunächst erstaunlich, daß man unter Verwendung des $[LMFT]$-Systems nicht wieder auf dieselbe Lösung geführt wird. Statt (1.44) erhält man nämlich

	u	g	ϱ	h
L	1	0	-3	1
M	0	-1	1	0
F	0	1	0	0
T	-1	0	0	0

, (1.49)

und man erkennt, daß das Problem im $[LMFT]$-System in der vorliegenden Form keine Lösung hat, denn es kann offensichtlich weder von g noch von u abhängen, da die Zeit nur in u, die Kraft nur in g auftritt. Wenn die beiden physikalischen Größen g und u aus dem Problem verschwinden, kann es auch nicht von ϱ abhängen, da dann die Masse nur in ϱ auftritt.

Die Unlösbarkeit hat ihre Ursache in der Vernachlässigung der dimensionsbehafteten Konstanten C im Zweiten Newtonschen Gesetz (1.35). Diese Vernachlässigung impliziert einen Vorgang, bei dem dieses Gesetz keine Rolle spielt, was im vorliegenden Fall nicht der Wirklichkeit entspricht, da die Flüssigkeitsmasse im Gefäß nicht abgestützt ist, also nach dem Zweiten Newtonschen Gesetz beschleunigt wird. Führt man die dimensionsbehaftete Konstante C in das Problem ein

	u	g	ϱ	h	C
L	1	0	-3	1	-1
M	0	-1	1	0	-1
F	0	1	0	0	1
T	-1	0	0	0	2

(1.50)

und ermittelt die dimensionslosen Produkte, indem man wie vorher versucht, durch geeignete Bildung von Verhältnissen die Zeilen der Matrix der Reihe nach zu Null zu machen, so erhält man zunächst die Matrix

	u^2C/g	ϱ	h
L	1	-3	1
M	0	1	0
F	0	0	0
T	0	0	0

, (1.51)

die zeigt, daß ϱ aus dem Problem verschwinden muß und sich daher nur ein dimensionsloses Produkt ergibt:

$$\Pi = \frac{u^2 C}{g\,h} \; .$$

Durch Übergang vom $[LMFT]$-System ins $[LMT]$-System gewinnt man sofort das Ergebnis (1.48), denn dann ist C dimensionslos mit der Maßzahl 1 und für g gilt $[g] = LT^{-2}$.

Als zweites Beispiel fragen wir nach dem Massenstrom $\dot{m}$ der Strömung einer Flüssigkeit der Dichte ϱ und der Viskosität η durch ein unendlich langes Kreisrohr mit Duchmesser d unter dem konstanten Druckgradienten $K = \Delta p/l$. Es existiert also ein Zusammenhang

$$\mathrm{Fn}(\dot{m}, K, \eta, \varrho, d) = 0 \; . \tag{1.52}$$

Unter den geschilderten Umständen ist die Strömung im Rohr unbeschleunigt, so daß die Newtonsche Gleichung nicht zum Tragen kommt. Wir verwenden daher das $[LMFT]$-

System, können aber die dimensionsbehaftete Konstante C weglassen, so daß die Dimensionsmatrix die Form

	$\dot{m}$	K	ϱ	η	d
L	0	-3	-3	-2	1
M	1	0	1	0	0
F	0	1	0	1	0
T	-1	0	0	1	0

(1.53)

annimmt, woraus sofort die Matrix

	$\dot{m}$	K/η	ϱ	d
L	0	-1	-3	1
M	1	0	1	0
F	0	0	0	0
T	-1	-1	0	0

folgt, die wir weiter zu

	$\dot{m}/(\varrho d^3)$	Kd/η
L	0	0
M	0	0
F	0	0
T	-1	-1

vereinfachen. Hieraus gewinnen wir das dimensionslose Produkt

$$\Pi = \frac{\dot{m}\,\eta}{\varrho K d^4},$$

mit dem (1.52)

$$\mathrm{Fn}\left(\frac{\dot{m}\,\eta}{\varrho K d^4}\right) = 0 \tag{1.54}$$

bzw.

$$\dot{m} = const\,\frac{\varrho K d^4}{\eta} \tag{1.55}$$

lautet. Die Konstante ist im Rahmen der Dimensionsanalyse nicht zu ermitteln, sie könnte aber durch ein einziges Experiment bestimmt werden.

Analytisch ergibt sich aus der Lösung der *Navier-Stokesschen Gleichungen* das als *Hagen-Poiseuillesche Gleichung* bekannte Durchflußgesetz

$$\dot{V} = \frac{\pi K d^4}{128\eta} , \tag{1.56}$$

und daher gilt $const = \pi/128$.

Im $[LMT]$-System lautet die (1.52) entsprechende Dimensionsmatrix:

	$\dot{m}$	K	ϱ	η	d
L	0	-2	-3	-1	1
M	1	1	1	1	0
T	-1	-2	0	-1	0

. (1.57)

Wir erkennen, daß die Größe

$$\Pi_1 = \frac{\dot{m}\,\eta}{\varrho K d^4}$$

weiterhin dimensionslos ist aber daneben eine weitere dimensionslose Größe

$$\Pi_2 = \frac{\dot{m}}{\eta\, d}$$

existiert, so daß sich statt (1.54) der Zusammenhang

$$\mathrm{Fn}\left(\frac{\dot{m}\,\eta}{\varrho K d^4}, \frac{\dot{m}}{\eta\, d}\right) = 0 \tag{1.58}$$

ergibt. Dieses kompliziertere Ergebnis ist auf die Verwendung des $[LMT]$-Systems zurückzuführen, in dem die Kraft eine abgeleitete Größe ist. Die Verwendung dieses Grundgrößensystems impliziert, daß die Newtonsche Gleichung eine Rolle im betrachteten Problem spielt. Dies ist aber hier zunächst nicht der Fall, da die Strömung nach Voraussetzung beschleunigungsfrei ist und demnach bei der Hagen-Poiseuilleschen Strömung sich Druck- und Reibungskräfte allein die Waage halten.

Für dieses Problem ist die Verwendung des $[LMT]$-Systems also nicht zweckmäßig. Betrachtet man aber eine turbulente Rohrstömung, so ist zwar die gemittelte Strömung beschleunigungsfrei, nicht aber die turbulenten Schwankungsbewegungen, die ja immer instationär sind. Dann spielt die Newtonsche Gleichung bzw. ihr kontinuumsmechanisches Äquivalent, die Impulsgleichung, eine Rolle, denn der erhöhte Widerstand ist auf den Impulsfluß der Schwankungsbewegungen zurückzuführen. Das zusätzliche dimensionslose Produkt erlaubt es, (1.58) auch in der dimensionsanalytisch äquivalenten Form

$$\Pi_1\Pi_2 = \frac{\dot{m}^2}{\varrho K d^5} = \mathrm{fn}\left(\frac{\dot{m}}{\eta\, d}\right) \tag{1.59}$$

zu schreiben, in der die physikalische Größe η nur noch in einem Produkt auftritt. Mit

$$\dot{m} = \varrho \dot{V} = \varrho \bar{U} \frac{\pi}{4} d^2$$

wird das dimensionslose Produkt Π_2 bis auf eine nebensächliche Konstante als Reynoldssche Zahl

$$Re = \frac{\bar{U}\,\varrho\, d}{\eta} = \frac{\bar{U} d}{\nu} \tag{1.60}$$

identifiziert. Löst man (1.59) nach dem Druckgradienten K auf, so zeigt die Gleichung

$$K = \frac{\dot{V}^2 \varrho}{d^5} \mathrm{fn}(Re)\,, \tag{1.61}$$

daß der Druckabfall nicht mehr länger proportional zum Volumenstrom ist, wie dies in laminarer Strömung durch (1.55) zum Ausdruck kommt, sondern mit dem Volumenstrom stark ansteigt und schließlich proportional zu $\dot{V}^2$ wird. Die Funktion $\mathrm{fn}(Re)$ wird im Grenzfall $Re \to \infty$ gegen eine endliche Konstante streben, denn aus physikalischen Gründen kann $\mathrm{fn}(Re \to \infty)$ weder oszillieren, noch unendlich werden.

Will man den Massen- bzw. Volumenstrom auch in turbulenter Strömung beschreiben, so muß man auch im $[LMFT]$-System durch Hinzunahme der dimensionsbehafteten Konstanten C sicherstellen, daß die Newtonsche Gleichung nicht ausgeschlossen wird. In der Dimensionsmatrix (1.53) ist dann C als weitere physikalische Größe mitzuführen. Man zeigt leicht, daß dann die dimensionslosen Produkte

$$\Pi_1 = \frac{\dot{m}\,\eta}{\varrho K d^4}\,, \quad \Pi_2 = \frac{\dot{m}\, C}{\eta\, d} \tag{1.62}$$

entstehen, die ausgedrückt im $[LMT]$-System wieder auf (1.61) führen.

Schließlich weisen wir darauf hin, daß die Verwendung des $[LFT]$-Systems (mit der Masse als abgeleitete Größe) für Probleme, in denen die Masse auftritt, ebenfalls impliziert, daß die Newtonsche Gleichung im Problem eine Rolle spielt. Die Verwendung des $[LFT]$-Systems führt daher ebenfalls auf den Zusammenhang (1.61).

Die angeführten Beispiele haben gezeigt, daß das Ergebnis einer Dimensionsanalyse von der Wahl der Basisgrößen abhängen kann, und daß eine Erhöhung der Anzahl der Basisgrößen unter Umständen ein schärferes Ergebnis liefert.

Wir schließen diese Beispiele ab mit der Betrachtung des Wärmeübergangproblems eines umströmten Körpers in inkompressibler Strömung, das zu einer berühmten Kontroverse zwischen Rayleigh und Riabouchinsky geführt hat. Es wird nach dem Wärmefluß $\dot{Q}$ vom Körper auf die Flüssigkeit gefragt, wenn zwischen der Temperatur der Flüssigkeit im Unendlichen und dem Körper eine konstante Temperaturdifferenz aufrecht erhalten wird. Die Strömung sei inkompressibel, so daß die Dichte nur in der Kombination $\varrho c_p = c$ auftritt, wenn mit c die spezifische Wärme pro Volumen bezeichnet wird.

RAYLEIGH [1915] nahm zunächst an, daß die Strömung reibungsfrei sei und daher einen Zusammenhang der Form

$$\mathrm{Fn}(\dot{Q}, c, \lambda, U_\infty, d, \Delta\vartheta) = 0\ , \tag{1.63}$$

der von den Maßzahlen des Wärmeflusses $\dot{Q}$, der spezifischen Wärme c, der Wärmeleitfähigkeit der Flüssigkeit λ, der Anströmgeschwindigkeit U_∞, der typischen Länge d und der Temperaturdifferenz[2] $\Delta\vartheta$ erfüllt wird. Abweichend von Rayleigh verwenden wir aus didaktischen Gründen das $[LMT\Theta]$-System.

Der Wärmefluß $\dot{Q}$ hat die Dimension einer Energie pro Zeiteinheit und hier die spezifische Wärme die einer Energie pro Temperatur- und Volumeneinheit, so daß die Dimensionsformeln dieser angesprochenen Größen $[\dot{Q}] = ML^2T^{-3}$ und $[c] = ML^{-1}T^{-2}\Theta^{-1}$ lauten. Zusammen mit den Dimensionsformeln der anderen Größen ergibt sich dann die Dimensionsmatrix

	$\dot{Q}$	c	λ	U_∞	d	$\Delta\vartheta$
L	2	-1	1	1	1	0
M	1	1	1	0	0	0
T	-3	-2	-3	-1	0	0
Θ	0	-1	-1	0	0	1

. (1.64)

Wir berechnen die dimensionslosen Produkte, indem wir wie vorher die Zeilen der Reihe nach zu Null machen. Aus (1.64) ensteht zunächst

	$\dot{Q}/\lambda$	c/λ	U_∞	d	$\Delta\vartheta$
L	1	-2	1	1	0
M	0	0	0	0	0
T	0	1	-1	0	0
Θ	1	0	0	0	1

, (1.65)

[2] Wir benutzen den Buchstaben ϑ für die Temperatur durchweg, um Verwechslungen mit dem Symbol für die Basisgröße Zeit zu vermeiden.

dann

	$\dot{Q}/(\lambda\Delta\vartheta)$	c/λ	U_∞	d
L	1	-2	1	1
T	0	1	-1	0
Θ	0	0	0	0

(1.66)

und schließlich

	$\dot{Q}/(\lambda\Delta\vartheta d)$	$cU_\infty d/\lambda$
L	0	0
T	0	0

. (1.67)

Die dimensionslosen Produkte lauten also

$$\Pi_1 = \frac{\dot{Q}}{\lambda\Delta\vartheta d}, \quad \Pi_2 = \frac{cU_\infty d}{\lambda}$$

und daher das zu (1.63) äquivalente Ergebnis

$$\dot{Q} = \lambda\Delta\vartheta\, d \,\mathrm{fn}\left(\frac{cU_\infty d}{\lambda}\right) . \tag{1.68}$$

Riabouchinsky vertrat die Meinung, daß die Temperatur keine Basisgröße, sondern nur eine abgeleitete Größe mit der Dimension einer Energie sein könnte, da (nach der kinetischen Gastheorie) die Temperatur der mittleren kinetischen Energie eines Moleküls proportional ist: $< mv^2/2 >= k\vartheta$. In diesem Fall ist also die Temperatur eine abgeleitete Größe, und wir ersetzen in der Dimensionsmatrix (1.64) die Dimension der Temperatur in allen Dimensionsformeln durch die Dimension ML^2T^{-2}. Wenn jetzt Θ aus der Liste der Basisgrößen gestrichen wird erhalten wir

	$\dot{Q}$	c	λ	U_∞	d	$\Delta\vartheta$
L	2	-3	-1	1	1	2
M	1	0	0	0	0	1
T	-3	0	-1	-1	0	-2

, (1.69)

aus der wir die Matrix

	$\dot{Q}/\Delta\vartheta$	c	λ	U_∞	d
L	0	-3	-1	1	1
M	0	0	0	0	0
T	-1	0	-1	-1	0

(1.70)

gewinnen, wobei die M-Zeile zu Null gemacht wurde. Hieraus entsteht die Matrix

	$\dot{Q}/(\Delta\vartheta)$	$c\,d^3$	U_∞/d	λd
L	0	0	0	0
T	-1	0	-1	-1

(1.71)

und weiter

	$\dot{Q}/(\lambda\,\Delta\vartheta d)$	$c\,d^3$	$U_\infty/(\lambda d^2)$
L	0	0	0
T	0	0	0

. (1.72)

Demnach treten die drei dimensionslosen Produkte

$$\Pi_1 = \frac{\dot{Q}}{\lambda\,\Delta\vartheta\,d}\,, \quad \Pi_2 = c\,d^3\,, \quad \Pi_3 = \frac{U_\infty}{\lambda\,d^2}$$

auf. Statt Π_3 können wir auch das Produkt $\Pi_2\,\Pi_3 = \Pi_3' = c\,U_\infty\,d/\lambda$ ohne Einschränkung der Allgemeinheit verwenden, so daß für das $[LMT]$-System das Ergebnis

$$\dot{Q} = \lambda\,\Delta\vartheta\,d\,\mathrm{fn}\left(c\,d^3, \frac{c\,U_\infty d}{\lambda}\right) \tag{1.73}$$

erhalten wird, das durch die zusätzliche Abhängigkeit von $c\,d^3$ eine wesentlich schwächere Aussage darstellt.

Im Grunde genommen ist die Reduzierung der Basisgrößen darauf zurückzuführen, daß die *Boltzmannsche Konstante* k im Ausdruck für die mittlere kinetische Energie

$$\left\langle \frac{mv^2}{2} \right\rangle = k\vartheta \tag{1.74}$$

als dimensionslose Konstante bewertet wurde, so daß die Temperatur als abhängige Größe erscheint. Dies impliziert, daß Gleichung (1.74) beim vorliegenden Umströmungsproblem eine Bedeutung hat, was aber bei inkompressibler Flüssigkeit nicht der Fall ist.

Die Rayleigh-Riabouchinsky-Kontroverse läßt sich auflösen, wenn wir ein $[LMT\Theta]$-System benutzen und k als dimensionsbehaftete Konstante mit der Dimensionsformel $[k] = ML^2T^{-2}\Theta^{-1}$ betrachten. Dann muß diese dimensionsbehaftete Konstante in die Variablenliste aufgenommen werden, so daß der Zusammenhang (1.63) nun lautet

$$\mathrm{Fn}(\dot{Q}, c, \lambda, U_\infty, d, \Delta\vartheta, k) = 0 \tag{1.75}$$

und die Dimensionsmatrix im $[LMT\Theta]$-System die Form

	$\dot{Q}$	c	λ	U_∞	d	$\Delta\vartheta$	k
L	2	-1	1	1	1	0	2
M	1	1	1	0	0	0	1
T	-3	-2	-3	-1	0	0	-2
Θ	0	-1	-1	0	0	1	-1

(1.76)

annimmt. Durch Multiplikation bzw. Division mit λ kann man zunächst die Θ-Zeile zu Null machen und dann die M-Zeile. So entsteht die Matrix

	$\dot{Q}/(\lambda\,\Delta\vartheta d)$	cd^2/λ	$k/(\lambda d)$	U_∞/d
L	0	0	0	0
T	0	1	1	-1

, (1.77)

der man die dimensionslosen Produkte

$$\Pi_1 = \frac{\dot{Q}}{\lambda\,\Delta\vartheta\, d}\,,\quad \Pi_2 = \frac{c\,d^3}{k}\,,\quad \Pi_3 = \frac{c\,U_\infty d}{\lambda}$$

abliest. Man erhält also sinngemäß dasselbe Ergebnis wie bei Verwendung des $[LMT]$-Systems:

$$\dot{Q} = \lambda\,\Delta\vartheta\, d\,\mathrm{fn}\left(\frac{c\,d^3}{k}, \frac{c\,U_\infty d}{\lambda}\right)\,. \tag{1.78}$$

Allerdings entnimmt man (1.78) eine wichtige Erkenntnis: Mit den Basiseinheiten m, kg, s und K im $[LMT\Theta]$-System ist der Zahlenwert der Boltzmann-Konstanten ($1.38 * 10^{-23}\mathrm{kg\,m^2/(s^2\,K)}$) sehr klein. Der Zahlenwert von $c\,d^3/k$ für das betrachtete Problem wird damit so groß, daß man keine Abhängigkeit von dieser dimensionslosen Konstanten erwartet. Es zeigt sich, daß Rayleighs Vorgehensweise, nämlich die Zahl der Basisgrößen zu erhöhen, ohne die dimensionsbehaftete Konstante in der Variablenliste aufzunehmen, geschickter war.

Dies war aber nur deshalb möglich, weil die Boltzmannsche Konstante in dem Umströmungsproblem keine Bedeutung hatte. Hingegen spielt sie eine Rolle beim Wärmeübergang in stark verdünnten Gasen und kann i. allg. nicht mehr vernachlässigt werden. Die Verwendung des $[LMT]$-Systems führt dann zum selben Ergebnis wie das $[LMT\Theta]$-System.

Wir erweitern jetzt den Zusammenhang (1.68) durch Berücksichtigung des Reibungseinflusses, den wir über die kinematische Viskosität $\nu = \eta/\varrho$ einbringen. Sie gibt Anlaß zu einem zusätzlichen dimensionslosen Produkt $c\nu/\lambda = c_p\eta/\lambda$, das wir auch als

Prandtl-Zahl identifizieren, und das es uns erlaubt, die *Péclet-Zahl* $c\,U_\infty d/\lambda$ durch die Reynolds-Zahl $\lambda/(c\,\nu)\,(c\,U_\infty d/\lambda) = U_\infty d/\nu$ zu ersetzen und schreiben daher statt (1.68) auch

$$\dot{Q} = \lambda\,\Delta\vartheta\,d\,\mathrm{fn}\left(\frac{U_\infty d}{\nu}, \frac{c\,\nu}{\lambda}\right) .$$

Die Prandtlsche Zahl $c\,\nu/\lambda$ enthält nur Stoffeigenschaften.

Während die Einführung der dimensionsbehafteten Konstanten C im Zweiten Newtonschen Gesetz es ermöglichte, die Zahl der Basisgrößen zu erhöhen, kann man die Zahl der Grundgrößen vermindern, wenn man im Gravitationsgesetz (1.37) die Gravitationskonstante G, deren Dimensionsformel im $[LMT]$-System

$$[G] = L^3 M^{-1} T^{-2}$$

ist, gleich Eins setzt. Dann gilt

$$[G] = 1 = L^3 M^{-1} T^{-2} , \tag{1.79}$$

und daher wird die Masse zur abgeleiteten Größe

$$[m] = L^3 T^{-2} . \tag{1.80}$$

Dem Gravitationsgesetz in der Form

$$F = \frac{m\,m_e}{r^2} \tag{1.81}$$

lesen wir schließlich die Dimension der Kraft zu

$$[F] = L^4 T^{-4} \tag{1.82}$$

ab. Dieses $[LT]$-System wird in der Astronomie verwendet.

Schließlich läßt sich die Anzahl der Basisgrößen auch auf Eins verringern, wenn dimensionsbehaftete Konstanten aus anderen physikalischen Gesetzen oder auch Materialgesetzen dimensionslos werden. Dieses Vorgehen ist aber vom Standpunkt der Dimensionsanalyse nicht interessant, im Gegenteil: Wie im vorangegangenen Beispiel demonstriert, ist es oft vorteilhaft, die Anzahl der Basisgrößen zu erhöhen. Damit treten zwar dimensionsbehaftete Konstanten auf, so daß sich in der Regel die Zahl der dimensionslosen Größen nicht verringert. Spielen aber für das spezielle Problem die

Naturgesetze, in denen diese dimensionsbehafteten Konstanten auftreten, keine Rolle, dann gelingt eine Reduzierung der Anzahl der dimensionslosen Größen. Diese Reduzierung ist letztlich möglich, weil schon die Wahl des Basisgrößensystems Information in das Problem bringt, die über die rein formale Dimensionsanalyse, die ja in allen Basisgrößensystemen möglich ist, hinausgeht.

1.5 Das Π-Theorem

Der Inhalt des Π-*Theorems* ist die Äquivalenz der Beziehungen (1.30) und (1.31). Die dimensionslosen Produkte sind Potenzprodukte der physikalischen Größen p_j

$$\Pi = \prod_{j=1}^{n} p_j^{k_j} \tag{1.83}$$

mit der Dimensionsformel für Π

$$[\Pi] = 1 = \prod_{j=1}^{n} [p_j]^{k_j} \ . \tag{1.84}$$

Für die Dimensionsformeln der physikalischen Größen p_j gilt andererseits

$$[p_j] = \prod_{i=1}^{m} P_i^{a_{ij}} \ , \tag{1.85}$$

wenn als allgemeines Symbol für die Basisgröße P_i verwendet wird, wobei ohne Einschränkung der Allgemeinheit in (1.85) auch die physikalischen Größen enthalten sind, die selbst Basisgrößen sind. Aus (1.84) und (1.85) folgt dann

$$[\Pi] = 1 = \prod_{j=1}^{n} \prod_{i=1}^{m} P_i^{a_{ij} k_j} \ . \tag{1.86}$$

Gleichung (1.86) ist erfüllt, wenn die Summe der Exponenten der i-ten Basisgröße null ist oder, in anderen Worten, das homogene lineare Gleichungssystem

$$\sum_{j=1}^{n} a_{ij} k_j = 0 \ , \ (i = 1 \ldots m) \tag{1.87}$$

nichttriviale Lösungen für die n Unbekannten k_j besitzt. Die reellen Koeffizienten a_{ij} in (1.87) sind aus (1.85) bekannt: a_{ij} ist der Exponent der i-ten Basisgröße in der

Dimensionsformel für die j-te physikalische Größe. In Matrixform geschrieben (mit Zeilenindex i und Spaltenindex j) entspricht die Koeffizientenmatrix (a_{ij}) der bereits in Abschnitt 1.4 eingeführten Dimensionsmatrix

$$(a_{ij}) = \begin{bmatrix} a_{11} & a_{12} & .. & a_{1n} \\ a_{21} & a_{22} & .. & a_{2n} \\ : & & & : \\ a_{m1} & .. & & a_{mn} \end{bmatrix} . \tag{1.88}$$

Bekanntlich besitzt eine quadratische Matrix eine *Determinante* D. Wenn diese verschwindet,

$$D = \det(a_{ij}) = 0 \ ,$$

nennt man die Matrix *singulär*, sonst *regulär*. Dimensionsmatrizen sind aber rechteckige Matrizen ($n > m$), und wir können aus diesen quadratische Teilmatrizen durch Streichen von Spalten und Zeilen bilden. Wenn die Dimensionsmatrix eine quadratische Teilmatrix mit r Zeilen und Spalten besitzt, deren Determinante (*Unterdeterminante*) nicht verschwindet, und alle quadratischen Teilmatrizen mit Zeilenzahlen größer r singulär sind, so hat die Dimensionsmatrix den *Rang* r und den *Defekt* $d = n - r$. Ein lineares homogenes Gleichungssystem für n Unbekannte, dessen Koeffizientenmatrix den Rang r hat, besteht nach einem Satz der linearen Algebra aus r *linear unabhängigen* Gleichungen und besitzt (außer der trivialen Lösung $k_j = 0$) genau $d = n - r$ linear unabhängige Lösungen.

In der Regel ist der Rang der Dimensionsmatrix gleich der Zeilenzahl, also gleich der Anzahl der Basisgrößen im gewählten Grundgrößensystem ($r = m$). Wenn aber r kleiner als m ist , so bedeutet dies ja, daß $m - r$ Gleichungen von den übrigen Gleichungen linear abhängen, also durch Linearkombinationen dieser darstellbar sind. Es mag zunächst verwundern, daß die Zahl r der Größen mit unabhängigen Dimensionen kleiner sein kann als die Zahl m der Basisgrößen. Diese Situation entsteht aber, wenn Basisgrößen immer nur in einer bestimmten Kombination in die abgeleiteten Größen eingehen, z. B. wenn M und T immer nur in der Kombination MT^{-2} auftreten, wie es bei Problemen der Statik typisch ist, wenn ein $[LMT]$-System gewählt wird. Die Masse spielt bei solchen Problemen keine Rolle und gelangt nur in die Dimensionsformeln, weil im $[LMT]$-System die Kraft eine abgeleitete Größe ist:

$$[F] = L\,M\,T^{-2} \ .$$

Offensichtlich würde die Wahl *Masse pro Quadrat der Zeit* als Basisgröße zu einem Grundgrößensystem mit nur zwei Basisgrößen führen. Selbstverständlich kann man in solchen Fällen die abhängigen Gleichungen weglassen, womit der Rang wieder gleich der Zeilenzahl wird.

Bei einem homogenen linearen Gleichungssystem mit Rang r in n Unbekannten liegt nun der Fall vor, daß mehr Unbekannte zu bestimmen sind als unabhängige Gleichungen vorhanden sind. Man kann also über $d = n - r$ Unbekannte willkürlich verfügen, und aus dem homogenen System

$$\sum_{j=1}^{n} a_{ij} k_j = 0 \ , \ (i = 1 \ldots r) \tag{1.89}$$

entsteht dann das inhomogene lineare Gleichungssystem in r Unbekannten

$$\sum_{j=d+1}^{n} a_{ij} k_j = -\sum_{j=1}^{d} a_{ij} k_j = b_i \ , \ (i = 1 \ldots r) \ , \tag{1.90}$$

dessen rechte Seite b_i durch die k_j $(j = 1 \ldots d)$ willkürlich zugewiesenen Werte bekannt ist. Das Gleichungssystem (1.90) ist nach der *Cramerschen Regel*

$$k_l = D_l / D \tag{1.91}$$

eindeutig lösbar, da die Determinante $D = \det(a_{ij})$ von Null verschieden ist. D_l ist die Determinante der Matrix, die sich ergibt, wenn man die l-te Spalte der Koeffizientenmatrix durch die rechte Seite b_i ersetzt. Die r Lösungen von (1.90) stellen dann zusammen mit den $d = n - r$ frei gewählten Unbekannten den n-dimensionalen Lösungsvektor k_j $(j = 1 \ldots n)$ dar, aus dem wir gemäß (1.83) ein dimensionsloses Produkt Π berechnen.

Aus dem System (1.90) erhalten wir d linear unabhängige n-dimensionale Lösungsvektoren $k_{(i),j}$ $(i = 1 \ldots d;\ j = 1 \ldots n)$, wenn wir der Reihe nach den frei wählbaren d Unbekannten d mal linear unabhängige Werte zuweisen und damit d mal die r Unbekannten gemäß (1.91) ermitteln. Die lineare Unabhängigkeit ist schon sichergestellt, wenn die Matrix der frei verfügbaren Unbekannten regulär ist, d. h.

$$\det \begin{bmatrix} k_{(1),1} & k_{(1),2} & .. & k_{(1),d} \\ k_{(2),1} & k_{(2),2} & .. & k_{(2),d} \\ \vdots & & & \vdots \\ k_{(d),1} & & .. & k_{(d),d} \end{bmatrix} \neq 0 \tag{1.92}$$

gilt, da ja die Lösungen (1.90) linear unabhängig sind.

Aus den d Lösungsvektoren erhalten wir mit (1.83) d unabhängige dimensionslose Produkte $\Pi_{(i)}$ $(i = 1 \ldots d)$. Diese d Lösungsvektoren bilden ein *Fundamentalsystem*, d. h. jede Lösung des Systems (1.90) ist durch die Linearkombination mit regulären $C_{(m),i}$

$$k'_{(m),j} = \sum_{i=1}^{d} C_{(m),i}\, k_{(i),j} \;, \; (j = 1 \ldots n) \tag{1.93}$$

darstellbar. Die Lösungen sind nicht eindeutig, denn es liegt auf der Hand, daß die Zuweisung gemäß (1.92) nicht eindeutig ist. Es gibt also unendlich viele Lösungen, von denen jede aus d linear unabhängigen Vektoren besteht. Hierin liegt eine große Freiheit, die es erlaubt, beim selben Problem, einen dem jeweilig interessierenden Aspekt angepaßten Lösungssatz $\Pi_{(i)}$ zu verwenden. Von dieser Möglichkeit werden wir immer wieder Gebrauch machen.

Für die systematische Berechnung der dimensionslosen Produkte ist die Zuweisung über die *Einheitsmatrix* zweckmäßig. Bei dieser, wegen (1.93) die Allgemeinheit nicht einschränkenden, Zuweisung

$$\begin{bmatrix} k_{(1),1} & k_{(1),2} & .. & k_{(1),d} \\ k_{(2),1} & k_{(2),2} & .. & k_{(2),d} \\ \vdots & & & \vdots \\ k_{(d),1} & .. & & k_{(d),d} \end{bmatrix} = \begin{bmatrix} 1 & 0 & .. & 0 \\ 0 & 1 & .. & 0 \\ \vdots & & & \vdots \\ 0 & 0 & .. & 1 \end{bmatrix} \tag{1.94}$$

erhalten wir für die dimensionslosen Produkte zunächst

$$\begin{aligned} \Pi_1 &= p_1^1\, p_2^0\, p_3^0 \,..\, p_d^0\, p_{d+1}^{k_{(1),d+1}} \,..\, p_n^{k_{(1),n}} \\ \Pi_2 &= p_1^0\, p_2^1\, p_3^0 \,..\, p_d^0\, p_{d+1}^{k_{(2),d+1}} \,..\, p_n^{k_{(2),n}} \\ &\vdots \qquad\qquad \vdots \\ \Pi_d &= p_1^0\, p_2^0\, p_3^0 \,..\, p_d^1\, p_{d+1}^{k_{(d),d+1}} \,..\, p_n^{k_{(d),n}} \end{aligned} \tag{1.95}$$

Wir denken uns jetzt diese Ausdrücke jeweils nach p_1, p_2 bis p_d aufgelöst und in (1.30) eingesetzt, wodurch der Zusammenhang

$$\mathrm{Fn}(\Pi_1 \ldots \Pi_d, p_{d+1} \ldots p_n) = 0 \tag{1.96}$$

entsteht. Nun ändern wir im festen aber beliebigen Grundgrößensystem die Einheiten der Basisgrößen. Die Maßzahlen der abgeleiteten Größen ändern sich dann gemäß

(1.15), wofür wir jetzt verallgemeinernd

$$p'_j = p_j \prod_{i=1}^{r} c_i^{a_{ij}} \qquad (1.97)$$

schreiben. Die Beziehung (1.96) lautet dann

$$\mathrm{Fn}\left(\Pi_1 \ldots \Pi_d, p'_{d+1} \prod_{i=1}^{r} c_i^{-a_{i,d+1}} \ldots p'_n \prod_{i=1}^{r} c_i^{-a_{i,n}}\right) = 0 \ , \qquad (1.98)$$

und wir folgern, daß Fn nicht von den noch dimensionsbehafteten p'_{d+1} bis p'_n abhängen kann, da wir den Produkten durch geeignete Wahl von c_i, d. h. durch Änderung der Basiseinheiten, jeden beliebigen Zahlenwert zuweisen können. Da aber Fn invariant gegen Änderung der Basiseinheiten sein muß, schließen wir, daß Fn unabhängig von den verbleibenden dimensionsbehafteten Größen sein muß.

Es genügt zu zeigen, daß den fraglichen Ausdrücken der Zahlenwert 1 zugewiesen werden kann. Offensichtlich ist hierfür notwendig und hinreichend, daß das inhomogene lineare Gleichungssystem

$$\sum_{i=1}^{r} a_{ij} \ln(c_i) = \ln(p'_j) \ , \ (j = d+1 \ldots n) \qquad (1.99)$$

eine eindeutige Lösung für die positiven Faktoren c_i besitzt. Dies ist der Fall: Die Koeffizientenmatrix des Gleichungssystems (1.99) ist die *Transponierte* der regulären Teilmatrix vom Rang r des Systems (1.90), daher selbst regulär, und die rechte Seite $\ln(p'_j)$ ist voraussetzungsgemäß nicht für alle j gleich Null. Nach der Cramerschen Regel läßt sich dann (1.99) eindeutig lösen, und (1.98) ist äquivalent zu

$$\mathrm{Fn}(\Pi_1 \ldots \Pi_d, 1 \ldots 1) = 0 \ . \qquad (1.100)$$

Aus der vorangegangenen Kausalkette ist somit auch die Äquivalenz zu (1.30) und damit die Reduktion der n dimensionsbehafteten Veränderlichen auf $d = n - r$ dimensionslose Veränderliche gezeigt.

2 Illustrative Beispiele

2.1 Das Widerstandsproblem

Wir kehren jetzt zum Widerstandsproblem der Kugel zurück, das auch durch den Zusammenhang (1.1) ausgedrückt wird, und bilden unter Verwendung des $[LMT]$-Systems die Dimensionsmatrix

	W	U_∞	η	ϱ	d
L	1	1	−1	−3	1
M	1	0	1	1	0
T	−2	−1	−1	0	0

. (2.1)

Zur Ermittlung der dimensionslosen Produkte kann man nach der in Abschnitt 1.4 verwendeten (allgemeingültigen) Methode vorgehen und durch Bildung von Verhältnissen Matrixzeilen zu Null machen oder das durch (1.89) bis (1.94) beschriebene Verfahren verwenden, das bei größeren Matrizen vorzuziehen ist. Der Rang der Koeffizientenmatrix a_{ij} des Gleichungssystems für die $n = 5$ Unbekannten k_i

k_1	k_2	k_3	k_4	k_5	
1	1	−1	−3	1	0
1	0	1	1	0	0
−2	−1	−1	0	0	0

(2.2)

ist $r = 3$, so daß wir $d = n - r = 2$ dimensionslose Produkte erwarten, zu deren Bestimmung wir zweimal 2 der Unbekannten zuweisen. Für die zweckmäßige Zuweisung in Form der Einheitsmatrix ist (2.2) zunächst für $k_{(1),1} = 1$, $k_{(1),2} = 0$ und dann für $k_{(2),1} = 0$, $k_{(2),2} = 1$ zu lösen. Die Ergebnisse stellen wir in der Lösungsmatrix

	k_1	k_2	k_3	k_4	k_5
Π_1	1	0	−2	1	0
Π_2	0	1	−1	1	1

(2.3)

zusammen und entnehmen ihr das dimensionslose Produkt

$$\Pi_2 = \frac{U_\infty \varrho\, d}{\eta} ,$$

das die bekannte Reynoldssche Zahl ist, und das dimensionslose Produkt

$$\Pi_1 = \frac{W \varrho}{\eta^2} ,$$

welches in den aerodynamischen Anwendungen nicht verwendet wird. Da aber die beiden Lösungsvektoren $k_{(i),j}$ $(i = 1 \dots 2;\ j = 1 \dots 5)$ ein Fundamentalsystem darstellen, bilden wir gemäß (1.93) die neue Lösung

$$k'_{(1),j} = k_{(1),j} - 2k_{(2),j} \tag{2.4}$$

und unter Verwendung von (1.83) das neue dimensionslose Produkt

$$\Pi'_1 = \prod_{j=1}^{5} p_j^{k_{(1),j}-2k_{(2),j}} = \prod_{j=1}^{5} p_j^{k_{(1),j}} \prod_{j=1}^{5} p_j^{-2k_{(2),j}} = \Pi_1 \Pi_2^{-2} , \tag{2.5}$$

also

$$\Pi'_1 = \frac{W}{\varrho\, U_\infty^2 d^2} , \tag{2.6}$$

welches, bis auf den dimensionsanalytisch unwesentlichen Faktor $8/\pi$, mit dem Widerstandsbeiwert der Kugel

$$c_w = \frac{8\ W}{\varrho\, U_\infty^2 d^2 \pi} \tag{2.7}$$

übereinstimmt. Daher reduziert sich der Zusammenhang (1.1) auf

$$\mathrm{Fn}\left(\frac{8\ W}{\varrho\, U_\infty^2 d^2 \pi}, \frac{\varrho\, U_\infty\, d}{\eta}\right) = 0 \tag{2.8}$$

oder

$$c_w = c_w(Re) . \tag{2.9}$$

Die Umformung eines vollständigen Satzes dimensionsloser Produkte, hier Π_1 und Π_2, auf einen für den vorliegenden Aspekt zweckmäßigen Satz, hier c_w und Re, ist oft wünschenswert und läßt sich direkt durch geeignete Kombination der dimensionslosen

Produkte des ursprünglichen Satzes wie in (2.5) erreichen, ohne auf (1.93) zurückgreifen zu müssen. Es ist dann aber darauf zu achten, daß der neue Satz auch tatsächlich vollständig ist.

Wie bereits in Abschnitt 1.1 erwähnt, ist die Berechnung der unbekannten Funktion (2.9) bisher nicht im gesamten interessierenden Reynolds-Zahl-Bereich gelungen. Für die Grenzfälle $Re \to \infty$ und $Re \to 0$ läßt sich aus der Dimensionsanalyse, kombiniert mit darüber hinausgehenden Erwägungen, das Verhalten der Widerstandskurve darstellen. Wir schreiben (2.9) in der Gestalt

$$W = \frac{\varrho}{2} U_\infty^2 \pi \frac{d^2}{4} \operatorname{fn}(Re) \tag{2.10}$$

und fordern aus physikalischen Gründen, daß $\operatorname{fn}(Re)$ beschränkt bleibt für $Re \to \infty$. Der Fall $\operatorname{fn}(Re) \to 0$ für $Re \to \infty$ bei festem U_∞ und d, also für $\eta/\varrho = \nu \to 0$, entspricht dem reibungsfreien Fall und liefert das unrealistische Ergebnis $W = 0$, das als *d'Alembertsches Paradoxon* bekannt ist, wobei die in (1.1) erfaßten physikalischen Größen schon implizieren, daß für $\nu = 0$ die Strömung dann auch rotationsfrei ist. Daher hat $\operatorname{fn}(Re)$ einen endlichen, von Null verschiedenen Grenzwert, d. h.

$$\lim_{Re \to \infty} W = \frac{\varrho}{2} U_\infty^2 \pi \frac{d^2}{4} \, const \, . \tag{2.11}$$

Der Widerstand wird nur durch die Flüssigkeitseigenschaft Dichte geprägt, und man spricht vom *Trägheitswiderstand*. Das Verhalten (2.11) wird durch Abb. 1.2 bestätigt, der man auch die Konstante zu $const = 0.4$ entnimmt. Der scharfe Abfall bei $Re \sim 3 * 10^5$ ist nicht reibungsbedingt, sondern auf den Umschlag der Grenzschicht zurückzuführen, der bei der Kugel eine Verringerung des Nachlaufes verursacht. Der Widerstand ist weiterhin trägheitsbedingt und der Beiwert nimmt erneut einen konstanten, aber kleineren, Wert an.

Der Grenzfall $Re \to 0$ bei festem ν entspricht dem Fall kleiner Trägheit, also $\varrho \to 0$. Wenn der Widerstand nach (2.10) dann nicht verschwinden soll, so muß (2.10) die spezielle Form

$$W = \frac{\varrho}{2} U_\infty^2 \pi \frac{d^2}{4} \frac{const}{Re} \tag{2.12}$$

bzw.

$$W = const \, \frac{\pi}{8} U_\infty \eta d \tag{2.13}$$

annehmen. Der Widerstand wird jetzt allein durch die Flüssigkeitseigenschaft Viskosität bestimmt. Die Theorie liefert in diesem Fall für die Konstante den Wert 24, und

(2.13) ist dann die *Stokessche Widerstandsformel*. Ein weiter, wenn auch nicht mehr der gesamte Bereich der Reynolds-Zahl zwischen diesen Grenzwerten, ist bisher nur durch das Experiment erreichbar.
Wir werden im folgenden oft bei asymptotischen Betrachtungen die Existenz eines von Null verschiedenen Grenzwertes voraussetzen, auch wenn keine mathematischen Beweise vorliegen. Die Existenz ist oft vom Problem her gesichert, aber zuweilen existiert der Grenzwert nicht und wir werden in solchen Fällen besonders darauf hinweisen.

Die experimentelle Ermittlung der Widerstandskurve kann im Prinzip mit einer Kugel beliebigen Durchmessers erfolgen. Daher läßt sich auch der Widerstand einer Kugel mit sehr großem Durchmesser (etwa eines Ballons) anhand einer Modellkugel mit sehr viel kleinerem Durchmesser im Windkanal ermitteln. Beide Strömungen sind, wie (2.9) zeigt, vollständig ähnlich, wenn die Reynoldssche Zahl, und folglich der Widerstandsbeiwert, gleich sind. Unter Umständen ist es aber nicht möglich, in einer gegebenen Versuchsanlage, also bei gegebenem Maximaldurchmesser der Modellkugel, die Reynoldssche Zahl des Originals zu erreichen, ohne die Geschwindigkeit so zu steigern, daß die Kompressibilität der Luft eine Rolle spielt.

Da auch die Schallgeschwindigkeit a ein Maß für die Kompressibilität ist, liegt die Vermutung nahe, es genüge diese Größe in (1.1) einzuführen, den Zusammenhang (2.9) um die *Mach-Zahl* $M_\infty = U_\infty / a_\infty$ zu erweitern und ihn dadurch schon für alle kompressiblen Strömungen anwendbar zu machen. Dies ist nicht der Fall, denn es liegt auf der Hand, daß die *thermodynamischen Zustandsgleichungen* und die *Materialgleichungen* zusätzlich zu berücksichtigen sind. In kompressibler Strömung ist der Druck nicht mehr unbestimmt wie in inkompressibler Strömung, wo bekanntlich nur Druckdifferenzen dynamisch eine Rolle spielen, sondern der absolute Druck tritt als thermodynamische Veränderliche auf. Wir untersuchen zunächst welchen Einschränkungen die Materialgleichungen und die Zustandsgleichungen bei ähnlichen Strömungen unterliegen, wenn weiterhin die Geschwindigkeit, Dichte, Druck und der Durchmesser frei wählbar sind. Man nennt die Strömungen dann *dynamisch ähnlich*. Wir beschränken uns auf linear viskose, kompressible Flüssigkeiten, bei denen die Materialkonstanten, etwa η, von zwei *thermodynamischen Zustandsgrößen* abhängen, wobei hier nach obigem nur p und ϱ in Frage kommen:

$$\eta = \eta(p, \varrho) \,. \tag{2.14}$$

Für einen ganz allgemeinen Zusammenhang, in dem eine Reihe von dimensionsbehafteten Konstanten auftritt, die zu dimensionslosen Produkten Anlaß geben und die alle in ähnlicher Strömung zu kontrollieren wären, ist eine dynamisch ähnliche Strömung offenbar nicht möglich. Aber selbst im einfachsten Zusammenhang (2.14) muß aus Dimensionsgründen wenigstens eine dimensionsbehaftete Konstante auftreten, deren Dimensionsformel wir im Basisgrößensystem Viskosität V, Dichte R und Druck P ohne Einschränkung

$$[C_\eta] = V\,R^{-n}P^{-m} \tag{2.15}$$

schreiben können. Aus der Dimensionsmatrix der Relation (2.14)

	η	ϱ	p	C_η
V	1	0	0	1
R	0	1	0	$-n$
P	0	0	1	$-m$

, (2.16)

die offensichtlich den Rang 3 hat, lesen wir den Zusammenhang

$$\eta = C_\eta \varrho^n p^m \tag{2.17}$$

ab, wobei der Zahlenwert C_η so sei, daß das Gleichheitszeichen gilt. Auf gleiche Weise gelangen wir zu einem Zusammenhang für die Wärmeleitfähigkeit λ:

$$\lambda = C_\lambda \varrho^l p^k\,, \tag{2.18}$$

wobei die Exponenten in beiden Beziehungen zunächst noch verschieden sein können. Neben den Materialeigenschaften treten bei kompressibler Strömung noch die thermodynamischen Zustandsgleichungen in das Problem ein. Als thermische Zustandsgleichung wählen wir

$$T = T(p, \varrho)\,, \tag{2.19}$$

da, wie in (2.14), p und ϱ als die unabhängig Veränderlichen auftreten. Ebenso fordern wir für die kalorische Zustandsgleichung die Form

$$e = e(p, \varrho)\,. \tag{2.20}$$

Dynamische Ähnlichkeit im obigen Sinne wird sich, wenn überhaupt, nur für die einfachsten Formen der Zustandsgleichungen erreichen lassen. Aber selbst in der einfachsten Form muß wenigstens eine dimensionsbehaftete Konstante in der Beziehung (2.19) auftreten. Man kann auch hier (2.19) in die Form eines Potenzmonoms bringen, aber die einzig wichtige Zustandsgleichung dieser Art ist die Zustandsgleichung des thermisch idealen Gases:

$$T = \frac{p}{R\,\varrho}\,. \tag{2.21}$$

Wir schreiben (2.20) in der Form

$$e = \frac{p}{\varrho}\,\mathrm{fn}(p,\varrho) = R\,T\,\mathrm{fn}(p,\varrho)\ , \tag{2.22}$$

wobei fn eine dimensionslose Funktion ist und daher in ihren Argumenten i. allg. wenigstens noch eine dimensionsbehaftete Konstante auftreten muß. Wenn sich die Funktion auf eine Konstante reduziert, sind wir auf kalorisch perfektes Gas festgelegt. Nunmehr stehen alle physikalischen Größen für das Widerstandsproblem zur Verfügung, die wir in einer Dimensionsmatrix zusammenstellen

	W	U_∞	p_∞	ϱ_∞	η_∞	λ_∞	c_v	R	d
L	1	1	−1	−3	−1	1	2	2	1
M	1	0	1	1	1	1	0	0	0
T	−2	−1	−2	0	−1	−3	−2	−2	0
Θ	0	0	0	0	0	−1	−1	−1	0

, (2.23)

deren Rang sich zu 4 ergibt, so daß wir schließlich 5 dimensionslose Produkte erwarten. Neben den zwei bekannten Produkten Reynolds-Zahl und Widerstandsbeiwert, treten noch

$$\Pi_3 = \frac{R}{c_v}\ ,\ \Pi_4 = \frac{\lambda_\infty}{c_v\eta_\infty} \quad \text{und} \quad \Pi_5 = \frac{p_\infty}{\varrho_\infty U_\infty^2} \tag{2.24}$$

auf. Für das Produkt Π_3 können wir wegen $R = c_p - c_v$ auch $\gamma - 1$ bzw. $\gamma = c_p/c_v$ nehmen, und damit ersetzen wir das Produkt Π_5 durch

$$\frac{1}{\sqrt{\Pi_3\,\Pi_5}} = \sqrt{\frac{\varrho_\infty U_\infty^2}{\gamma\,p_\infty}} = \frac{U_\infty}{a_\infty}\ , \tag{2.25}$$

das wir als Mach-Zahl identifizieren. Das verbleibende Produkt Π_4, das wir mit γ zu

$$Pr = \frac{\gamma}{\Pi_4} = \frac{c_p\eta_\infty}{\lambda_\infty} \tag{2.26}$$

umformen, ist uns schon als Prandtlsche Zahl bekannt. Damit die Prandtl-Zahl aber eine Konstante ist, müssen die Exponenten in (2.17) und (2.18) dieselben sein, d. h. $l = n$, $k = m$, was natürlich eine weitere Einschränkung bedeutet. Die Exponenten n und m treten aber auch als zwei weitere dimensionslose Produkte auf, so daß der (2.9) entsprechende Ausdruck nunmehr

$$c_w = c_w(Re, M_\infty, Pr, \gamma, m, n) \tag{2.27}$$

lautet. Trotz der scharfen Einschränkung im Materialgesetz und den Zustandsgleichungen sind 6 dimensionslose Produkte zu beachten. Aus diesem Grund hat die Modelltheorie bei kompressibler Strömung nicht die Bedeutung erlangen können, wie dies bei inkompressibler Strömung, besonders bei hydraulischen Strömungsmaschinen, der Fall ist. Wir bemerken noch, daß bei Gasen oft $m \simeq -n$ ist. Wie eine mathematische Untersuchung der dynamischen Ähnlichkeit (SERRIN [1959]) an Hand der Navier-Stokesschen Gleichungen aufzeigt, läßt sich noch die Forderung des kalorisch perfekten Gasverhaltens auf thermisch perfektes Verhalten abmildern.

2.2 Oberflächenwellen

Als nächstes Beispiel betrachten wir Wellen auf der Oberfläche einer tropfbaren, inkompressiblen Flüssigkeit und fragen nach der Phasengeschwindigkeit c dieser Wellen, also z. B. nach der Geschwindigkeit, mit der sich Wellenberge fortbewegen. Wir vernachlässigen den Einfluß der Viskosität der Flüssigkeit und beschränken uns auf den Fall der kleinen Amplitude, d. h. klein im Vergleich zu allen anderen linearen Abmessungen des Problems. Außerdem sollen die Eigenschaften des Mediums (Luft) oberhalb der Oberfläche keinen Einfluß haben. Je nach der rücktreibenden Kraft unterscheidet man zwischen Schwerewellen und Kapillarwellen .

Wir wenden uns zunächst Schwerewellen in seichtem Wasser zu, dessen Höhe h sei. Der Zusammenhang der Phasengeschwindigkeit mit den anderen physikalischen Größen g, h und ϱ ist also

$$\mathrm{Fn}(c, g, h, \varrho) = 0 \ . \tag{2.28}$$

Ordnet man die Variablen wieder in einer Dimensionsmatrix und legt als Basisgrößensystem ein $[LMT]$-System zugrunde, so erhält man

	c	g	h	ϱ
L	1	1	1	-3
M	0	0	0	1
T	-1	-2	0	0

. (2.29)

Wie schon bei der Toricellischen Ausflußformel führt diese Matrix zu dem zwingenden Schluß, daß die Dichte nicht in das betrachtete Problem eingehen kann, da sie die einzige Größe ist, die die Dimension einer Masse enthält. Man liest als einziges dimensionsloses Produkt

$$\Pi = \frac{c}{\sqrt{g\,h}} \tag{2.30}$$

ab, da das Problem dimensionsanalytisch dem Toricelli-Problem äquivalent ist. Aus dem Zusammenhang (2.28)

$$\mathrm{Fn}(\Pi) = 0 \tag{2.31}$$

folgt

$$c = \pm\, const\, \sqrt{g\, h}\ . \tag{2.32}$$

Die Phasengeschwindigkeit der Wellen hängt demnach von der Wassertiefe ab und nimmt mit steigender Tiefe zu. Natürlich gilt (2.32) nur für Wellen in einer Flüssigkeit konstanter Tiefe h. Wendet man diese Gleichung lokal auf den Fall abnehmender Wassertiefe an, etwa in der Nähe eines Ufers, und bezeichnet mit h_1 die Höhe eines Wellenberges, mit h_2 die Höhe eines benachbarten Wellentales, dann ist das Verhältnis der entsprechenden Phasengeschwindigkeiten

$$\frac{c_1}{c_2} = \sqrt{\frac{h_1}{h_2}}\,, \tag{2.33}$$

und wir erkennen, daß Wellenberge sich schneller fortpflanzen als Wellentäler, was schon qualitativ die Ursache des Brandens von Wellen erklärt.

Überträgt man die Formel (2.32) auf Wellen großer Tiefe, z. B. auf Meereswellen, so wird das unrealistische Ergebnis erhalten, daß sich diese Wellen mit sehr großer Geschwindigkeit fortbewegen. In diesem Fall ist die Wassertiefe h nicht die geeignete Länge, um ein dimensionsloses Produkt zu bilden. Die einzig andere, das Problem charakterisierende, Länge ist aber die Wellenlänge λ, so daß wir im Grenzfall $\lambda/h \ll 1$ für die Phasengeschwindigkeit die Beziehung

$$c = \pm\, const\, \sqrt{g\, \lambda} \tag{2.34}$$

erhalten. Nach dem eben Gesagten ist dann auch klar, daß (2.32) nur für $h/\lambda \ll 1$ gilt. Beide Wellenarten werden als *Schwerewellen* bezeichnet. Wellen, deren Phasengeschwindigkeit nach (2.32) zu berechnen ist als *lange Schwerewellen*.

Die Beziehung (2.34) für die Phasengeschwindigkeit ist insofern bemerkenswert, als die Phasengeschwindigkeit nun von der Wellenlänge abhängt, lange Wellen sich also schneller fortpflanzen als kurze. Diese Abhängigkeit der Phasengeschwindigkeit von der Wellenlänge wird als Dispersion bezeichnet, als normale Dispersion, wenn, wie hier, die Ausbreitungsgeschwindigkeit mit der Wellenlänge zunimmt. Die Störung einer Wasseroberfläche wird i. allg. zu einer Überlagerung von Wellen verschiedener Wellenlängen führen. Die Form der resultierenden Welle wird sich demnach ändern, da die in ihr enthaltenen langen Wellen schneller fortschreiten als die kurzen. Dies im Gegensatz zu akustischen Wellen, die keine Dispersion zeigen (jedenfalls solange keine Relaxationseffekte hervorgerufen werden) und Wellen unveränderlicher Form darstellen.

Wir haben bisher nur Schwerewellen betrachtet, also Bewegungen, die maßgeblich durch die Schwerkraft beeinflußt sind. An der Trennfläche zwischen zwei Flüssigkeiten tritt aber immer auch eine Oberflächenspannung auf. In ruhender Flüssigkeit ist die Druckdifferenz zweier Flüssigkeiten an ihrer Trennfläche proportional zur Oberflächenspannung und zur mittleren Krümmung dieser Fläche. Eine wellenförmige Erhebung auf der Flüssigkeitsoberfläche führt dazu, daß der Druck längs der Oberfläche veränderlich ist, so daß eine Bewegung der Flüssigkeitsteilchen hervorgerufen wird, und wir vermuten, daß auch die Oberflächenspannung Anlaß einer Wellenbewegung sein kann. Die Dimension der Oberflächenspannung ist $[C] = MT^{-2}$, so daß die Dimensionsmatrix die Form

	c	g	λ	ϱ	C
L	1	1	1	-3	0
M	0	0	0	1	1
T	-1	-2	0	0	-2

(2.35)

annimmt. Neben die dimensionslose Größe

$$\Pi_1 = \frac{c}{\sqrt{g\,\lambda}} \tag{2.36}$$

tritt nun ein weiteres dimensionsloses Produkt

$$\Pi_2 = \frac{C}{\varrho\, g\,\lambda^2} \,. \tag{2.37}$$

Der Grenzfall $g \to 0$, also die Wellenbewegung allein aufgrund der Oberflächenspannung, macht es wünschenswert, daß g nur in einem dimensionslosen Produkt auftaucht. Daher bilden wir

$$\Pi_1' = \Pi_1 \Pi_2^{-1/2} = c\sqrt{\frac{\varrho\,\lambda}{C}} \,, \tag{2.38}$$

und erhalten

$$\mathrm{Fn}\left(c\sqrt{\frac{\varrho\,\lambda}{C}},\, \frac{C}{\varrho\, g\,\lambda^2}\right) = 0 \,. \tag{2.39}$$

Die Größe $a = \sqrt{C/(\varrho g)}$ hat die Dimension einer Länge und wird als *Laplacesche Länge* bezeichnet. Der angesprochene Grenzfall wird darum für $a/\lambda \to \infty$ erreicht und führt auf einen Zusammenhang der Form

$$c = const \sqrt{\frac{C}{\varrho\,\lambda}} \,. \tag{2.40}$$

Die so beschriebenen Wellen nennt man *Kapillarwellen*. Sie zeigen, ebenso wie Schwerewellen, Dispersion. Jetzt nimmt die Phasengeschwindigkeit allerdings zu, wenn λ abnimmt (*anormale Dispersion*). Betrachtet man (2.34) und (2.40) und ändert, z. B. in einem Experiment, die Wellenlänge λ von kleinen Werten, bei denen (2.40) Anwendung findet, zu großen Werten, für die (2.34) maßgebend ist, so nimmt die Phasengeschwindigkeit zunächst ab und dann wieder zu. Daher gibt es ein Minimum der Phasengeschwindigkeit. Aus einer analytischen Behandlung des Problems findet man für den Zusammenhang (2.39)

$$c = \sqrt{\frac{2\pi C}{\varrho \lambda} + \frac{g \lambda}{2\pi}} \, . \tag{2.41}$$

Aus ϱ und C für Wasser ergibt sich die kleinst mögliche Phasengeschwindigkeit zu $c \sim 23$ cm/s.

2.3 Schiffswellen

Ein besonders schönes und reichhaltiges Wellensystem beobachtet man bei Schiffen. Mit Hilfe der Dimensionsanalyse sowie zusätzlicher Überlegungen läßt sich dieses Wellensystem beschreiben (Epshteyn [1977]).

Wir betrachten zunächst die durch eine punktförmige Störung der Wasseroberfläche hervorgerufenen Wellen und fragen nach dem Ort konstanter Phase, also z. B. nach dem Abstand r eines Wellenberges vom Ursprung der Störung nach einer Zeit t. Wie im letzten Beispiel wird die Viskosität der Flüssigkeit vernachlässigt, die ja das betrachtete Phänomen nicht erklären kann, und außerdem angenommen, daß die Wassertiefe h groß im Vergleich zur Wellenlänge ist. Der gesuchte Zusammenhang ist also von der Form

$$r = \text{fn}(t, \varrho, g) \, . \tag{2.42}$$

Wie vorher kann die Dichte als einzige Größe mit der Dimension einer Masse im betrachteten Problem nicht auftreten und man wird auf das dimensionslose Produkt

$$\frac{r}{g\, t^2} = \varphi = const \tag{2.43}$$

geführt, dem man entnimmt, daß sich der Abstand des betrachteten Wellenberges quadratisch mit der Zeit ändert und daher die Phasengeschwindigkeit mit der Zeit zunimmt.

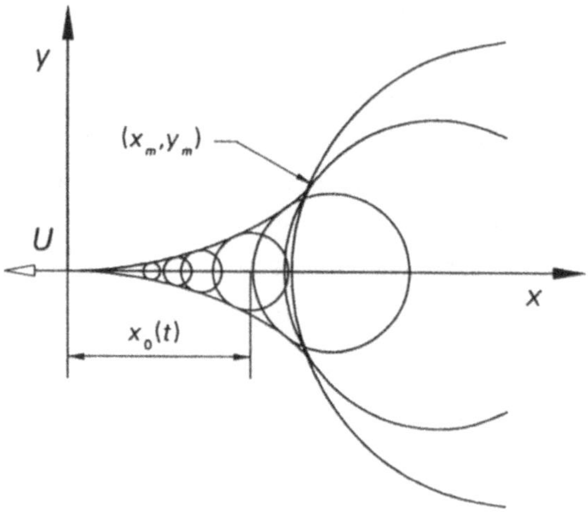

Abb. 2.1. Enveloppe der zu verschiedenen Zeiten hervorgerufenen Störungen gleicher Phase

Wirft man einen Stein in einen Teich, so beobachtet man eine Vielzahl von Wellenbergen, die sich mit zunehmender Geschwindigkeit vom Ort der Störung entfernen. Hätte man zur festen Zeit t eine andere Phase, also einen anderen Wellenberg, ins Auge gefaßt, so wäre man wieder auf (2.43) geführt worden. Es ist offensichtlich, daß die Konstante φ die Phase der hervorgerufenen Störung kennzeichnet, für verschiedene Phasen also verschiedene Werte annimmt.

Wir werten die Störungen, die ein mit konstanter Geschwindigkeit sich geradlinig bewegendes Schiff hervorruft, als eine Sequenz von Störungen, wie sie durch (2.43) beschrieben werden. In der Zeit t, in der das Schiff die Strecke $x_0(t) = U\,t$ zurücklegt, breitet sich die Störung gleichmäßig in alle Richtungen aus. Für einen Beobachter auf dem Schiff liegen die zur Zeit $t = 0$ verursachten Störungen nach einer Zeit t auf einem Kreis, dessen Gleichung mit

$$F \equiv (x - x_0(t))^2 + y^2 - r^2(t) = 0 \tag{2.44}$$

gegeben ist. Längs des Schiffsweges wird an jedem Ort $x_0(t)$, d. h. zu jeder Zeit t, eine solche Störung hervorgerufen. Da die Ausbreitungsgeschwindigkeit dieser Störung aber endlich ist, läßt sich eine Kurve angeben, die alle betrachteten Störungen einhüllt. Die Gleichung dieser *Enveloppe* wird berechnet, indem man aus $F = 0$ und $\partial F/\partial t = 0$ die implizite Form

$$x = U\,t\left(1 - 2\left(\frac{\varphi\,g\,t}{U}\right)^2\right) \tag{2.45}$$

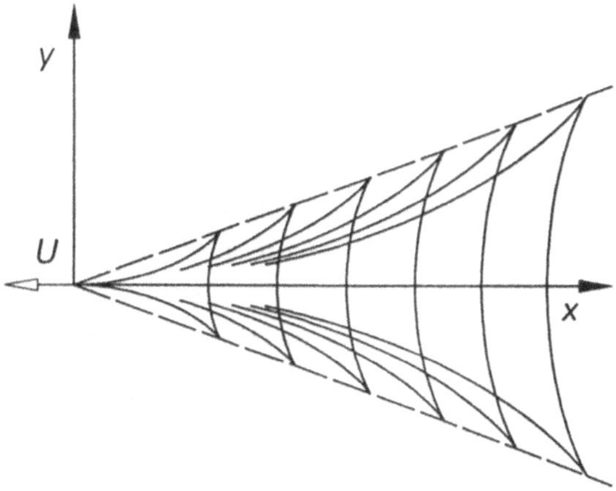

Abb. 2.2. Wellensystem eines mit konstanter Geschwindigkeit fahrenden Schiffes

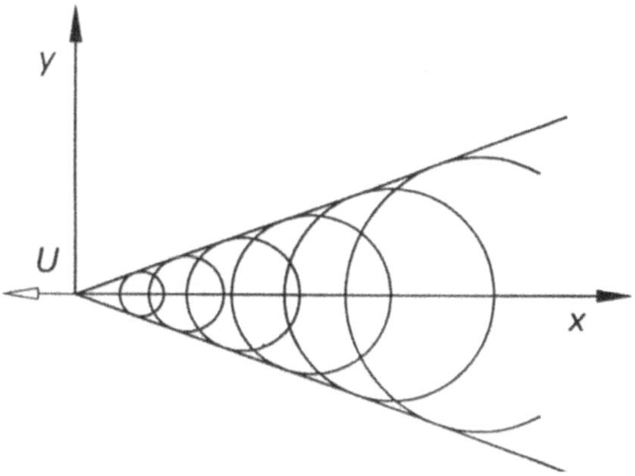

Abb. 2.3. Machsche Wellen in Überschallströmung

$$y = \pm U\,t\,\frac{\varphi\,g\,t}{U}\sqrt{1 - 4\left(\frac{\varphi\,g\,t}{U}\right)^2} \tag{2.46}$$

bildet. Für verschiedene Phasen φ erhält man verschiedene der durch (2.45) und (2.46) beschriebenen Kurven, φ ist demnach Scharparameter. Jede dieser Enveloppen erreicht für $t = U/(\varphi\,g\sqrt{6})$ maximale Koordinatenwerte x_m, y_m, die mit

$$x_m = \frac{2}{3\sqrt{6}}\,\frac{U^2}{\varphi\,g} \tag{2.47}$$

und

$$y_m = \frac{1}{6\sqrt{3}}\,\frac{U^2}{\varphi\,g} \tag{2.48}$$

gegeben sind. Das Verhältnis $y_m/x_m = 1/\sqrt{8}$ ist erstaunlicherweise von der Phase der Störung unabhängig. Jede dieser Enveloppen berührt zwei Geraden, deren Schnittpunkt im Ursprung des Koordinatensystems, also im Schiff, liegt und sich mit dem Schiff fortbewegt. Der Öffnungswinkel, den diese Geraden einschließen, ist $2\mu = 2 * 19.47°$. Man erwartet also entlang dieser Geraden auch dann eine endliche Störung der Oberfläche, wenn, wie in diesem Beispiel, der Impuls der verursachenden Störung vernachlässigt wurde. Tatsächlich beobachtet man bei einem mit konstanter Geschwindigkeit fahrenden Schiff, aber auch bei Enten etwa, die über einen Teich schwimmen, ein Wellensystem, welches durch zwei Geraden begrenzt und entlang dieser Geraden besonders stark ausgeprägt ist. Insbesondere ist der Öffnungswinkel dieser Geraden von der Geschwindigkeit des schwimmenden Körpers unabhängig!

Vergleicht man dieses Ergebnis mit dem *Machschen Kegel*, der die Einhüllende der kleinen Störungen ist, die ein Körper in einer Überschallströmung hervorruft, so findet man für den Öffnungswinkel des Machschen Kegels

$$\sin \mu = \frac{1}{M} = \frac{a}{U} , \tag{2.49}$$

wobei die Schallgeschwindigkeit mit a bezeichnet wurde. Im Gegensatz zu den Schiffswellen ist der *Machsche Winkel* μ abhängig von der Strömungsgeschwindigkeit, und man kann, z. B. in einem Experiment, durch Messung dieses Winkels auf die Geschwindigkeit U schließen. Dieses unterschiedliche Verhalten erklärt sich, wenn man bedenkt, daß sich in einer Überschallströmung alle Störungen gleichschnell, nämlich mit der Schallgeschwindigkeit, ausbreiten, während die Ausbreitungsgeschwindigkeit von Wasserwellen gemäß (2.34) Dispersion zeigt, also von der Wellenlänge der Störung abhängt.

2.4 Rayleighs Beispiele

Die ersten überzeugenden Anwendungen der Dimensionsanalyse finden sich in Rayleighs berühmter „Theory of Sound“. Aber nicht nur aus historischen Gründen besprechen wir einige der Beispiele, die RAYLEIGH [1915] benutzt hat, in der ausdrücklichen Absicht, die Leistungsfähigkeit dimensionsanalytischer Methoden Physikern und Ingenieuren darzustellen.

2.4.1 Spannungen in einer Brücke

Um die Beanspruchungsgrenze, etwa in Form einer Vergleichsspannung, eines elastischen Bauteils, wie z. B. einer Brücke, in einem Modell zu bestimmen, werden Modell und Original geometrisch ähnlich ausgeführt. Als einzige das Bauteil charakterisierende Größe verbleibt eine (beliebige) Länge l, z. B. die Länge der Brücke. Die durch eine äußere Belastung F hervorgerufene Spannung σ genügt der Beziehung

$$\sigma = \mathrm{fn}(F, l) , \tag{2.50}$$

aus der man sofort den Zusammenhang

$$\frac{\sigma l^2}{F} = const \tag{2.51}$$

gewinnt. Die Belastung, die allein aus dem Eigengewicht der Brücke erwächst, ist $F \sim \varrho l^3 g$, und man erhält aus (2.51)

$$\frac{\sigma}{\varrho l g} = const . \tag{2.52}$$

Gleiche Belastung im Sinne gleicher Spannung in Modell und Großausführung als Folge des Eigengewichtes sind also nicht zu erreichen, wenn die Dichte von Modell und Großausführung gleich ist. Die Großausführung wird, bei gleichem Material, gerade um den Maßstabsfaktor der Länge stärker belastet (siehe auch Kapitel 3).

2.4.2 Eigenschwingungen einer Flüssigkeit in einem Behälter

Wird eine Flüssigkeit in einem tiefen Behälter zu Schwingungen angeregt, etwa durch eine Erschütterung des Gefäßes, so schwingt die Flüssigkeit in Eigenformen. Jede dieser Eigenformen ist mit einer Eigenfrequenz n verbunden, die außer von der Schwerkraft g von einer linearen Dimension l abhängt, die den Behälterquerschnitt kennzeichnet:

$$n = \mathrm{fn}(g, l) . \tag{2.53}$$

Die Dichte kann die Eigenfrequenz nicht beeinflussen, da außer ihr keine andere Variable die Dimension einer Masse enthält. Man entnimmt (2.53) das einzige dimensionslose Produkt

$$\Pi = n\sqrt{l/g} , \tag{2.54}$$

so daß (2.53) die Form

$$n = const\sqrt{\frac{g}{l}} \tag{2.55}$$

annimmt. Die Eigenfrequenzen nehmen demnach mit zunehmendem Querschnitt des Behälters ab.

2.4.3 Eigenfrequenzen eines Helmholtz-Resonators und einer Stimmgabel

Wir betrachten einen Helmholtz-Resonator, der, geometrische Ähnlichkeit vorausgesetzt, nur durch eine Länge l gekennzeichnet ist, die z. B. der Kubikwurzel des Resonatorvolumens entspricht. Die Resonanzfrequenz n hängt von dieser Länge und der Schallgeschwindigkeit a der ruhenden Luft ab:

$$n = \mathrm{fn}(a, l) \ , \tag{2.56}$$

so daß man auf das dimensionslose Produkt

$$\frac{nl}{a} = const \tag{2.57}$$

geführt wird. Die Resonanzfrequenz nimmt also mit zunehmender Größe des Resonators wie $1/l$ ab.

Eng verwandt mit diesem Beispiel ist die Tonerzeugung mit Hilfe einer Stimmgabel. Neben der typischen Längenabmessung l wird die Resonanzfrequenz nun von Elastizitätsmodul E und Dichte ϱ der Stimmgabel bestimmt,

$$n = \mathrm{fn}(E, \varrho, l) \ . \tag{2.58}$$

Der dimensionslose Zusammenhang ergibt sich jetzt zu

$$nl\sqrt{\frac{\varrho}{E}} = const \ , \tag{2.59}$$

d. h. die Resonanzfrequenzen sind wiederum umgekehrt proportional zur Länge der Stimmgabel.

2.4.4 Eigenschwingungen eines flüssigen Sterns

Ein flüssiger Stern der Dichte ϱ wird aufgrund der eigenen Gravitation zusammengehalten. Die Dichte ist zwar i. allg. nicht homogen, beschränkt man sich aber auf Sterne mit ähnlicher Dichteverteilung, so reicht zur Charakterisierung der Wert der Dichte an einer Stelle, z. B. im Zentrum des Sterns, aus. Wenn dieser Stern nun freie Schwingungen ausführt, so unterliegen die hervorgerufenen Bewegungen Randbedingungen. Diese Randbedingungen führen zu Eigenschwingungen mit zugehörigen Eigenfrequenzen. Die Eigenfrequenz n hängt vom Durchmesser des Sterns d, seiner Dichte ϱ und der Schwerkraft ab, die nun in der Form der Gravitationskonstanten G erscheint. Man erwartet demnach eine Beziehung der Form

$$n = \mathrm{fn}(d, \varrho, G) \ . \tag{2.60}$$

Verwendet man das $[LMT]$-System als Basisgrößensystem, so erhält man die Dimensionsmatrix

	n	d	ϱ	G
L	0	1	-3	3
M	0	0	1	- 1
T	-1	0	0	-2

. (2.61)

Die M-Zeile verschwindet, wenn man ϱ mit G multipliziert. Dann gibt es aber außer d keine Größe mit der Dimension einer Länge, so daß als dimensionsloses Produkt nur

$$\Pi_1 = \frac{n}{\sqrt{\varrho G}} \quad \text{oder} \quad \frac{n}{\sqrt{\varrho G}} = const \tag{2.62}$$

bleibt. Die Eigenfrequenzen sind daher von der Größe des Sterns unabhängig und nehmen proportional zur Wurzel seiner Dichte zu. Bei gleicher Dichte schwingen kleine Sterne also genauso schnell wie große.

2.4.5 Eigenschwingungen eines Tropfens

Im Zusammenhang mit den Wasserwellen haben wir gesehen, daß außer der Schwerkraft auch die Oberflächenspannung Anlaß zu Oberflächenschwingungen geben kann. Bei einem kleinen Wassertropfen z. B., dessen Oberfläche zu Schwingungen angeregt wird, vermutet man eine Abhängigkeit der Eigenfrequenzen von der Oberflächenspannung, von seiner Dichte und von seinem Durchmesser,

$$n = \mathrm{fn}(d, \varrho, C) \ . \tag{2.63}$$

Die Dimensionsmatrix ist also

	n	d	ϱ	C
L	0	1	-3	0
M	0	0	1	1
T	-1	0	0	-2

. (2.64)

Dividiert man ϱ durch C, so enthält keine Größe mehr die Dimension einer Masse und es entsteht

	n	d	ϱ/C
L	0	1	-3
T	-1	0	2

(2.65)

und hieraus das Ergebnis

$$n\sqrt{\frac{\varrho d^3}{C}} = const \tag{2.66}$$

bzw.

$$n = const\sqrt{\frac{C}{\varrho d^3}}\,. \tag{2.67}$$

In diesem Fall ist die Eigenfrequenz also von der Größe, genauer von der Masse, des Tropfens abhängig, ein kleiner Tropfen schwingt demnach schneller als ein großer.

2.4.6 Die Temperaturabhängigkeit der Viskosität von Gasen

Die makroskopisch beobachtbare Eigenschaft *Viskosität* von Gasen hat ihre Ursache in der thermischen Bewegung der Moleküle. Ist nämlich die Kontinuumsgeschwindigkeit im Flüssigkeitsteilchen größer als in der Umgebung, so tragen die herauswandernden Moleküle den Anteil, der Anlaß zu dieser Geschwindigkeit ist, mit sich. Die sie ersetzenden einwandernden Moleküle haben Molekülgeschwindigkeiten mit einem geringerem Anteil an der Kontinuumsgeschwindigkeit. Als Folge findet ein Impulsaustausch statt, der sich aus kontinuumstheoretischer Sicht als Viskosität bemerkbar macht.

Außer der Molekülmasse und der mittleren Molekülgeschwindigkeit wird die molekulare Bewegung beeinflußt durch die Kräfte, die zwischen den Molekülen wirken. Moleküle eines Gases stoßen sich mit einer Kraft F ab, die mit zunehmendem Abstand r der Moleküle schwächer wird und eine Beziehung der Form

$$F = K\,r^{-n} \tag{2.68}$$

nahelegt. Die Konstante K hat die Dimension $[K] = ML^{1+n}T^{-2}$ und ist, ebenso wie der Exponent n, eine charakteristische Eigenschaft der betrachteten Moleküle. Wir fragen nun nach der makroskopischen Größe Viskosität η in Abhängigkeit der Moleküleigenschaften m, c und F. Die Kraft F ist aber nach (2.68) eine Funktion des Abstandes, der ja veränderlich ist. Im Rahmen der Dimensionsanalyse wird diese Kraft beschrieben durch die dimensionsbehaftete Konstante K, deren Dimension den Exponenten n und damit schon alle notwendige Information enthält. Wir suchen also einen Zusammenhang der Form

$$\eta = \mathrm{fn}(m, c, K) \ . \tag{2.69}$$

Die unmittelbare Frage nach dem dimensionslosen Produkt bringt die mittlere Molekülgeschwindigkeit ins Ergebnis. Von Interesse ist die Abhängigkeit der Viskosität von der Temperatur, die nach der kinetischen Gastheorie proportional zur mittleren kinetischen Energie eines Moleküls ist:

$$\left\langle \frac{mc^2}{2} \right\rangle = k\vartheta \ . \tag{2.70}$$

Da die Masse m schon im Argument der gesuchten Funktion auftaucht, genügt es, statt der mittleren Molekülgeschwindigkeit, $k\vartheta$ anzugeben. Wählt man k dimensionslos, so ist die Temperatur eine abgeleitete Größe. Daher ersetzen wir (2.69) ohne Einschränkung durch

$$\eta = \mathrm{fn}(m, \vartheta, K) \ . \tag{2.71}$$

Die Dimensionsmatrix ergibt sich im $[LMT]$-System zu

	η	m	ϑ	K
L	-1	0	2	$n+1$
M	1	1	1	1
T	-1	0	-2	-2

. (2.72)

Zunächst werden die Größen so kombiniert, daß die T-Zeile zu null wird,

	$\eta/K^{1/2}$	m	ϑ/K
L	$-(n+3)/2$	0	$1-n$
M	$1/2$	1	0

, (2.73)

und man erhält schließlich das dimensionslose Produkt

$$\frac{\eta}{(Km)^{1/2}} (\vartheta/K)^{(n+3)/(2-2n)} = const \tag{2.74}$$

bzw.

$$\eta = const\,(Km)^{1/2}\,(\vartheta/K)^{(n+3)/(2n-2)}\ . \tag{2.75}$$

Für $n = 5$ ist damit die Viskosität direkt proportional zur Temperatur, während im Grenzfall $n \to \infty$ die Viskosität wie die Wurzel der Temperatur ansteigt.

2.4.7 Langsame Tropfenbildung

Ein nicht vollständig geschlossener Wasserhahn tropft, d. h. Wasser löst sich in Tropfenform vom Hahn. Der Vorgang langsamer Tropfenbildung wird offensichtlich beeinflußt von der Oberflächenspannung C der Flüssigkeit, die versucht, das Gewicht des Tropfens aufzufangen und damit an den Wasserhahn zu binden, und der Schwerkraft g, die den Tropfen nach unten zieht. Die Masse m des sich lösenden Tropfens hängt außerdem vom Durchmesser d der Hahnöffnung und von der Dichte der Flüssigkeit ϱ ab, so daß wir auf einen Zusammenhang

$$m = \mathrm{fn}(d, g, C, \varrho) \tag{2.76}$$

geführt werden. Die Viskosität wird vernachlässigt, da die Tropfenbildung hauptsächlich durch Schwere- und Oberflächenkräfte und nicht durch Zähigkeitskräfte verursacht wird. Statt nach einem der besprochenen Schemata vorzugehen und dimensionslose Produkte aus den gegebenen Größen zu bilden, bemerken wir, daß die Beschreibung des Phänomens eine Gleichgewichtsbetrachtung impliziert: die an einem Tropfen angreifende Schwerkraft wird allein von der Oberflächenspannung aufgenommen, also

$$mg \simeq \pi C d\ . \tag{2.77}$$

Diese Beziehung liefert schon das für den betrachteten Vorgang maßgebliche dimensionslose Produkt

$$\Pi_1 = \frac{mg}{Cd}\ . \tag{2.78}$$

Ein weiteres dimensionsloses Produkt ergibt sich aus dem Verhältnis der tatsächlichen Tropfenmasse zur Masse ϱd^3:

$$\Pi_2 = \frac{m}{\varrho d^3}\ . \tag{2.79}$$

Der Zusammenhang (2.76) nimmt nun die Form

$$\mathrm{Fn}\left(\frac{mg}{Cd}, \frac{m}{\varrho d^3}\right) = 0 \tag{2.80}$$

an. Da die gesuchte Tropfenmasse in beiden Produkten auftritt, ist es sinnvoll, eine neue Größe einzuführen,

$$\Pi_2' = \Pi_2 \Pi_1^{-1} = \frac{C}{\varrho d^2 g} , \tag{2.81}$$

so daß wir schließlich für die Tropfenmasse den Zusammenhang

$$m = \frac{Cd}{g} \operatorname{fn}\left(\frac{C}{\varrho d^2 g}\right) \tag{2.82}$$

finden. Die Funktion fn muß, z. B. aus Experimenten, ermittelt werden. Es zeigt sich jedoch, daß diese Funktion über weite Bereiche ihres Argumentes konstant ist und ungefähr den Wert 3.8 annimmt. Damit erhält man

$$m = 3.8 \, \frac{Cd}{g} \tag{2.83}$$

und deshalb ist in diesen Grenzen die Tropfenmasse proportional dem Rohrdurchmesser.

2.4.8 Äolische Töne und Kármánsche Wirbelstraße

Wenn ein zylindrischer Stab oder ein Draht umströmt wird, lösen sich unter bestimmten Bedingungen periodische Wirbel von dem Zylinder ab. Die Wirbel ordnen sich schließlich in Form einer *Kármánschen Wirbelstraße* an. Die Erscheinung tritt auch an Freileitungen auf. Die Geschwindigkeitsschwankungen verursachen entsprechende Druckschwankungen, die als „Summen" wahrnehmbar sind. Wir bemerken, daß dieser instationäre Vorgang bei stationärer Anströmung auftritt.

Die Frequenz dieser äolischen Töne, bzw. die Frequenz, mit der sich die Wirbel vom Zylinder lösen, wird beeinflußt von der Anströmgeschwindigkeit U, dem Drahtdurchmesser d und den Flüssigkeitseigenschaften Dichte ϱ und Viskosität η. Dichte und Viskosität sind die einzigen Größen mit der Dimension einer Masse und treten folglich nur als Verhältnis $\nu = \eta/\varrho$ auf. Die Frequenz n erfüllt demnach den Zusammenhang

$$n = \operatorname{fn}(U, d, \nu) . \tag{2.84}$$

Wir machen die Frequenz mit der typischen Umströmungszeit d/U dimensionslos,

$$\Pi_1 = \frac{nd}{U} . \tag{2.85}$$

Das zweite dimensionslose Produkt ist offensichtlich die Reynoldssche Zahl

$$\Pi_2 = \frac{Ud}{\nu} , \tag{2.86}$$

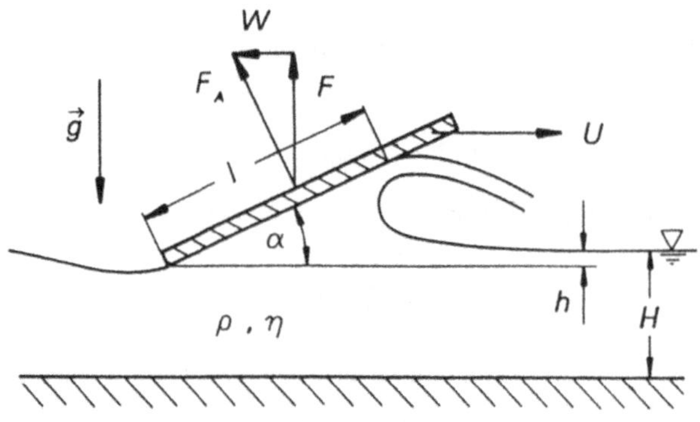

Abb. 2.4. Skizze des Gleitbootes

und man erhält den Zusammenhang

$$n = \frac{U}{d} \, \mathrm{fn}\left(\frac{Ud}{\nu}\right) . \tag{2.87}$$

Besonders ausgeprägt ist der beschriebene Zusammenhang für Reynolds-Zahlen zwischen ca. 10^2 und 10^5. Die *Strouhal-Zahl* nd/U steigt dann zunächst an und nimmt für Reynolds-Zahlen zwischen 10^3 und 10^4 einen konstanten Wert von ungefähr 0.2 an. Für einen Draht mit 2 mm Durchmesser, der von Umgebungsluft mit 10 m/s angeströmt wird, findet man $\mathrm{Re} \simeq 1200$ und $n = 1050$ Hertz.

2.5 Gleitboote

Als nächstes Beispiel betrachten wir schnell fahrende Boote oder Gleitboote und fragen nach der Auftriebskraft F. Im Gegensatz zu gewöhnlichen Schiffen erhalten diese Boote ihren Auftrieb nicht durch den hydrostatischen Auftrieb, sondern aufgrund der dynamischen Druckverteilung entlang der benetzten Fläche des Bootsrumpfes. Der Bootsrumpf ist während der Fahrt um einen kleinen Winkel α gegenüber der ungestörten Wasseroberfläche geneigt. Beschränkt man sich auf geometrisch ähnliche Boote, so ist der Bootsrumpf allein durch seine Breite b beschrieben. Der Auftrieb F wird außer von b durch den Neigungswinkel α, die Geschwindigkeit U des Bootes, die Eintauchtiefe des Bootes h, die Wasserhöhe H, die Dichte ϱ des Wassers und die Schwerkraft g bestimmt:

$$F = \mathrm{fn}(\alpha, U, b, h, H, \varrho, g) . \tag{2.88}$$

Die Viskosität des Wassers wird hierbei nicht berücksichtigt, da die Bewegung des

Wassers, und damit die Druckverteilung entlang des Bootsrumpfes, hauptsächlich durch die Trägheit des Wassers und nicht durch seine Zähigkeit vorgeschrieben wird.
Wie vorher stellen wir durch Inspektion die dimensionslosen Produkte zusammen. Statt der Eintauchtiefe kann man die benetzte Länge l verwenden, die ebenfalls abhängig Veränderliche ist. Der Auftrieb wird zweckmäßig mit dem dynamischen Druck und der Fläche b^2 dimensionslos gemacht, da die Bezugsfläche $b\,l$ die unbekannte Länge l enthielte und man erhält den *Auftriebsbeiwert*

$$\Pi_1 = c_a = \frac{F}{\varrho U^2 b^2} \,. \tag{2.89}$$

Weitere dimensionslose Größen sind offensichtlich der Winkel α,

$$\Pi_2 = \alpha \,, \tag{2.90}$$

und die Längenverhältnisse

$$\Pi_3 = \frac{b}{l} \quad \text{und} \quad \Pi_4 = \frac{b}{H} \,. \tag{2.91}$$

Die Schwerkraft gibt Anlaß zu dem Produkt

$$\Pi_5 = \frac{U^2}{gb} \,, \tag{2.92}$$

das als Froudesche Zahl bekannt ist. Der Zusammenhang (2.88) reduziert sich nun auf

$$\frac{F}{\varrho U^2 b^2} = \mathrm{fn}\left(\alpha, \frac{b}{l}, \frac{b}{H}, \frac{U^2}{gb}\right) \,. \tag{2.93}$$

Die Produkte sind offensichtlich voneinander unabhängig. Eine Vereinfachung läßt sich erzielen, weil der Winkel α in der Regel klein ist. Der Auftrieb muß eine ungerade Funktion von α sein und der erste Term einer Taylorentwicklung ist

$$\frac{F}{\varrho U^2 b^2} = \mathrm{fn}\left(\frac{b}{l}, \frac{b}{H}, \frac{U^2}{gb}\right) \alpha \,. \tag{2.94}$$

Für gegebene Last und Geschwindigkeit stellt dies auch eine Gleichung für die benetzte Länge (oder Eintauchtiefe) dar. Während sich der Auftrieb ermitteln läßt, ohne die Flüssigkeitsreibung zu berücksichtigen, ist dies bei der Bestimmung des Widerstandes nicht mehr zulässig. Mit der Viskosität tritt als neues dimensionsloses Produkt die Reynolds-Zahl auf,

$$\Pi_6 = \frac{Ul\varrho}{\eta} \,. \tag{2.95}$$

Der Widerstand, den das Boot erfährt, setzt sich zusammen aus einem Beitrag der von der Reibung und damit von der Reynolds-Zahl bestimmt wird und einem Beitrag, der sich aus der Projektion der Normalkraft aufgrund der Druckverteilung in die Bewegungsrichtung des Bootes ergibt. Für kleine Neigungswinkel ist die Normalkraft gleich der Auftriebskraft und die Projektion in Bewegungsrichtung gleich dieser Kraft multipliziert mit α. Nimmt man an, daß sich beide Beiträge zum Widerstand unabhängig voneinander bestimmen lassen, so legt dies einen additiven Ansatz der Form

$$W = F\alpha + W_r \tag{2.96}$$

bzw.

$$c_{W_g} = \frac{W}{\varrho U^2 b^2} = c_a\left(\alpha, \frac{b}{l}, \frac{b}{H}, \frac{U^2}{gb}\right)\alpha + c_{W_r}\left(\frac{Ul\varrho}{\eta}\right) \tag{2.97}$$

nahe. Das Verhältnis von Widerstands- zu Auftriebskraft entspricht dem Reziproken der Gleitzahl in der Aerodynamik. Mit (2.97) und (2.94) erhält man

$$\frac{c_{W_g}}{c_a} = \alpha + \frac{c_{W_r}(Ul\varrho/\eta)}{\mathrm{fn}(b/l, b/H, U^2/gb)\,\alpha} \,. \tag{2.98}$$

Bei fester Auftriebskraft wird der Widerstand für kleine Winkel bestimmt durch den Reibungswiderstand. Bei größeren Winkeln nimmt die Länge der benetzten Fläche und damit der Reibungswiderstand ab und der Beitrag aufgrund der Projektion der Normalkraft dominiert den Gesamtwiderstand. Der günstigste Neigungswinkel ergibt sich aus der Forderung nach geringstem Widerstand bei festem Auftrieb zu

$$\alpha_{opt} = \sqrt{\frac{c_{W_r}(Ul\varrho/\eta)}{\mathrm{fn}(b/l, b/H, U^2/gb)}} \,. \tag{2.99}$$

2.6 Meßüberfall

Zur Volumenstrommessung bei offenen Wasserläufen werden häufig Meßüberfälle verwendet. Ein solcher Überfall besteht aus einer senkrecht zum Wasserlauf stehenden Wand mit einer Öffnung, durch die das Wasser fließt. Bei einer rechteckigen Öffnung der Breite b hängt der Volumenstrom $\dot{V}$ außer von der Breite b von der Höhe h des Wasserspiegels zur Unterkante der Öffnung und der Schwerkraft ab. Vernachlässigt man den Einfluß der Viskosität der Flüssigkeit, kann auch die Dichte des Wassers nicht in das Problem eingehen, und man erhält eine Beziehung der Form

$$\dot{V} = \mathrm{fn}(b, h, g) \,. \tag{2.100}$$

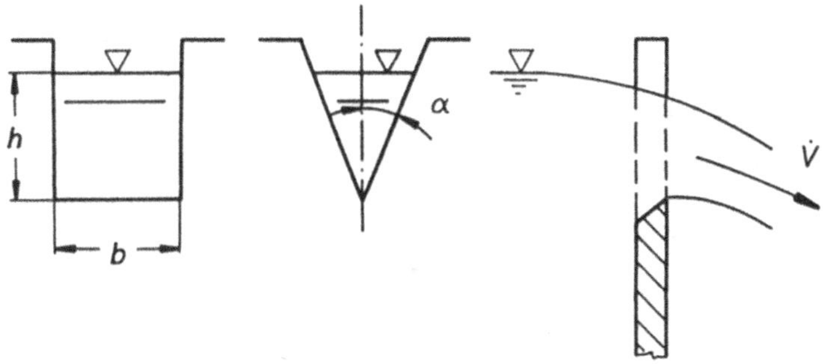

Abb. 2.5. Skizze des rechteckigen und dreieckigen Meßüberfalls

Neben dem Längenverhältnis

$$\Pi_1 = \frac{b}{h} \tag{2.101}$$

tritt die dimensionslose Kombination

$$\Pi_2 = \frac{\dot{V}}{h^2\sqrt{gh}} \tag{2.102}$$

auf, so daß man für den Volumenstrom die Beziehung

$$\dot{V} = h^2\sqrt{gh}\,\mathrm{fn}\left(\frac{b}{h}\right) \tag{2.103}$$

findet. Zu einer schärferen Aussage gelangt man mit der Annahme, daß der Volumenstrom proportional zur Breite der Öffnung ist:

$$\frac{\dot{V}}{b} = \mathrm{fn}(h, g)\ . \tag{2.104}$$

Die (2.103) äquivalente Beziehung ist dann

$$\dot{V} = const\ bh\sqrt{gh}\ . \tag{2.105}$$

Außer Meßüberfällen mit rechteckigem Ausschnitt werden auch Überfälle mit dreieckigem Ausschnitt benutzt. Bei diesen gilt

$$\frac{b}{h} = 2\tan\alpha\ , \tag{2.106}$$

wobei α der halbe Öffnungswinkel des Dreiecks ist, so daß (2.103) auf

$$\dot{V} = h^2\sqrt{gh}\,\mathrm{fn}\,(\alpha) \tag{2.107}$$

führt.

3 Modelltheorie

3.1 Vollständige und unvollständige Ähnlichkeit

Bei den meisten Fragestellungen, die eine experimentelle Ermittlung eines unbekannten Zusammenhangs erfordern, werden die notwendigen Experimente an einem Modell ausgeführt, dessen Abmessungen größer oder kleiner als die des Originals sind.

In vielen Fällen sind die Abmessungen des Originals so groß, daß von vorneherein nur ein verkleinertes Modell in Frage kommt. Man denke hierbei an die Untersuchung von Strömungen um Flugzeuge und Strömungen in Wasserturbinen und Pumpen.

Größere Modelle als das Original sind dann angezeigt, wenn die räumliche Auflösung bei Messungen am Original zu gering wäre. Man denke dabei etwa an die Durchströmung eines kleinen Einspritzventils, bei dem die Druckverteilung im Innern zu ermitteln ist. Wenn der Durchmesser einer für die Druckmessung notwendigen Anbohrung die Größenordnung des Ventildurchmessers hat, so ist nicht nur die durch die Druckbohrung verursachte Störung zu groß, sondern auch die räumliche Auflösung zu klein.

Die Modelltheorie beruht nach den bisherigen Ausführungen auf der Tatsache, daß sich jeder physikalische Zusammenhang auf einen Zusammenhang zwischen dimensionslosen Größen zurückführen läßt. Wir denken uns dazu (1.31) nach einem beliebigen dimensionslosen Produkt, etwa Π_1, aufgelöst:

$$\Pi_1 = \mathrm{fn}(\Pi_2 \ldots \Pi_d) \; . \tag{3.1}$$

Offensichtlich ändert sich Π_1 selbst dann nicht, wenn sich die in Π_i $(i = 2 \ldots d)$ enthaltenen physikalischen Größen ändern, solange nur die dimensionslosen Produkte unverändert bleiben.

Bezeichnen wir mit p'_j die physikalischen Größen des Modells und mit p_j die der Großausführung, so schreiben wir

$$p'_j = M_j p_j \ , \ (j = 1 \ldots n) \tag{3.2}$$

und nennen M_j den *Maßstabsfaktor* der j-ten physikalischen Größe. Um vollständige Modellähnlichkeit zu gewährleisten, fordern wir nun Gleichheit aller dimensionslosen Produkte, also $\Pi_i = \Pi'_i$; mit (3.2) und (1.83) also

$$\prod_{j=1}^{n} p_j^{k_{(i),j}} = \prod_{j=1}^{n} p_j'^{\,k_{(i),j}} = \prod_{j=1}^{n} p_j^{k_{(i),j}} \prod_{j=1}^{n} M_j^{k_{(i),j}} \ ,$$

d. h.

$$\prod_{j=1}^{n} M_j^{k_{(i),j}} = 1 \ , \ (i = 1 \ldots d) \ . \tag{3.3}$$

In (3.3) sind die zur Bildung der dimensionslosen Produkte notwendigen Lösungen $k_{(i),j}$ bekannt, und durch Logarithmieren entsteht

$$\sum_{j=1}^{n} k_{(i),j} \ln(M_j) = 0 \ , \ (i = 1 \ldots d) \ . \tag{3.4}$$

Gleichung (3.4) ist ein lineares Gleichungssystem mit $d = n - r$ Gleichungen für die n unbekannten Maßstabsfaktoren. Nach der Überlegung, die wir in Zusammenhang mit (1.87) angestellt haben, sind diese d Gleichungen linear unabhängig, so daß mit der Festlegung von $n - d = r$ Maßstabsfaktoren die Lösung eindeutig wird. Dies bedeutet, daß bei Einhaltung vollständiger Ähnlichkeit r der n Maßstabsfaktoren willkürlich festgelegt werden können, während sich die übrigen aus (3.4) berechnen lassen. Wir führen uns vor Augen, daß alle feststellbaren Änderungen der Zahlenwerte der physikalischen Größen zwischen Modell und Großausführung genau dieselben sind, als hätte man die r Basiseinheiten geändert.

Diese *vollständige Ähnlichkeit* ist aber in den meisten Fällen experimentell nicht zu verwirklichen. Wir erwähnen zunächst die in diesem Zusammenhang wichtigste Tatsache, daß geometrische Ähnlichkeit nur sehr schwer zu realisieren ist. So läßt sich etwa die relative Rauhigkeit k/l (k ist die mittlere Rauhigkeitserhebung und l eine typische Länge des Problems) in Modell und Original nicht konstant halten. Dasselbe gilt im Turbomaschinenbau für das Verhältnis von Spalt- zu Schaufelhöhen. Die durch unvollständige geometrische Ähnlichkeit verursachten Abweichungen zwischen dem Verhalten des Modells und des Originals werden *Maßstabseffekte* genannt.

Wenn abgesehen von diesen Maßstabseffekten vollständige Ähnlichkeit trotzdem nicht zu erreichen ist, spricht man von *unvollständiger Ähnlichkeit*, bei der ein oder mehrere dimensionslose Produkte in Modell und Original nicht identisch sind. Während der Fall der vollständigen Ähnlichkeit einfach zu behandeln ist, beschäftigt sich die Modelltheorie in der Hauptsache mit Fällen unvollständiger Ähnlichkeit und den Einschränkungen, die sich daraus ergeben. Die Aussagen der Modelltheorie werden um so schärfer sein, je weniger dimensionslose Produkte im gesuchten Zusammenhang auftreten.

4 Strömungsmaschinen

Im folgenden soll das Betriebsverhalten von Strömungsmaschinen durch dimensionslose Produkte beschrieben werden. In der Regel läßt sich das Verhalten, selbst bei Anwendung aufwendiger numerischer Berechnungsverfahren, nicht genau genug vorhersagen, und man muß das Betriebsverhalten experimentell ermitteln. Die Zahl der hierzu notwendigen Versuche wird durch die dimensionslose Darstellung ganz erheblich reduziert, und in Verbindung mit der Modelltheorie können Ergebnisse, die an einer kleineren geometrisch ähnlichen Modellmaschine gewonnen wurden, auf größere Maschinen übertragen werden. Besonders bei hydraulischen Maschinen, wo das Strömungsmedium praktisch als inkompressibel betrachtet werden kann, hat sich die Dimensionsanalyse als sehr fruchtbar erwiesen. Die Zustandsgleichung reduziert sich hier nämlich auf die Feststellung, daß die Dichte eines Flüssigkeitsteilchens konstant ist, und meist ist die Dichte überhaupt konstant. Wenn außerdem die Viskosität als konstant angenommen werden kann, ergeben sich keine Einschränkungen der Ähnlichkeit als Folge der Zustandsgleichungen oder der Materialeigenschaften. Unter den genannten Umständen ist die Zahl der dimensionslosen Produkte ohnehin klein und da die Reynoldssche Zahl meistens schon so groß ist, daß die Verluste nur noch schwach von ihr abhängen, kann insbesondere im Modellwesen die Forderung gleicher Reynoldsscher Zahlen, d. h. die *Reynolds-Ähnlichkeit*, aufgegeben werden. Obwohl dann nur unvollständige Ähnlichkeit erreicht werden kann, läßt sich das Verhalten von hydraulischen Maschinen durch Modellversuche so genau vorhersagen, daß der Wirkungsgrad von Großausführungen garantiert wird.

Die Dimensionsanalyse ermöglicht es auch, die Vielzahl bereits gebauter Maschinen zusammenzufassen, zu ordnen und einheitlich zu bewerten. Die dadurch vermittelte Klassifizierung ist keinesfalls auf bloßes Einordnen im Rahmen geometrischer Ähnlichkeit beschränkt, sondern betrifft insbesondere die Typisierung nicht geometrisch ähnlicher Maschinen ganz verschiedener Bauart. Die systematische Beurteilung bewährter Ausführungen gestattet schon beim Entwurf die Auswahl der zweckmäßigsten Bauart für eine gegebene Aufgabe.

4.1 Die Schiffsschraube

Als schon klassisches Beispiel (BUCKINGHAM [1914]) für die Anwendung der Modelltheorie betrachten wir als gesuchte Größe den Schub S einer Schiffsschraube. Durch die Schraubendrehung mit der Drehzahl n wird die der Schraube mit der Geschwindigkeit U des Schiffes zuströmende Flüssigkeit der Dichte ϱ beschleunigt. Die von der Schraube erfaßte Flüssigkeit und damit der Schub hängen vom Durchmesser d der Schraube ab. Die bisherigen pysikalischen Größen gehen aus der Erkenntnis in das Problem ein, daß der Schub im Prinzip aus der Kontinuitätsgleichung und dem Impulssatz bestimmbar sein muß. Auch von der Viskosität η erwartet man einen Einfluß, schon deswegen, weil die Schubspannungen an der Schraube einen Beitrag zur Gesamtkraft an der Schraube leisten. Wir betonen aber, daß bereits ein nichttriviales Ergebnis bei Vernachlässigung der Reibung erzielt wird. Der Einfluß der Erdanziehung ist nicht so offensichtlich wie die der anderen physikalischen Größen. Im allgemeinen befindet sich die Schraube so dicht unter der Oberfläche, daß durch die Drehung der Schraube Schwerewellen erzeugt werden. Mit ihrer Ausbreitung ist ein Energiefluß verbunden, der von der Schraubenbewegung aufgebracht werden muß. Bei vollständiger geometrischer Ähnlichkeit wird die Eintauchtiefe aber nicht als Veränderliche gezählt.

Im vorliegenden Problem spielt, wie erläutert, das Newtonsche Bewegungsgesetz, d. h. der Impulssatz, eine Rolle, so daß als Basisgrößen-System das $[LMT]$-System angemessen ist. Aus dem zu erwartenden Zusammenhang

$$\mathrm{Fn}(S, n, U, \eta, \varrho, d, g) = 0 \tag{4.1}$$

mit sieben physikalischen Größen und drei Basisgrößen entsteht daher ein Zusammenhang zwischen vier dimensionslosen Produkten. Diese lassen sich mit den Methoden der Abschnitte 1.4 und 1.5 ermitteln. Da aber die Viskosität auftaucht, ist sofort ein dimensionsloses Produkt als Reynoldssche Zahl identifiziert, wobei wir von den zwei Möglichkeiten U und $n\,d$ als typische Geschwindigkeit U wählen. Daher ist ein dimensionsloses Produkt die Reynoldssche Zahl und als zweites wird unmittelbar das Verhältnis der beiden Geschwindigkeiten $U/(n\,d)$ erkannt. Dieses Verhältnis ist gleichzeitig proportional dem Verhältnis des Weges, den das Schiff zurücklegt, zum Weg, den die Blattspitze der Schraube zurücklegt. Es wird daher *Fortschrittsgrad* genannt. Der Schub läßt sich mit dem dynamischen Druck und der Fläche d^2 dimensionslos machen, und das verbleibende dimensionslose Produkt, in dem g auftritt ist die bereits bekannte *Froudesche Zahl*

$$Fr = \frac{U^2}{g\,d}\,, \tag{4.2}$$

die typischerweise in Problemen erscheint, in denen die kinetische Energie und die potentielle Lageenergie eine Rolle spielen. Daher ist (4.1) einem Zusammenhang zwischen den angesprochenen dimensionslosen Produkten äquivalent, den wir uns nach der gesuchten Größe Schub in Form der *Schubbelastung* aufgelöst denken:

$$\frac{S}{\varrho U^2 d^2} = \mathrm{fn}\left(\frac{U^2}{g\,d}, \frac{U \varrho\, d}{\eta}, \frac{U}{n\,d}\right) . \tag{4.3}$$

Die vier dimensionslosen Produkte sind linear unabhängig, weil S, g, η und n jeweils nur in einem Produkt auftreten.

Wenn die Schubbelastung in Modell und Großausführung gleich sein soll, so müssen die Froudesche, die Reynoldssche Zahl und der Fortschrittsgrad gleiche Zahlenwerte in Modell und Großausführung annehmen. Im Argument der Funktion (4.3) treten sechs physikalische Größen auf, und aus der Gleichheit der 3 dimensionslosen Produkte folgen drei Gleichungen für die sechs möglichen Maßstabsfaktoren, von denen also drei nach den Ausführungen des letzten Abschnittes beliebig gewählt werden können. Wenn Modell und Großausführung in derselben Flüssigkeit unter dem Einfluß desselben Schwerefelds arbeiten, liegen schon drei der Maßstabsfaktoren fest:

$$M_\varrho = 1\ ,\ M_\eta = 1\ ,\ M_g = 1\ . \tag{4.4}$$

Gleichheit der Froudeschen Zahl $Fr = Fr'$

$$\frac{U^2}{g\,d} = \frac{U'^2}{g'\,d'} = \frac{M_U^2 U^2}{M_g M_d g\,d} \tag{4.5}$$

erfordert offensichtlich

$$M_U^2 = M_d \tag{4.6}$$

und Identität der Reynoldsschen Zahl analog

$$M_U = 1/M_d\ . \tag{4.7}$$

Die beiden letzten Gleichungen sind nur für $M_U = M_d = 1$ erfüllt. Gleichheit des Fortschrittsgrades in Modell und Original verlangt weiterhin

$$\frac{M_U}{M_n M_d} = 1 \tag{4.8}$$

und damit $M_n = 1$. Wie zu erwarten ist bei Verwendung derselben Flüssigkeit im selben Schwerefeld kein Modellversuch bei Wahrung vollständiger Ähnlichkeit möglich. Wenigstens eines der dimensionslosen Produkte muß im Modellversuch aufgegeben werden. Dabei ist es zweckmäßig, die Ähnlichkeit in der Reynolds-Zahl zu opfern, da bei genügend hoher Reynoldsscher Zahl deren Einfluß auf den Zusammenhang klein ist.

Mit der Aufgabe der Reynolds-Ähnlichkeit ist nur noch die Ähnlichkeit in der Froudeschen Zahl und im Fortschrittsgrad zu erhalten, so daß die Maßstabsfaktoren den Bedingungen (4.6) und (4.8) unterliegen. Neben (4.4) ist ein weiterer Maßstab frei wählbar; wir können

$$M_d = \kappa \tag{4.9}$$

setzen. Aus (4.6) folgt dann

$$M_U = \kappa^{1/2} \tag{4.10}$$

und aus (4.8)

$$M_n = \kappa^{-1/2} \,. \tag{4.11}$$

Damit ergibt sich aus

$$\frac{S}{\varrho U^2 d^2} = \frac{S'}{\varrho' U'^2 d'^2} \tag{4.12}$$

bzw.

$$\frac{M_S}{M_\varrho M_U^2 M_d^2} = 1 \tag{4.13}$$

der Maßstabsfaktor der Schubbelastung zu

$$M_S = \kappa^3 \,. \tag{4.14}$$

Ist die Modellschraube zehnmal kleiner als das Original, d. h.

$$d' = d/10$$

oder

$$\kappa = 0.1 \,,$$

so ist die Drehzahl im Modellversuch ungefähr dreimal größer und die Geschwindigkeit muß etwa zu 1/3 der Originalgeschwindigkeit gewählt werden. Der von der Modellschraube abgegebene Schub ist dann ein 1/1000 des Schubes der Großausführung. Der Maßstabsfaktor der Reynoldsschen Zahl berechnet sich damit aus

$$Re' = M_{Re} Re \tag{4.15}$$

zu

$$M_{Re} = \frac{M_U M_\varrho M_d}{M_\eta} = \kappa^{3/2} \approx 0.03 \; , \tag{4.16}$$

so daß die Reynoldssche Zahl nur etwa 3% der Original-Reynolds-Zahl ausmacht.

4.2 Hydraulische Maschinen

Wir übertragen nun die Überlegungen im Zusammenhang mit der Schiffsschraube auch auf andere hydraulische Maschinen, wie Pumpen, Lüfter und Gebläse, aber auch auf Kraftmaschinen, d. h. auf Turbinen und beschränken uns zunächst auf die Fälle, wo die Kompressibilität der Flüssigkeit außer Betracht bleibt. An die Stelle des Schubes tritt hier das Gefälle, das von der Turbine verarbeitet wird (bzw. die Förderhöhe der Pumpe), und an die Stelle der Schiffsgeschwindigkeit tritt der Volumenstrom.

Wenn es nötig wird, konkret zu sein, denken wir an Pumpen (Arbeitsmaschinen), ohne aber die grundsätzlichen Überlegungen hierauf zu beschränken.

Maßgebend für die Förderhöhe ist die Differenz des Gesamtdruckes über die Arbeitsmaschine, die wir aus der *Bernoullischen Gleichung* für inkompressible Strömung

$$\frac{\varrho}{2} u^2 + p + \varrho\, g\, z = const = p_g \tag{4.17}$$

zu

$$p_{2g} - p_{1g} = p_2 - p_1 + \varrho\, g\, (z_2 - z_1) + \frac{\varrho}{2}(u_2^2 - u_1^2) \tag{4.18}$$

erhalten. Hier bezeichnet der Index 1 den Eintritt (Saugstutzen) und der Index 2 den Austritt (Druckstutzen) der Maschine. Die Förderhöhe H ist durch

$$\varrho\, g\, H = p_{2g} - p_{1g} \tag{4.19}$$

gegeben. Wenn durch den Pumpvorgang an einer eventuell vorhandenen freien Oberfläche keine Schwerewellen erzeugt werden, so tritt g nur in der Kombination $\varrho\, g\, H$ im Problem auf und die Froudesche Zahl entfällt. Der (4.1) entsprechende Zusammenhang lautet nun

$$\mathrm{Fn}(\varrho g H, \dot{V}, n, \varrho, \eta, d) = 0 \; . \tag{4.20}$$

Diesem Zusammenhang entnimmt man unmittelbar, daß die Reynoldssche Zahl

$$Re = \frac{n\, \varrho\, d^2}{\eta} \tag{4.21}$$

auftritt, die wir aber unberücksichtigt lassen, solange sie nur groß genug ist. Die verbleibenden dimensionslosen Produkte folgen aus der Beziehung

$$\mathrm{Fn}(\varrho g H, \dot{V}, n, \varrho, d) = 0 \ . \tag{4.22}$$

4.2.1 Die Cordier-Kurve

Bei Strömungsmaschinen werden, den jeweiligen Bedürfnissen entsprechend, unterschiedliche Fundamentalsysteme, d. h. unterschiedliche Sätze dimensionsloser Produkte verwendet, je nachdem, ob es sich darum handelt, das Betriebsverhalten einer gegebenen Maschine darzustellen, wobei dann noch unterschiedliche Sätze für Arbeits- und Kraftmaschinen verwendet werden, oder ob es sich darum handelt, einen geeigneten Maschinentyp aus möglichen Ausführungsformen auszuwählen.

Wir stellen uns zunächst auf den Standpunkt eines Käufers oder eines Projektingenieurs, der für gegebene Förderhöhe und gegebenen Volumenstrom die Bauart auswählt, den Durchmesser d und die Drehzahl n der Maschine bestimmen muß.

Wir erweitern die in (4.20) bzw. (4.22) eingehenden Größen noch durch die dimensionslosen Längenverhältnisse κ_i, um den Zusammenhang (4.22) auch auf nicht geometrisch ähnliche Maschinen auszudehnen, um damit auch die Auswahl aus nicht geometrisch ähnlichen Maschinen zu ermöglichen.

Der angesprochenen Bedeutung von d und n entsprechend ordnen wir die Dimensionsmatrix in der Form

	d	n	ϱ	$\varrho g H$	$\dot{V}$
L	1	0	−3	−1	3
M	0	0	1	1	0
T	0	−1	0	−2	−1

(4.23)

und ermitteln auf bekannte Weise die $n - r = 2$ dimensionslosen Produkte zu

$$\Pi_1 = (g\,H)^{1/4}\,\dot{V}^{-1/2}\,d \tag{4.24}$$

und

$$\Pi_2 = n\,(g\,H)^{-3/4}\,\dot{V}^{1/2} \ , \tag{4.25}$$

in denen die Dichte nicht mehr auftritt, was man bereits (4.23) hätte entnehmen können. Üblicherweise verwendet man die *Durchmesserzahl*

$$\delta = \left(\frac{\pi^2}{8}\right)^{1/4} \Pi_1 = \frac{1}{2}(2gH)^{1/4}\,\dot{V}^{-1/2}\,\pi^{1/2}\,d \ , \tag{4.26}$$

die sich von Π_1 (4.24) nur durch einen irrelevanten Zahlenfaktor unterscheidet und die man auch *Durchmesserkennwert* bzw. *spezifischen Durchmesser* nennt. Statt (4.25) wird die *Schnellaufzahl*

$$\sigma = (2\pi^2)^{\frac{1}{4}}\,\Pi_2 = 2n\,(2gH)^{-3/4}\,\dot{V}^{1/2}\,\pi^{1/2} \tag{4.27}$$

verwendet, für die auch die Namen *Drehzahlkennwert* bzw. *Schnelläufigkeit* gebräuchlich sind. Damit gewinnen wir aus (4.20) die Darstellung

$$\mathrm{Fn}(\sigma, \delta, Re, \kappa_i) = 0\ . \tag{4.28}$$

Wir nehmen in diese Beziehung noch den *inneren Wirkungsgrad* η_w auf, der ja schon dimensionslos ist, und als zusätzliches dimensionsloses Produkt entsteht, wenn in (4.20) noch die der Flüssigkeit zugeführte Leistung P aufgenommen wird. Sie unterscheidet sich von der der Maschine zugeführten Leistung um Lager- und Büchsenreibungsverlustleistungen. Mit

$$\eta_w = \left(\frac{\varrho\, g\, H\, \dot{V}}{P}\right)^{\pm 1} \tag{4.29}$$

(wobei der negative Exponent für Kraftmaschinen steht und P dann die abgeführte Leistung ist) entsteht die Beziehung

$$\mathrm{Fn}(\sigma, \delta, \eta_w, Re, \kappa_i) = 0\ , \tag{4.30}$$

die noch allgemein für alle Strömungsmaschinen gilt, deren Verhalten durch die Größen in Gleichung (4.20) bestimmt wird.

Ein Zusammenhang wie (4.30) zwischen vier dimensionslosen Produkten zuzüglich der Längenverhältnisse κ_i ist immer noch so allgemein, daß er von geringem Nutzen für die Praxis ist. Dafür gilt der Zusammenhang aber auch für Maschinen verschiedenster Bauart, insbesondere sowohl für Axial- wie auch für Radialmaschinen. Speziellere Formen von (4.30) erhält man, wenn Zusatzforderungen aufgestellt werden. Durch Beschränkung auf eine Bauart wird die Zahl der Längenverhältnisse κ_i verringert, die zum Vergleich mit Maschinen der gleichen Art notwendig sind. Weitere Reduktion der κ_i erreicht man durch Beschränkung auf eine Baureihe. Wenn die Maschinen innerhalb der Baureihe streng geometrisch ähnlich sind, entfällt die Abhängigkeit von den Längenverhältnissen κ_i ganz. Dies ist trivialerweise auch der Fall, wenn der Zusammenhang (4.30) für ein und dieselbe Maschine steht, für die bei genügend großen Reynolds-Zahlen ein eindeutiger Zusammenhang $\sigma = \sigma(\delta)$ zwischen Schnellaufzahl und spezifischem Durchmesser besteht, mit dem (4.30) weiter eingeengt wird. Wir betrach-

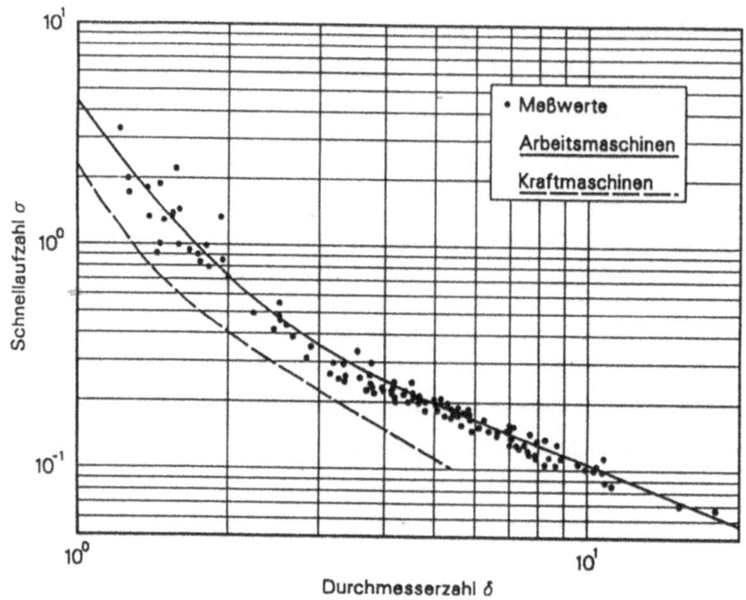

Abb. 4.1. Cordier-Diagramm (nach CORDIER [1953])

ten hier aber zunächst die Anwendung von (4.30) im allgemeinen Fall, bei dem also σ und δ prinzipiell als unabhängig anzusehen sind. Trägt man aber (CORDIER [1953]) Schnellaufzahlen σ ausgeführter Arbeitsmaschinen unterschiedlicher Bauart über der Durchmesserzahl δ im *Arbeitspunkt* auf, der üblicherweise dem Punkt des besten Wirkungsgrades entspricht, so erhält man unter Inkaufnahme gewisser Streuungen dennoch nur eine einzige Kurve, die *Cordier-Kurve*

$$\sigma = \sigma(\delta) \,. \tag{4.31}$$

Abbildung 4.1 zeigt diese Darstellung, bei der insgesamt Arbeitspunkte von 120 Arbeitsmaschinen radialer und axialer Bauart aufgetragen sind. Wie ersichtlich, ordnen sich alle Maschinen ziemlich gut auf einer Kurve an, was nach (4.30) voraussetzt, daß entweder der Wirkungsgrad und die Längenverhältnisse im wesentlichen für alle Maschinen dieselben sind oder aber diese Größen im Zusammenhang (4.30) keine Rolle spielen. Diese zunächst überraschende Tatsache findet ihre Erklärung darin, daß zum einen nur Betriebspunkte beim besten Wirkungsgrad aufgenommen wurden, der zwar für alle Bauarten nicht genau gleich aber doch in etwa gleich ist. Zum anderen wird die Kurve abschnittsweise von Maschinen derselben Bauart besetzt. Das Gebiet der axialen Bauweise liegt bei Schnelläufigkeiten $\sigma > 0.6$, während Radialmaschinen der Bereich der Schnelläufigkeit $\sigma < 0.6$ zuzuordnen ist. Im Übergangsbereich sind die entscheidenden Längenverhältnisse κ_i, etwa Schaufelhöhe oder Kanalhöhe zu Spalthöhe, ziemlich gleich. Die Streuungen sind natürlich auch darauf zurückzuführen, daß die Längenverhältnisse κ_i eben doch nicht konstant, d. h. die Maschinen nicht geometrisch ähnlich sind, wie ja auch die Wirkungsgrade nicht dieselben sind. Im Zusammenhang mit dem Wirkungsgrad sei daran erinnert, daß auch die Reynoldsschen Zahlen, deren Konstanz vorausgesetzt wurde, in Wirklichkeit nicht konstant sind, was ebenfalls Streuungen der Daten verursacht.

Die Bedeutung der Cordier-Kurve liegt nun darin, daß sie aufzeigt, auf welche Weise sich ein gegebener Volumenstrom und gegebene Förderhöhe von Maschinen ganz unterschiedlicher Größe (Durchmesser) bewältigen lassen. Man wählt bei gegebenem $\dot{V}$ und H den Durchmesser d, etwa wie er den vom Käufer geforderten Einbaudaten entspricht, und legt so δ fest. Dann wird die zugehörige Schnelläufigkeit σ aus der Cordier-Kurve bestimmt, und damit liegt bei gegebenem $\dot{V}$ und H die Drehzahl fest. Auf diese Weise wird aufgrund der im Cordier-Diagramm zusammengefaßten Erfahrung die Bauart ausgewählt, die den besten Wirkungsgrad verspricht.

In die Cordier-Kurve fügen sich im Bereich größerer Schnelläufigkeiten und kleineren Durchmesserzahlen die frei laufenden Arbeitsmaschinen, das sind Schiffsschrauben und Propeller, zwanglos ein.

Bei Turbinen lassen sich aufgrund der beschleunigten Strömung und der damit gegenüber Arbeitsmaschinen verringerten Ablösegefahr größere Gefälle bei gegebenem Volumenstrom verarbeiten. Daher verschieben sich die optimalen Werte von σ und δ (siehe Abb. 4.1). Es zeigt sich aber auch hier, daß die unterschiedlichen Ausführungsformen auf einer Kurve liegen.

Bei nichtähnlichen Maschinen besteht natürlich erhebliche Freiheit hinsichtlich der Wahl des typischen Durchmessers d, da sich dimensionsanalytisch völlig äquivalent d etwa durch $(\kappa_1 d)$ ersetzen ließe, wenn κ_1 z. B. das Verhältnis des Laufraddurchmessers am Laufradeintritt zum Durchmesser am Austritt ist. Dieses Verhältnis ist im Gegensatz zu ähnlichen Maschinen beim Vergleich von nichtähnlichen Maschinen nicht dasselbe. Die Einordnung in eine einzige Kurve hängt offensichtlich auch von der zweckmäßigen Wahl dieser Längen ab. Die Untersuchungen Cordiers zeigen, daß bei Radialrädern jedenfalls der größte Raddurchmesser zu wählen ist, der ja auch im wesentlichen die Leistung bestimmt. Dies sind zwar Erwägungen, die über die Dimensionsanalyse hinausgehen, denen wir uns aber nicht verschließen. Man wird daher als typischen Durchmesser oder typische Länge nur eine Länge wählen, die funktionsrelevant ist. Dies ist schon

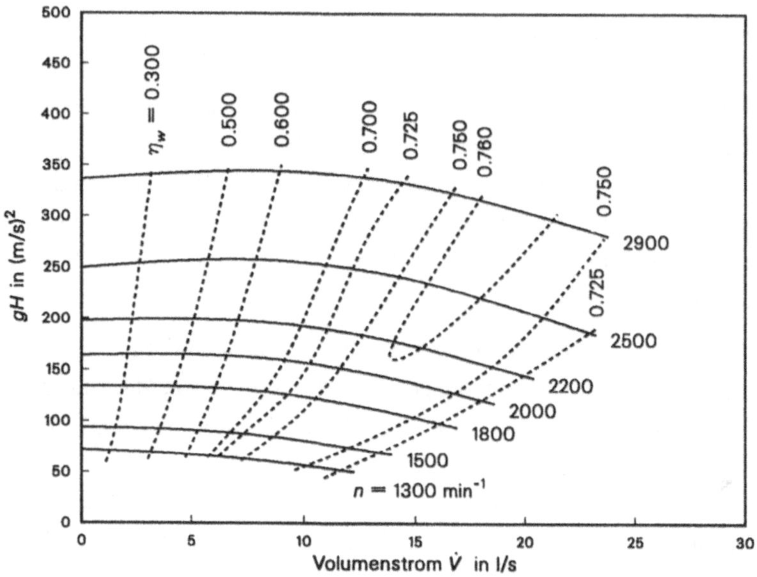

Abb. 4.2. Kennlinie einer Maschine in dimensionsbehafter Darstellung und Linien gleichen Wirkungsgrades (nach PETERMANN [1974])

zweckmäßig bei geometrisch ähnlichen Maschinen, um so mehr bei nichtähnlichen Maschinen.

4.2.2 Kennlinien einstufiger Maschinen

Wir stellen uns nun auf den Standpunkt eines Versuchsingenieurs, der das Verhalten einer gegebenen Maschine untersucht. Maschinen werden ausgelegt für einen bestimmten Volumenstrom, Förderhöhe und Drehzahl. Oft müssen diese Maschinen aber außerhalb des Auslegepunktes, also etwa mit anderer Drehzahl oder Volumenstrom betrieben werden.

Das Verhalten der (Arbeits-) Maschinen läßt sich experimentell ermitteln, indem man z. B. bei konstanter Drehzahl den Volumenstrom $\dot{V}$ durch Drosseln ändert. Die erhaltene Kennlinie $g\,H$ als Funktion von $\dot{V}$ bei konstanter Drehzahl wird daher auch als *Drossellinie* bezeichnet. Abb. 4.2 zeigt das ganze Kennlinienfeld einer Pumpe in dimensionsbehafteter Darstellung. Mit den Methoden der Dimensionsanalyse läßt sich, bei genügend großen Reynolds-Zahlen, das gesamte Kennfeld als einzige Kurve darstellen. Wir gehen dazu vom allgemeinen Zusammenhang (4.30) aus, der sich hier, wo es sich ja um ein und dieselbe Maschine handelt, auf

$$\mathrm{Fn}(\sigma, \delta, \eta_W, Re) = 0 \tag{4.32}$$

und weiter auf

$$\mathrm{Fn}(\sigma, \delta, \eta_W) = 0 \tag{4.33}$$

reduziert, weil wir zunächst eine so hohe Reynolds-Zahl voraussetzen, daß das Maschinenverhalten von ihr nicht mehr abhängen möge.

Abb. 4.3 zeigt die Darstellung (4.33), die deutlich macht, daß jetzt eine speziellere Form von (4.33), nämlich

$$\delta = \delta(\sigma) \tag{4.34}$$

vorliegt, in der der Wirkungsgrad nur Kurvenparameter ist, d. h.:

$$\eta_w = \eta_w[\sigma, \delta(\sigma)] = \eta_w(\sigma) \ . \tag{4.35}$$

Der Wirkungsgrad hängt also nur von σ ab, ein Ergebnis, das natürlich unverändert für geometrisch ähnliche Maschinen gilt.

Die Verwendung der Schnellaufzahl und des spezifischen Durchmessers bei Kennlinien ist allerdings nicht üblich, da die interessierenden Größen Förderhöhe und Volumenstrom in ihnen nichtlinear auftreten. Man gelangt zu dimensionslosen Größen in denen diese physikalischen Größen linear auftreten, wenn in der Dimensionsmatrix die physikalischen Größen $\dot{V}$ und $\varrho\, g\, H$ die zwei ersten Spalten besetzen und die dimensionslosen Produkte neu ermittelt werden. Es genügt aber hier, aus den schon bekannten dimensionslosen Produkten δ und σ im Zusammenhang (4.28) zwei neue linear unabhängige Produkte zu bilden. Das als *Durchflußzahl* bzw. *Durchflußkennwert* φ bekannte Produkt gewinnt man durch Kombination mit σ und δ in der Form

$$\varphi = \frac{1}{\delta^3 \sigma} = \frac{4\dot{V}}{n\, \pi^2 d^3} \tag{4.36}$$

und die *Druckzahl* bzw. den *Druckbeiwert* ψ in der Form

$$\psi = \frac{1}{\delta^2 \sigma^2} = \frac{2g\, H}{n^2 \pi^2 d^2} \ . \tag{4.37}$$

Bei Benutzung dieser dimensionslosen Produkte reduziert sich das Kennfeld (Abb. 4.2) wieder auf eine einzige Kennlinie:

$$\psi = \psi(\varphi) \ , \tag{4.38}$$

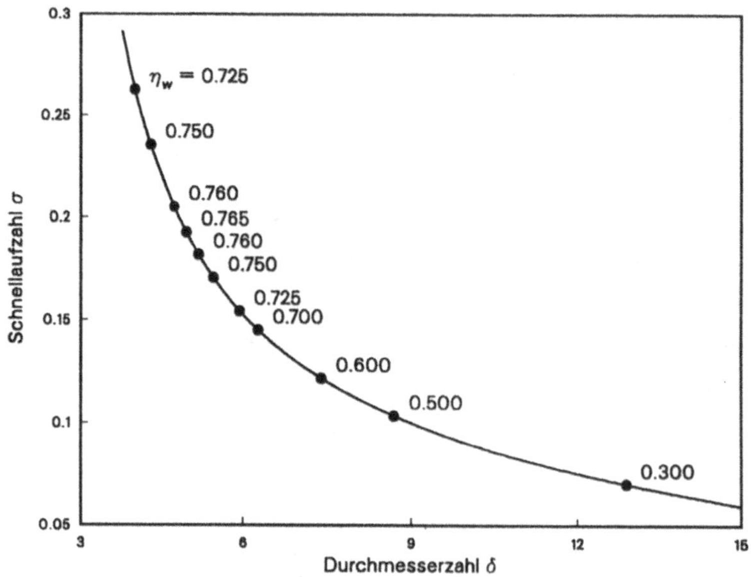

Abb. 4.3. Cordier-Diagramm für die Maschine aus Abb. 4.2

die in Abb. 4.4 dargestellt ist. Diese Abbildung (ebenso wie Abb. 4.3) läßt keine Abhängigkeit von der Reynoldsschen Zahl erkennen: Betriebspunkte mit verschiedenen Drehzahlen, d. h. im vorliegenden Fall mit verschiedenen Reynolds-Zahlen, fallen auf dieselbe Kennlinie. Somit ist die oben vorausgesetzte Unabhängigkeit von der Reynolds-Zahl hier gegeben.

Wenn auch in vielen praktischen Fällen die Kennlinien von der Reynolds-Zahl unabhängig sind, so zeigt sich aber bei niedrigen Reynolds-Zahlen, etwa wenn Öle als Fördermittel zum Einsatz kommen, ein deutlicher Einfluß der Reynolds-Zahl, so daß (4.34) und (4.35) die Formen

$$\delta = \delta(\sigma, Re) \tag{4.39}$$

bzw.

$$\eta_w = \eta_w(\sigma, Re) \tag{4.40}$$

oder, wenn die dimensionslosen Produkte ψ und φ verwendet werden,

$$\psi = \psi(\varphi, Re) \tag{4.41}$$

bzw.

$$\eta_w = \eta_w(\varphi, Re) \tag{4.42}$$

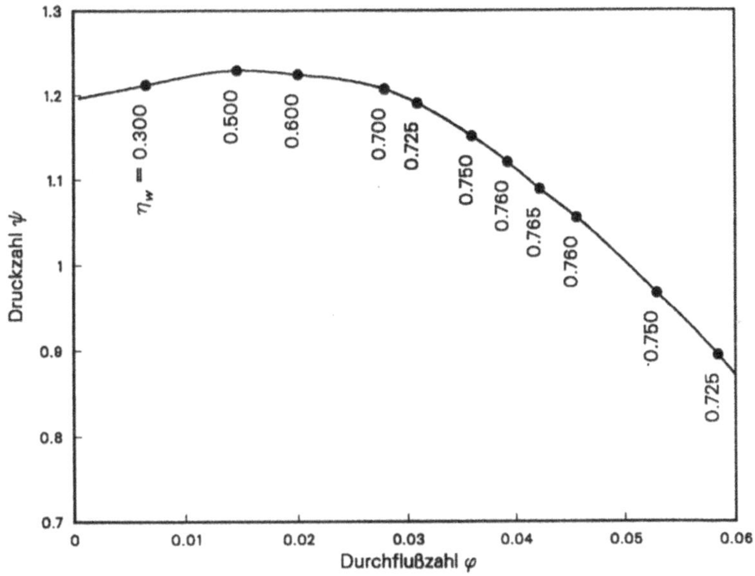

Abb. 4.4. Dimensionslose Kennlinie der Maschine aus Abb. 4.2

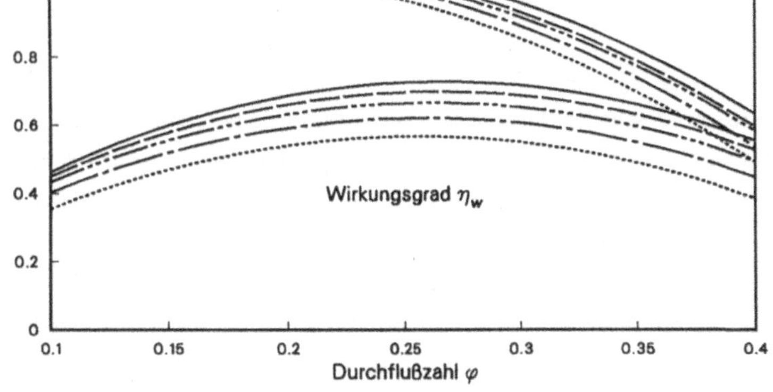

Abb. 4.5. Gemessene Verläufe von Druckzahl und Wirkungsgrad als Funktion der Durchflußzahl mit der Reynolds-Zahl als Scharparameter (nach ROTZOLL [1958])

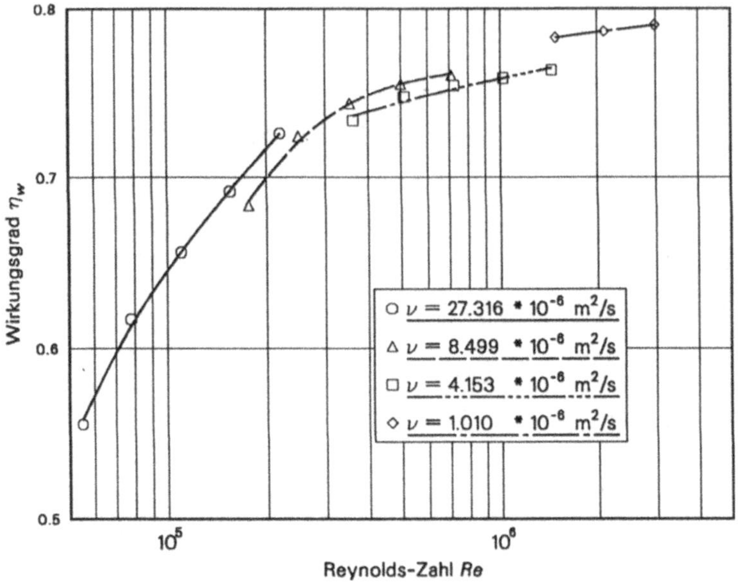

Abb. 4.6. Gemessener Verlauf des Wirkungsgrades als Funktion der Reynolds-Zahl (nach Rotzoll [1958])

annehmen. Abbildung 4.5 zeigt die experimentell ermittelten Zusammenhänge (4.41) und (4.42) für ein und dieselbe Maschine. Hierbei ist die Variation der Reynoldsschen Zahl über die Änderung der Drehzahl erfolgt. Wir erwarten aufgrund der Dimensionsanalyse aber genau dieselben Ergebnisse, wenn dieselbe Variation der Reynoldsschen Zahl durch Änderung der Viskosität verursacht wird. In Abb. 4.6 sind die zusammenhängenden Kurvenabschnitte der Verlauf des Wirkungsgrades

$$\eta_w = \eta_w(Re, \varphi = const) , \tag{4.43}$$

wobei die Reynoldssche Zahl durch Drehzahländerung bei jeweils konstanter Viskosität pro Kurvenabschnitt variiert ist. In den Überlappungsbereichen wird demnach dieselbe Reynoldssche Zahl mit verschiedenen Werten von Drehzahl und Viskosität erzeugt. Wenn der eindeutige Zusammenhang (4.43) streng gälte, müßten die Kurvenabschnitte stetig ineinander übergehen. Die wahrscheinliche Ursache der Unstetigkeit liegt in der Verletzung der geometrischen Ähnlichkeit, die selbst bei ein und derselben Maschine bei verschiedenen Drehzahlen streng genommen nicht gewahrt bleiben kann. Unter der verschiedenen Fliehkraftbeanspruchung verformt sich der Läufer unterschiedlich, was z. B. das Spalt/Durchmesserverhältnis verändert. Obwohl (4.43) idealerweise auch für geometrisch ähnliche Maschinen verschiedener Größe gilt, so ist auch hier, sogar a fortiori, mit Abweichungen von (4.43) zu rechnen, da strenge geometrische Ähnlichkeit, etwa das Verhältnis Rauhigkeitstiefe/Durchmesser, praktisch nicht zu verwirklichen ist.

4.2.3 Modellgesetze

In der Diskussion der *Modellgesetze* gehen wir am bequemsten von dem allgemeinen Zusammenhang (4.32) aus, der nach dem Wirkungsgrad aufgelöst

$$\eta_w = \eta_w(\sigma, \delta, Re) \tag{4.44}$$

oder bei Verwendung von ψ, φ

$$\eta_w = \eta_w(\psi, \varphi, Re) \tag{4.45}$$

lautet. Für Gleicheit des Wirkungsgrades in Modell und Großausführung müssen die auf der rechten Seite auftretenden dimensionslosen Größen in Modell und Original gleich sein. Diese Forderung führt wegen (4.36), (4.37) und der Reynoldsschen Zahl nach (4.21) auf die drei Gleichungen

$$\frac{M_{\dot V}}{M_d^3 M_n} = 1\ , \quad \frac{M_{gH}}{M_d^2 M_n^2} = 1\ , \quad \frac{M_d^2 M_n M_\varrho}{M_\eta} = 1 \tag{4.46}$$

für die sechs Maßstabsfaktoren, von denen demnach drei frei wählbar sind. (Die spezielle Form (4.42) liefert aus der Gleichheit von φ und Re den gleichen Wirkungsgrad für Modell und Großausführung. Der Maßstab der Förderhöhe muß dann aus (4.41) gewonnen werden, was insgesamt wieder die drei Gleichungen (4.46) ergibt.)

Wählt man für den Längenmaßstab $M_d = \kappa$ und setzt $M_\varrho = M_\eta = 1$, verwendet also für Modell und Großausführung dieselbe Flüssigkeit, so folgt aus der dritten Gleichung in (4.46) zunächst

$$M_n = \kappa^{-2} \tag{4.47}$$

und aus der ersten dann

$$M_{\dot V} = \kappa \tag{4.48}$$

sowie

$$M_{gH} = \kappa^{-2} \tag{4.49}$$

aus der zweiten Gleichung. Im Modellversuch ist daher vollständige Ähnlichkeit im Prinzip erreichbar. Wählt man den Längenmaßstab beispielsweise wieder $\kappa = 0.1$, so sind Drehzahl und Förderhöhe des Modells hundertmal größer als in der Großausführung. Beide Forderungen lassen sich in der Praxis kaum verwirklichen, da die Materialbeanspruchung durch Flieh- und Druckkräfte in der Modellmaschine zu groß werden. Den Maßstabsfaktor der zugeführten Leistung entnehmen wir dem dimensionslosen Produkt (4.29) zu κ^{-1}, d. h. der Modellmaschine wäre außerdem die zehnfache Leistung zuzuführen.

Gibt man die Reynolds-Ähnlichkeit auf, so lassen sich vier Maßstabsfaktoren wählen. Wir verfügen über den Maßstabsfaktor der Förderhöhe mit $M_{gH} = 1$, haben dann die Bedingungen

$$\frac{1}{\kappa^2 M_n^2} = 1 \ , \ \frac{M_{\dot{V}}}{\kappa^3 M_n} = 1 \tag{4.50}$$

zu erfüllen und lesen die Maßstabsfaktoren

$$M_n = \kappa^{-1} \tag{4.51}$$

und

$$M_{\dot{V}} = \kappa^2 \tag{4.52}$$

ab. Mit dem als Beispiel gewählten Längenverhältnis von eins zu zehn ($\kappa = 0.1$) wird die Drehzahl des Modells jetzt nur zehnmal größer und der Volumenstrom hundertmal kleiner und daher die zugeführte Leistung ebenfalls hundertmal kleiner. Der Maßstabsfaktor der Reynoldsschen Zahl beträgt

$$M_{Re} = \kappa = 0.1 \ , \tag{4.53}$$

d. h. die Reynolds-Zahl ist im Modell zehnmal kleiner als im Original.

4.2.4 Aufwertung

Unvollständige Ähnlichkeit, die durch die Verletzung der Reynolds-Zahl-Ähnlichkeit entsteht, ist im Versuchswesen die Regel und hat natürlich ihre Ursache in dem insgesamt geringen Einfluß der Reynoldsschen Zahl, wenn diese nur hoch genug ist. Trotzdem ist es oft notwendig, den Einfluß der Reynolds-Zahl-Abweichung nachträglich zu erfassen. Wenn, wie im vorherigen Beispiel, die Modell-Reynolds-Zahl kleiner ist als im Original, so ist der Wirkungsgrad der Modellmaschine in der Regel kleiner und man spricht von *Aufwertung*, wenn man beispielsweise vom Wirkungsgrad einer Modellpumpturbine auf den Wirkungsgrad der Großausführung schließt, wo er praktisch wegen der sehr großen Maschinenleistungen direkt nicht mehr zu messen ist.

Der Begriff der Aufwertung wird auch benutzt, wenn bei größeren Reynolds-Zahlen gewonnene Modellergebnisse auf kleinere Reynolds-Zahlen umgerechnet werden, oder allgemeiner, wenn bei unvollständiger Ähnlichkeit für den Unterschied dimensionsloser Produkte zwischen Modell und Original korrigiert wird.

Als typischen Anwendungsfall betrachten wir die Wirkungsgradaufwertung einstufiger Kreiselpumpen bezüglich der Reynoldsschen Zahl, bei der oft die Aufwertungsformel

$$\frac{1-\eta_w}{1-\eta_w'} = \left(\frac{Re'}{Re}\right)^{\alpha} \tag{4.54}$$

verwendet wird, die in Anlehnung an das Blasiussche Widerstandsgesetz der turbulenten Rohrströmung entstanden ist (PFLEIDERER [1961]). (In (4.54) beziehen sich die gestrichenen Größen auf die Modellmaschine.)

In der dimensionsanalytischen Begründung, die auch auf andere Aufwertprobleme anwendbar ist, schreiben wir (4.42) in der äquivalenten Form

$$\eta_w = \eta_w(\infty,\varphi) - Re^{-\alpha}\,\mathrm{fn}(Re,\varphi)\ , \qquad \alpha > 0\ , \tag{4.55}$$

wobei $\eta_w(\infty,\varphi)$ der für $Re \to \infty$ erhaltene Wirkungsgrad ist. Gleichung (4.55) impliziert, daß die Funktion $\mathrm{fn}(Re,\varphi)$ für $Re \to \infty$ endlich bleibt und deshalb dann von der Reynolds-Zahl nur schwach abhängt. Aus (4.55) gewinnt man die Gleichung

$$\ln(\eta_w(\infty,\varphi) - \eta_w) = -\alpha\ln(Re) + \ln[\mathrm{fn}(Re,\varphi)] \tag{4.56}$$

und daraus für denselben Wert von φ in Modell und Original, was unausgesprochen auch der Anwendung der *Pfleiderer-Formel* zugrunde liegt,

$$\ln\left(\frac{\eta_w(\infty,\varphi)-\eta_w}{\eta_w(\infty,\varphi)-\eta_w'}\right) = \alpha\ln\left(\frac{Re'}{Re}\right)\ , \tag{4.57}$$

da $\ln[\mathrm{fn}(Re,\varphi)/\mathrm{fn}(Re',\varphi)]$ wegen der geforderten Eigenschaften der Funktion $\mathrm{fn}(Re,\varphi)$ dann sehr klein ist. Wenn die Verluste für sehr große Reynolds-Zahlen verschwinden, ist der Wirkungsgrad $\eta_w(\infty,\varphi)$ gleich Eins, und aus (4.57) entsteht unmittelbar die Pfleiderer-Formel (4.54).

Eine einfache Umrechnung überführt (4.54) in die Form

$$\Delta\eta_w = \eta_w - \eta_w' = (1-\eta_w')\left[1-\left(\frac{Re'}{Re}\right)^{\alpha}\right]\ , \tag{4.58}$$

die nach Einführung eines zusätzlichen *Verlustkoeffizienten* V auch die Fassung

$$\Delta\eta_w = (1-\eta_w')V\left[1-\left(\frac{Re'}{Re}\right)^{\alpha}\right] \tag{4.59}$$

annimmt und in dieser Gestalt mit $\alpha = 1/5$ für die Wirkungsgradaufwertung unabhängig vom Wert φ sowohl für Axial- und Radialpumpen als auch für Francis- und Kaplanturbinen empfohlen wird (IEC [1965], IEC [1976]; letztgenannte Referenz enthält Druckfehler in der Aufwerteformel auf Seite 73!). Die empfohlenen Werte für V schwanken je nach Maschinentyp im Bereich $0.3 \leq V \leq 1$. Der Vergleich mit der allgemeinen Formel (4.42) zeigt, daß V von φ und wohl auch von Re abhängen muß.

Experimentell ermittelte Werte der Verlustkoeffizienten zeigen eine große Streuung, deren Ursache noch weitgehend unbekannt ist, weisen aber auf eine Abhängigkeit von φ und Re'/Re hin. Die theoretische Ermittlung von V über Verlustanalysen konnte bisher keine Ergebnisse liefern, die mit Messungen übereinstimmen.

Wir geben hier eine dimensionsanalytische Deutung des Verlustkoeffizienten ausgehend von Gleichung (4.57). Die Form (4.57) bleibt nämlich auch anwendbar, wenn der Wirkungsgrad $\eta_w(\infty, \varphi)$ einen von Eins verschiedenen Wert annimmt. Damit ist zu rechnen, wenn Ablösungen auftreten, etwa bei Fehlanströmungen der Schaufeln im Teillastbereich. *Stoßverluste* werden mit wachsender Reynolds-Zahl aber von Re unabhängig, und zwar aus demselben Grund, aus dem der Widerstandsbeiwert stumpfer Körper von der Reynolds-Zahl unabhängig wird. Diese Verluste sind mit der Reynolds-Zahl nicht aufwertbar und werden nur durch den Grenzwert in der Formel (4.55) berücksichtigt. Erwartungsgemäß sind diese Verluste am kleinsten bei φ-Werten, die der stoßfreien Anströmung entsprechen, verschwinden aber auch dort nicht ganz. Analog zu (4.58) gewinnen wir durch Umformen aus (4.57) die Gleichung

$$\Delta\eta_w = (\eta_w(\infty, \varphi) - \eta'_w)\left[1 - \left(\frac{Re'}{Re}\right)^{\alpha}\right] , \tag{4.60}$$

und der Vergleich mit (4.59) liefert sofort den Verlustkoeffizienten V zu

$$V(\varphi, Re') = \frac{\eta_w(\infty, \varphi) - \eta'_w(Re', \varphi)}{1 - \eta'_w(Re', \varphi)} , \tag{4.61}$$

wobei wir jetzt die Abhängigkeit von Re' und φ auch in η'_w explizit angegeben haben, da sie die Abhängigkeit des Verlustkoeffizienten von diesen Größen darlegt. Offensichtlich ist $V \leq 1$. Man erwartet, daß V in der Nähe des Auslegungspunktes am größten ist. Dort sind die Verluste der Modellmaschine in der Hauptsache von der Reynolds-Zahl geprägt, und $1 - \eta'_w(Re', \varphi)$ ist dort am kleinsten. Im Teillastbereich, besonders zu kleineren φ-Werten hin, wird auch η'_w durch Stoßverluste geprägt und muß sich schließlich $\eta_w(\infty, \varphi)$ annähern; V nimmt daher ab, zumal $1 - \eta'_w(Re', \varphi)$ rasch größer wird. Zu größeren φ-Werten hin, wo η'_w sowohl durch Stoß- und in stärkerem Maßstabe durch *Reibungsverluste* bestimmt wird, nimmt der Zähler in (4.61) immer noch schneller ab als der Nenner, weil $\eta_w(\infty, \varphi)$ auch kleiner wird und V muß schließlich wie der Zähler Null werden. Dieses Verhalten wird tendenziell durch die Erfahrung bestätigt, soweit es sich aus den stark streuenden experimentellen Werten für V überhaupt ergründen läßt. Die durch (4.61) gegebene Deutung von V als Verhältnis kleiner Differenzen erklärt die Ursache der starken Streuungen: Man überlegt sich leicht, daß etwa ein Meßfehler in η'_w einen um den Faktor $(1 - \eta'_w)^{-2}$ erhöhten Fehler in V ergibt. Aus diesen Gründen erscheint die Einführung des Verlustfaktors, der sich in praktisch allen Aufwerteformeln findet, problematisch, und wir ziehen es vor, direkt mit (4.60) zu arbeiten. Hier ist der Wert von $\eta_w(\infty, \varphi)$ noch unbekannt, er wird sich aber aus einer Kombination von Theorie (die sich im Grenzfall $Re \to \infty$ einfacher gestaltet) und Extrapolationen ausgeführter Maschinen ziemlich gut abschätzen lassen.

Bei der Verwendung der Pfleiderer-Formel wird für α meist $\alpha = 1/5$ verwendet, Messungen zeigen aber, daß bei Anwendung dieser Formel α dann von der Reynolds-Zahl abhängt. Tatsächlich entspricht $\alpha = 1/5$ dem Exponenten von $1/Re$ in dem *Blasiusschen Widerstandsgesetz* für die ebene Platte der Länge L in turbulenter Strömung (Schlichting [1979])

$$c_f = 0.074(Re_L)^{-1/5} , \tag{4.62}$$

dessen Gültigkeit allerdings auf den Reynolds-Zahl Bereich $5 * 10^5 < Re_L < 10^7$ beschränkt ist. In den Anwendungen wird dieser Bereich sowohl nach unten, wo die Strömung dann oft noch laminar ist und der Exponent in der entsprechenden Formel dann $\alpha = 1/2$ ist, wie auch nach oben überschritten, wo der Exponent im (4.62) entsprechenden Potenzgesetz dann eher $1/7$ ist. In diesem Bereich etwa bewegen sich auch die aus Messungen durch Anwendung der Pfleiderer-Formel rückwärts berechneten Werte. Es empfiehlt sich dabei, je nach der Reynolds-Zahl (der Modellmaschine), den Wert des Exponenten α anzupassen. Man wird aber eine noch genauere Aufwertung erwarten können, wenn α und $\eta_w(\infty)$ aus Messungen bei verschiedenen Reynolds-Zahlen an derselben (Modell-) Maschine, gemäß (4.57), ermittelt werden, die selbstverständlich dann auch gilt. Die individuelle Aufwertungsformel aus den Daten der Modellmaschine berücksichtigt dann auch Eigenarten der spezifischen Maschine, wie sie durch mehr oder weniger aufwendige Entwicklungsarbeit entstehen können und die sich natürlich nicht mit einer allgemeinen Aufwertformel erfassen lassen.

Zur Aufwertung der Druckzahl gehen wir von (4.41) aus und nutzen die Erkenntnis, daß ψ in zwei Fällen nur linear von φ abhängt und daher die Form

$$\psi = \psi(0, Re) + \left[g(\varphi) + Re^{-\beta}\,\mathrm{fn}(\varphi, Re)\right] \varphi \tag{4.63}$$

nahelegt. Bekanntlich ist einer dieser Fälle die schaufelkongruente Strömung (sehr dicht stehende Schaufeln), der andere Fall tritt auf, wenn die Strömung im Absolutsystem eine Potentialströmung ist.

Die noch dimensionsanalytisch allgemeine Form (4.63) spezialisieren wir unter Ausnutzung der experimentell bestätigten Erkenntnis, daß die Druckziffer an der Stelle $\varphi = 0$ von der Reynolds-Zahl unabhängig ist, da die dort auftretenden Verluste im wesentlichen Stoßverluste sind und setzen weiter $\beta = 1$. (Unter Umständen ist es jedoch zweckmäßig, sich die Freiheit in der Wahl von β zu erhalten.) Wie vorher nehmen wir an, daß die Funktion $\mathrm{fn}(\varphi, Re)$ für $Re \to \infty$ einen endlichen Wert annimmt, der dann von Re nur schwach abhängt. Für denselben Wert von φ im Modell und Original entsteht aus (4.63) die Gleichung

$$\psi - \psi' = \varphi \,\mathrm{fn}(\varphi) \left(Re^{-1} - Re'^{-1}\right) \tag{4.64}$$

für die Differenz der Druckziffern des Originals und Modells. Die Form (4.64) ist besonders zweckmäßig, wenn auch noch $\mathrm{fn}(\varphi)$ eine absolute Konstante ist. Aber wie auch immer, $\mathrm{fn}(\varphi)$ läßt sich aus (4.64) berechnen, wenn zwei gemessene Werte von ψ für zwei verschiedene Reynolds-Zahlen, notfalls bei gleichem φ, zur Verfügung stehen.

Aufwertungsformeln lassen sich auch aus einer Taylor-Entwicklung gewinnen, wenn das dimensionslose Produkt, nach dem entwickelt wird, sich in Modell und Original genügend wenig unterscheidet. Dies trifft für die Reynoldssche Zahl im allgemeinen nicht zu, und deshalb schreiben wir in der Anwendung auf die Wirkungsgradaufwertung (4.42) in der dimensionsanalytisch äquivalenten Gestalt

$$\eta_w = \eta_w \left(\varphi, Re^{-1}\right) , \tag{4.65}$$

da die Änderung in Re^{-1} um den Faktor Re^{-2} kleiner ist als die Änderung in Re. Aus (4.65) und

$$\eta_w(\varphi,\, Re^{-1}) = \eta_w(\varphi,\, Re'^{-1} + \mathrm{d}Re^{-1})$$

folgt in linearer Näherung bei konstantem φ die Gleichung

$$\eta_w(1/Re) = \eta_w(1/Re') + \frac{\partial \eta_w(1/Re')}{\partial(1/Re)} \,(1/Re \,-\, 1/Re') , \tag{4.66}$$

wobei $\eta_w(1/Re')$ der Wirkungsgrad der Modellmaschine ist, für den wir weiterhin kurz η'_w schreiben wollen. Offensichtlich ist $\partial\eta_w/\partial(1/Re') < 0$, wenn $\partial\eta_w/\partial Re' > 0$ ist. Im Gegensatz etwa zur Pfleiderer-Formel liefert (4.66) für $Re \to \infty$ einen von Eins verschiedenen Wert.

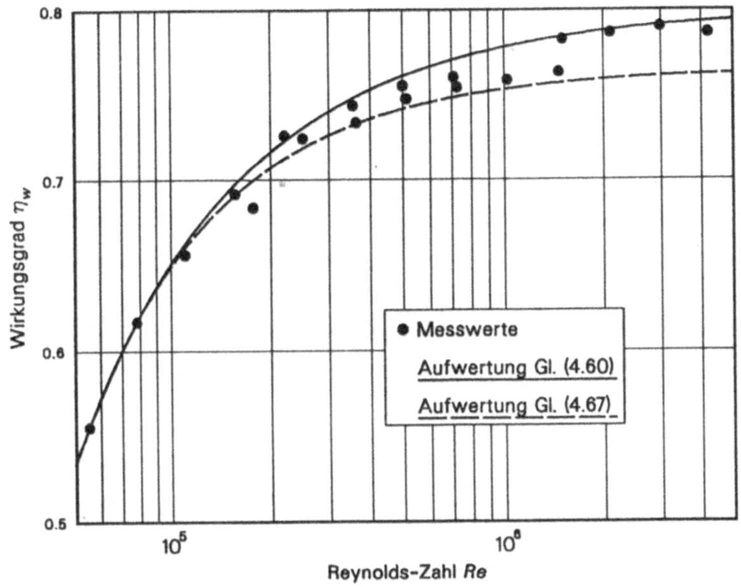

Abb. 4.7. Aufwertung des Wirkungsgrades, Vergleich mit dem Meßwerten von ROTZOLL [1958]

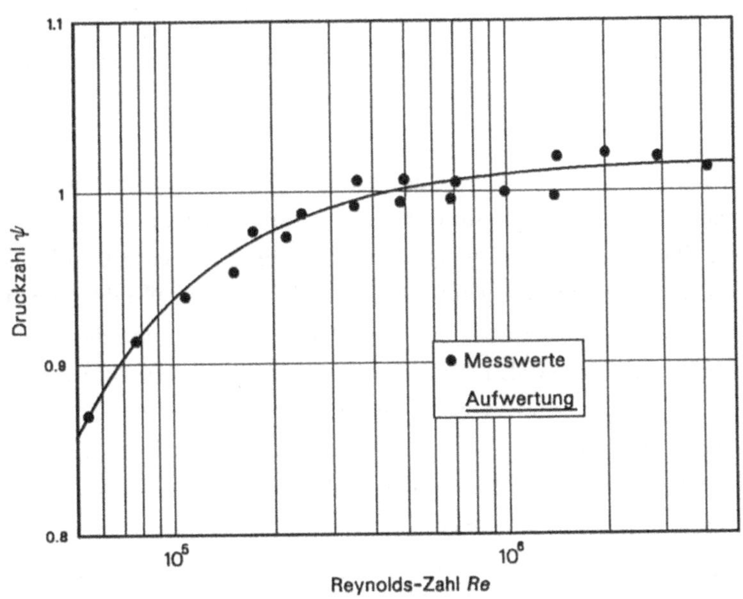

Abb. 4.8. Aufwertung der Druckzahl, Vergleich mit dem Meßwerten von ROTZOLL [1958]

Liegen zwei Werte von η_w bei verschiedenen Reynolds-Zahlen und gleichem φ vor, etwa η'_w und η''_w, so läßt sich in (4.66) der Differentialquotient durch den Differenzenquotienten ersetzen:

$$\eta_w = \eta'_w + (\eta'_w - \eta''_w)\frac{Re''}{Re}\left(\frac{Re - Re'}{Re' - Re''}\right) . \qquad (4.67)$$

Wie Abb. 4.7 zeigt, ergeben sich Unterschiede zwischen den Aufwertungsformeln für den Wirkungsgrad (4.67) und (4.60), während sich die Aufwertformel für ψ nach der Taylor-Entwicklung von der Aufwertung (4.64) nicht unterscheidet, wenn $\beta = 1$ gewählt wird. Der Exponent α in (4.60) sowie die Differenzenquotienten in den Taylor-Reihenentwicklungen wurden für Abb. 4.8 mit den Meßwerten bei $Re = 5.5 * 10^4$ und $Re = 7.7 * 10^4$ bestimmt.

Aufwerteformeln, wie die hier besprochenen, sind ihrem Wesen nach Extrapolationsformeln. Dies trifft ebenso auch auf die Vielzahl von Formeln und Aufwerteverfahren zu, die in der Spezialliteratur zu finden sind. Extrapolationen sind natürlich nur zulässig, wenn die fragliche Funktion im Extrapolationsbereich genügend glatt ist. Unstetigkeitsähnliche Änderungen können aber besonders im Hinblick auf Reynolds-Zahl-Aufwertung vorkommen, wenn z. B. die Strömung im Modell aufgrund der kleineren Reynolds-Zahl laminar ist, dort Ablösung auftritt, die in der Großausführung bei turbulenter Grenzschicht abwesend ist. In solchen Fällen läßt sich eine Aufwertung kaum durchführen und u. U. ist der Aussagewert von Modellversuchen überhaupt in Frage gestellt.

Als Beispiel für die Aufwertung bezüglich mehrerer dimensionsloser Produkte betrachten wir eine *Peltonturbine*. Verluste bei diesem Maschinentyp entstehen durch Reibung in den Düsen und becherförmigen Laufschaufeln. Die Freistrahlen beaufschlagen aber immer nur einen Teil der Laufschaufeln, d. h. die vom Strahl benetzte Fläche des Laufrades ist viel kleiner als bei anderen Maschinentypen und daher ist auch der Reibungseinfluß viel kleiner als bei anderen Maschinentypen. Der das Laufrad verlassende Strahl ist in mehr oder weniger große Tropfen aufgelöst, die unter dem Einfluß der Schwerkraft ins Unterwasser fallen, aber auf diesem Weg oft das Laufrad und, bei mehrdüsigen Maschinen, auch die Eintrittsstrahlen treffen. Neben den in (4.20) angegebenen physikalischen Größen tritt hier die Gravitationskonstante g gesondert auf und da die Tropfenbildung eine Folge der Kapillarspannung C ist, auch diese. Der (4.20) entsprechende Ausdruck lautet daher für eine Ausführung mit z Düsen

$$\mathrm{Fn}(z, \varrho g H, \dot{V}, n, \varrho, \eta, C, g, d) = 0 , \qquad (4.68)$$

und wir erwarten im $[LMT]$-System insgesamt sechs dimensionslose Produkte, von denen vier schon bekannt sind: ψ, φ, Re, z. Statt eine formale Berechnung der dimensionslosen Produkte durchzuführen, bedenken wir, daß jede der neu hinzugekommenen physikalischen Größen ein dimensionsloses Produkt einführt. Mit g wird die bereits bekannte Froudesche Zahl

$$Fr = \frac{(nd)^2}{gd} \tag{4.69}$$

eingeführt und mit C ein dimensionsloses Produkt, das als *Weber-Zahl*

$$We = \frac{\varrho (nd)^2 d}{C} \tag{4.70}$$

bekannt ist und als das Verhältnis von Trägheitskraft (pro Längeneinheit) zur Oberflächenspannung gedeutet werden kann. Von den in (4.68) angegebenen Größen hängt auch der Wirkungsgrad η_w in der Form

$$\eta_w = \mathrm{fn}(z, \varphi, \psi, Re, Fr, We) \tag{4.71}$$

ab. Statt der Druckzahl ψ wird im Zusammenhang mit Peltonturbinen die *spezifische Umfangsgeschwindigkeit*

$$K_u = \frac{1}{\sqrt{\psi}} = \frac{\pi\, n\, d}{\sqrt{2gH}} \tag{4.72}$$

benutzt, da der beste Wirkungsgrad in der Nähe des Punktes $K_u = 1/2$ angetroffen wird. (Dort ist die kinetische Energie des um 180 Grad umgelenkten austretenden Strahles gerade Null.) Wenn weiter die einzelnen Strahlen nicht interferieren, genügt es, die Düsenzahl z in die Durchflußzahl einzuarbeiten, so daß statt φ die spezifische Durchflußzahl

$$\varphi_B = \frac{\varphi}{z\sqrt{\psi}} \frac{d^2}{B^2} = \frac{4\dot{V}}{z\, \pi \sqrt{2gH}\, B^2} \tag{4.73}$$

entsteht, in der die Breite B der becherförmigen Laufschaufel als Bezugsgröße gewählt ist, was bei geometrisch ähnlichen Maschinen irrelevant ist aber den Zahlenwert natürlich ändert. In Verbindung mit Peltonturbinen, aber nicht nur dort, werden oft statt der von uns bisher benutzten Froude- und Weber-Zahl die Quadratwurzeln dieser Zahlen benutzt, und durch Kombination mit ψ, d/B erhalten wir die neuen Froude- und Weber-Zahlen, für die wir aber weiterhin dieselben Bezeichnungen beibehalten:

$$Fr = \left(\frac{2gH}{g\,B}\right)^{1/2} , \; We = \left(\frac{2gH\, \varrho\, B}{C}\right)^{1/2} . \tag{4.74}$$

Mit der in diesem Zusammenhang benutzten Reynolds-Zahl

$$Re = \frac{(2gH)^{1/2}\, \varrho\, B}{\eta} \tag{4.75}$$

schreiben wir den Wirkungsgrad in der allgemeinen Darstellung (GREIN et al. [1986])

$$\eta_w = \eta_w(K_u, \varphi_B, Re, Fr, We) \ . \tag{4.76}$$

Soll der Wirkungsgrad in Modell und Großausführung derselbe sein, so schließen wir aus der Gleichheit der in Frage stehenden dimensionslosen Produkte auf die fünf Beziehungen für die acht Maßstabsfaktoren

$$\frac{M_n M_d}{M_{gH}^{1/2}} = 1 \ , \quad \frac{M_{\dot V}}{M_{gH}^{1/2} M_d^2} = 1 \ , \quad \frac{M_{gH}}{M_g M_d} = 1 \ ,$$

$$\frac{M_{gH} M_\varrho M_d}{M_C} = 1 \ , \quad \frac{M_{gH}^{1/2} M_d M_\varrho}{M_\eta} = 1 \ , \tag{4.77}$$

da M_d/M_B bei geometrisch ähnlichen Maschinen gleich Eins ist. Werden Modell und Großausführung mit derselben Flüssigkeit betrieben, so sind bereits die drei frei wählbaren Maßstabsfaktoren vergeben: $M_\varrho = M_\eta = M_C = 1$. Man wird die Modellversuche natürlich im Erdschwerefeld ausführen müssen. Mit diesen Einschränkungen entstehen aus (4.77) die Gleichungen

$$\frac{M_n M_d}{M_{gH}^{1/2}} = 1 \ , \quad \frac{M_{\dot V}}{M_{gH}^{1/2} M_d^2} = 1 \ , \quad \frac{M_{gH}}{M_d} = 1 \ , \quad M_{gH} M_d = 1 \ , \quad M_{gH}^{1/2} M_d = 1 \ , \tag{4.78}$$

von denen noch eine wegen $M_g = 1$ aufgegeben werden muß, da ja schon über die drei frei wählbaren Faktoren verfügt wurde. Gleichgültig welche der Beziehungen verletzt wird, die restlichen vier sind nur zu erfüllen, wenn $M_d = 1$ gewählt wird, d. h. es ist kein Modellversuch möglich, und wenigstens noch ein weiteres dimensionsloses Produkt ist im Modell von der Großausführung verschieden.

Auf Reynolds- und Weber-Ähnlichkeit wird schon deshalb verzichtet, weil hierzu ein hohes Gefälle notwendig wäre. Aber auch die Froudesche Ähnlichkeit wird oft nicht beibehalten, weil es üblich ist, Peltonturbinen nicht aufzuwerten. In der Tat sehen die gültigen IEC-Regeln keine Wirkungsgradaufwertung für Peltonturbinen vor, und man beschränkt sich auf Ähnlichkeit bezüglich K_u und φ_B.

Wir führen nun statt der Froude-Zahl Fr und der Weber-Zahl We die linear unabhängigen Kombinationen

$$Fr^2 Re = \frac{(2gH)^{3/2} \varrho}{g\,\eta} \quad , \qquad Fr\, We = \frac{2gH\, \varrho^{1/2}}{C^{1/2} g^{1/2}}$$

ein und gewinnen damit den zu (4.76) völlig gleichwertigen Zusammenhang

$$\eta_w = \eta_w(K_u, \varphi_B, Re, Fr^2 Re, Fr\, We) \ . \tag{4.79}$$

Wählen wir wie vorher $M_\varrho = M_\eta = M_C = 1$ und außerdem $M_g = 1$ und geben die Reynolds-Ähnlichkeit auf, deren Einfluß bei Freistrahlturbinen besonders gering ist, so ergibt die Gleichheit der übrigen Produkte in (4.79) die vier Maßstabsgleichungen

$$\frac{M_n M_d}{M_{gH}^{1/2}} = 1 \ , \ \frac{M_{\dot V}}{M_{gH}^{1/2} M_d^2} = 1 \ , \ M_{gH}^{\frac{3}{2}} = 1 \ , \ M_{gH} = 1 \qquad (4.80)$$

für die vier verbleibenden Maßstabsfaktoren. Da aber die beiden letzten Gleichungen linear abhängig sind, kann ein weiterer Maßstabsfaktor frei gewählt werden. Mit $M_d = \kappa$ und $M_{gH} = 1$ ergibt sich $M_n = \kappa^{-1}$ und $M_{\dot V} = \kappa^2$. Also ist ein Modellversuch möglich, bei dem die dimensionslosen Produkte K_u, φ_B, $Fr^2 Re$, $Fr\, We$ dieselben Werte behalten wie in der Großausführung und daher der Wirkungsgrad η_w im Modell und Großausführung bis auf den geringen Reynolds-Zahl Einfluß gleich ist. In diesem Fall finden daher die z. Z. gültigen Regeln eine Rechtfertigung. Allerdings wird es nur selten möglich sein, in Modell und Großausführung tatsächlich dieselbe Fallhöhe zu realisieren. Peltonturbinen werden von Hause aus nur bei großen Gefällen eingesetzt, die sich in der Regel im Laboratorium nicht nachbilden lassen. In solchen Fällen wird man daher auch Peltonturbinen aufwerten müssen, in der Hauptsache bezüglich der Froude- und Weber-Zahl, u. U. aber auch bezüglich der Reynoldsschen Zahl.

Eine besondere Schwierigkeit bei hydraulischen Maschinen entsteht, weil sich geometrische Ähnlichkeit bezüglich der Oberflächenrauhigkeit nicht verwirklichen läßt. Wie aus der Rohrströmung bekannt ist, macht sich die Oberflächenrauhigkeit bemerkbar, wenn die Rauhigkeitserhebungen aus der viskosen Unterschicht herausragen (siehe auch Kapitel 6). Daher ist kein nennenswerter Einfluß feststellbar, wenn die Erhebungen kleiner sind als die viskose Unterschicht, deren Dicke von der Reynolds-Zahl abhängt. Man spricht dann von einer hydraulisch glatten Wand, wenn für die schon in Kapitel 3 eingeführte relative Rauhigkeit (nach DIN: relative Rauheit) die Ungleichung $k/l < 100/Re$ gilt, in der die Reynoldssche Zahl mit der typischen Länge l gebildet ist. In diesem Fall hängt der Wirkungsgrad nicht von der relativen Rauhigkeit ab, und es gilt weiterhin Gleichung (4.42). Falls die Rauhigkeitserhebungen sehr viel größer sind, bezeichnet man die Oberfläche als vollkommen rauh. Der Wirkungsgrad einer Maschine, deren benetzte Flächen völlig rauh sind, hängt von der Reynolds-Zahl nicht ab. Die Verluste haben dann den Charakter von Ablöseverlusten oder *Trägheitsverlusten*, die, wie bereits besprochen, von der Reynolds-Zahl unabhängig sind. An die Stelle der Gleichung (4.42) tritt dann der Zusammenhang

$$\eta_w = \eta_w(\varphi, k/l) \ . \qquad (4.81)$$

Im Zwischenbereich aber hängt der Wirkungsgrad sowohl von der Reynoldsschen Zahl als auch von der relativen Rauhigkeit ab:

$$\eta_w = \eta_w\,(\varphi, Re, k/l) \ . \tag{4.82}$$

Diese Form reduziert sich natürlich auf (4.42), wenn das Produkt k/l in Modell und Großausführung dasselbe ist, und das bisher Gesagte, insbesondere Gleichung (4.60), gilt weiterhin.

Es liegt nun auf der Hand, im gegenteiligen Fall zuerst den Wirkungsgrad der Modellmaschine η'_w auf die Rauhigkeit der Großausführung umzurechnen, also die Rauhigkeit der Modellmaschine auf den entsprechenden Wert der Großmaschine zu bringen, damit die bisherigen Aufwertformeln anwendbar bleiben. Bei genügend kleinem Unterschied der relativen Rauhigkeit läßt sich die k/l-Aufwertung wieder durch das erste Glied der Taylor-Entwicklung bewältigen. Wenn wir der Übersicht halber als Symbol für die relative Rauhigkeit der Großausführung $\kappa_r = k/l$ und für die Modellmaschine $\kappa'_r = (k/l)'$ verwenden, so gilt

$$\eta'_w(\kappa_r) - \eta'_w(\kappa'_r) \ = \ \frac{\partial \eta'_w(\kappa'_r)}{\partial \kappa_r}\,(\kappa_r - \kappa'_r) \ , \tag{4.83}$$

wobei $\eta'_w(\kappa_r)$ der auf die Rauhigkeit der Großmaschine umgerechnete Wirkungsgrad der Modellmaschine ist. Sofern zwei Werte von η'_w bei verschiedenen Werten von κ'_r vorliegen, kann der Differentialquotient durch den Differenzenquotienten approximiert werden. Ansonsten kann man versuchen, eine Abschätzung aus den Reibungsbeiwerten für die Platte oder das Rohr zu erhalten. Dazu bilden wir aus (4.29)

$$1 - \eta_w = \frac{N_v}{P} \ , \tag{4.84}$$

wenn N_v die Verlustleistung ist, und erhalten bei festem P bzw. bei Vernachlässigung von Gliedern zweiter Ordnung in $(1-\eta_w)^2$,

$$-\,\mathrm{d}\eta_w = \frac{\mathrm{d}N_v}{P} = (1-\eta_w)\frac{\mathrm{d}N_v}{N_v} \ . \tag{4.85}$$

Gleichung (4.85) beinhaltet die Annahme, daß bei Rauhigkeitsänderung die Verlustleistung viel stärker beeinflußt wird als die Leistung selbst. Nimmt man nun an, daß die relative Änderung der Verlustleistung durch die relative Änderung des Reibungsbeiwertes c_f (oder der Widerstandszahl λ) erfolgt, so entsteht die Gleichung

$$\mathrm{d}\eta_w = -(1-\eta_w)\frac{\mathrm{d}c_f}{c_f} \ , \tag{4.86}$$

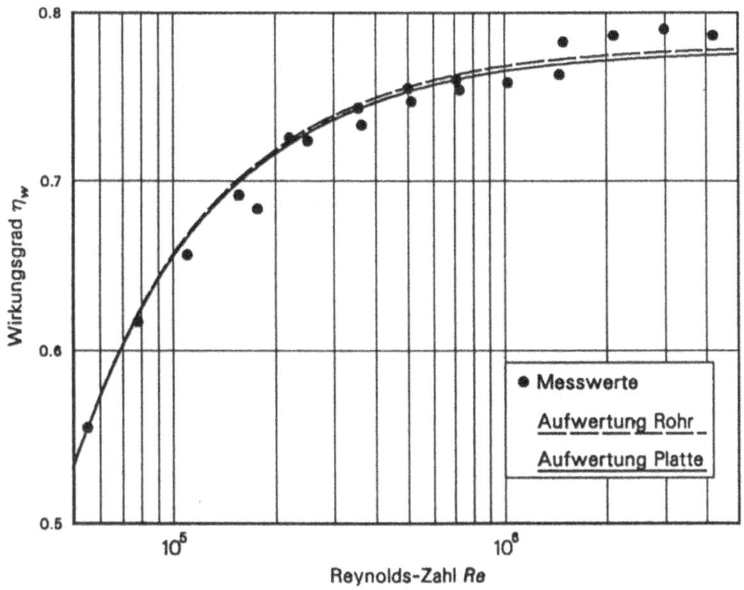

Abb. 4.9. Meßwerte von ROTZOLL [1958] und Wirkungsgradaufwertung mit Rohr- und Plattenströmung

die zur Berechnung des Differentialquotienten in (4.83) angewendet

$$\frac{\partial \eta_w'}{\partial \kappa_r'} = -(1 - \eta_w') \frac{\partial c_f(\kappa_r')}{\partial \kappa_r} \frac{1}{c_f} \tag{4.87}$$

ergibt. Der hier auftretende Differentialquotient kann aus der entsprechenden Formel (Platte bzw. Rohr) für den Reibungsbeiwert $c_f(k/l, Re)$ oder aus einer graphischen Darstellung gewonnen werden. Die Auswahl wird sich danach richten, welche der beiden Strömungen der Strömung in der Maschine am nächsten kommt, da ja weder eine ausgebildete Rohrströmung noch eine Plattenströmung in der Maschine tatsächlich realisiert wird. Bei hochwertigen Maschinen werden oft Großausführungen so weit bearbeitet, daß sie als hydraulisch glatt gelten können, d. h. die Rauhigkeit genügt der angesprochenen Bedingung $k < 100 * l/Re$.

Man kann selbstverständlich auch die Reynolds-Zahl-Aufwertung nach (4.66) ermitteln, indem man $\partial \eta_w / \partial Re^{-1}$ mit der Formel (4.86) bildet. Schließlich lassen sich auch beide Aufwertungen gemäß

$$\eta_w = \eta_w(\kappa_r', Re') + \frac{\partial \eta_w(\kappa_r', Re')}{\partial(1/Re)} (1/Re - 1/Re') + \frac{\partial \eta_w(\kappa_r', Re')}{\partial \kappa_r} (\kappa_r - \kappa_r') \tag{4.88}$$

zusammenfassen. Allerdings ist die Wahl der typischen Länge in der Reynolds-Zahl nicht eindeutig. Nur wenn es gelingt, eine für die spezielle Maschine in diesem Sinne relevante typische Länge festzulegen, kann die Aufwertung nach diesen Vorschlägen erfolgen. In Abb. 4.9 sind die Meßwerte von ROTZOLL [1958], die ja alle von derselben Maschine stammen (d. h. $\kappa_r' = \kappa_r$), mit der Aufwertung nach (4.88) verglichen. Der Differentialquotient ist dabei einmal mit der Widerstandsformel für turbulente Strömung in glatten Rohren berechnet worden, wobei die Reynolds-Zahl mit einem hydraulischen Durchmesser $0.4D$ gebildet ist. Als „Modellmaschine" dient hier die Messung bei $Re = 5.5 * 10^4$. Die andere Kurve zeigt die Aufwertung mit dem Reibungsbeiwert der Plattenströmung und einer mit dem Außendurchmesser D der Kreiselpumpe gebildeten Reynolds-Zahl. Dabei ist nach der Blasius-Formel für die ebene Platte in laminarer Strömung bis zur Reynolds-Zahl $Re = 2.2 * 10^5$ aufgewertet worden und von dieser Reynolds-Zahl ab mit den Widerstandsbeiwerten der glatten Platte nach Prandtl (SCHLICHTING [1979], Tabelle 21.1, S. 642). Der auffällig geringe Unterschied zwischen den in Abb. 4.9 dargestellten Aufwertungen läßt sich leicht einsichtig machen, wenn man zunächst (4.88) mit (4.86) (der Übersichtlichkeit halber für $\kappa_r = \kappa_r'$) voll ausschreibt

$$\eta_w = \eta_w(Re') + [1 - \eta_w(Re')] \frac{\partial c_f(Re')}{\partial(1/Re)} \frac{1}{c_f(Re')} \frac{1}{Re'} \left(1 - \frac{Re'}{Re}\right) . \tag{4.89}$$

Die für die Aufwertung maßgeblichen Faktoren

$$(Fa)_{Platte} = \frac{1}{c_f} \frac{\partial c_f}{\partial(1/Re)} \frac{1}{Re'} \tag{4.90}$$

und

$$(Fa)_{Rohr} = \frac{1}{\lambda} \frac{\partial \lambda}{\partial(1/Re)} \frac{1}{Re'} \tag{4.91}$$

sind in Abb. 4.10 und Abb. 4.11 aufgetragen. (Für $\kappa_r \neq 0$ sind die Kurven in Abb. 4.10 aus einer graphischen Darstellung des Widerstandsgesetzes numerisch ermittelt worden und daher nur qualitativ zu verwenden. In diesem Zusammenhang weisen wir darauf hin, daß die Extrapolation (4.89) nur sinnvoll ist über Reynolds-Zahlbereiche, in denen sich die Faktoren Fa nur wenig und nur monoton ändern.) Für $\kappa_r = 0$ unterscheiden sich die entsprechenden Kurven in Abb. 4.10 und Abb. 4.11 nur wenig, was die angesprochene Unempfindlichkeit erklärt. Eine Abhängigkeit von der Wahl der typischen Länge in der Reynolds-Zahl ergibt sich nur durch die explizite Abhängigkeit der Faktoren Fa von der Reynolds-Zahl, da bei geometrisch ähnlichen Maschinen das Verhältnis Re'/Re in (4.89) von der Wahl der Bezugslänge unabhängig ist. Bei einem Widerstandsgesetz in Potenzform, etwa

$$c_f = const * Re^{\alpha} , \tag{4.92}$$

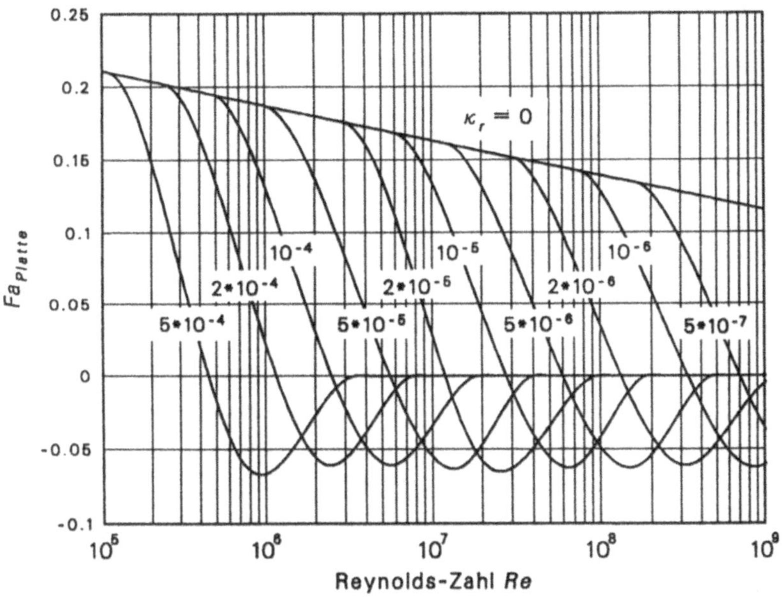

Abb. 4.10. Aufwertfaktor (4.90) ermittelt aus dem Widerstandsgesetz sandrauher Platten mit $\kappa_r = k/l$ (SCHLICHTING [1979])

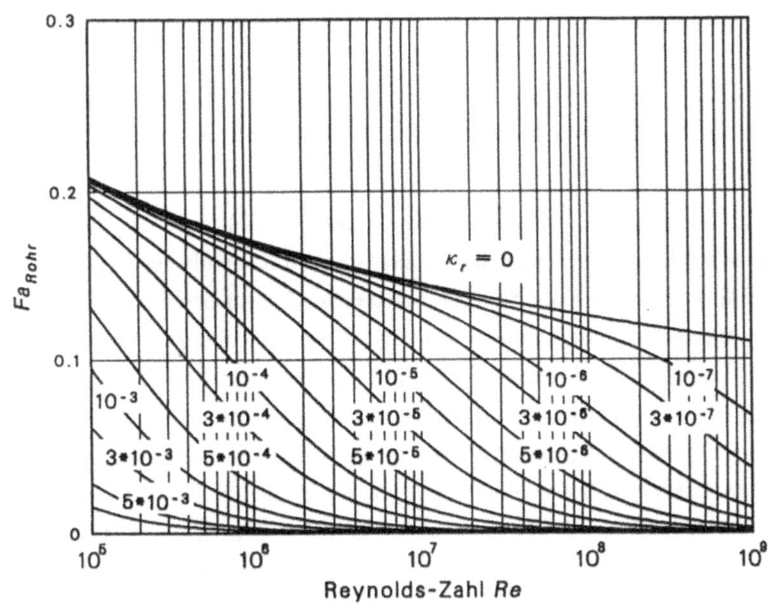

Abb. 4.11. Aufwertfaktor (4.91) berechnet aus der Widerstandsformel für Rohre nach Colebrooke mit $\kappa_r = k/(2R)$

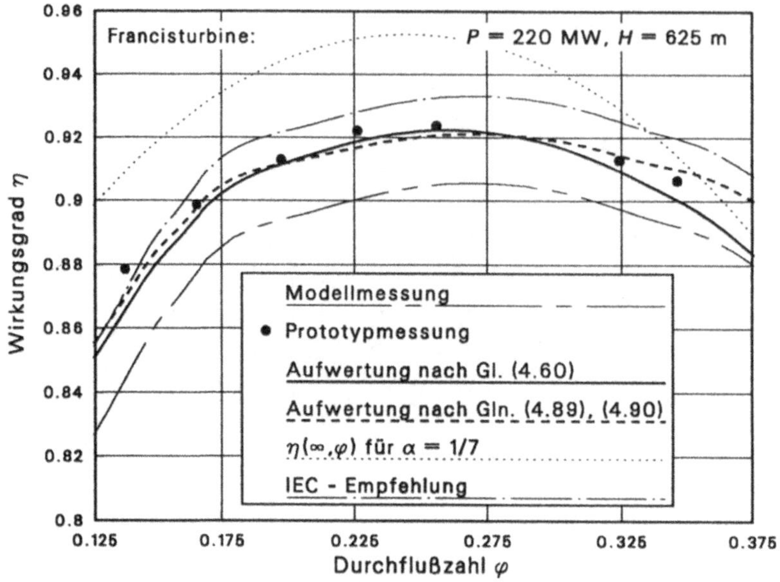

Abb. 4.12. Vergleich der Aufwertungen für eine Francisturbine (Messwerte mit freundlicher Genehmigung der Sulzer Escher Wyss AG, Zürich)

ergibt sich der Aufwertfaktor zu

$$Fa = \alpha \tag{4.93}$$

und hängt daher im selben Maße von der Reynolds-Zahl ab, wie der Exponent im Potenzgesetz.

Abschließend sei mitgeteilt, daß die Aufwertformeln (4.60) und (4.89) anhand von gemessenen Wirkungsgradverläufen für Modell und Großausführungen getestet werden konnten. Bei Pumpen und als Pumpen betriebenen Pumpturbinen ergab die Auswertung einer Vielzahl von Maschinen einen von φ fast unabhängigen Verlauf $\eta_w(\infty, \varphi) = 0.95$ bei $\alpha = 1/7$. Für Francisturbinen und als Turbinen betriebene Pumpturbinen konnte ein eindeutiger Zusammenhang $\eta_w(\infty, \varphi/\varphi_{opt})$ festgestellt werden, allerdings mit größerer Streuung. Der „optimale Wert" φ_{opt} ist hier der Wert, für den der höchste Wirkungsgrad angetroffen wird und ist aus Messungen an der Modellmaschine bekannt. Insgesamt führt beim Vergleich, der auch mehrstufige Maschinen umfaßte, Gleichung (4.60) auf eine zufriedenstellende Aufwertung. Die Aufwertung nach (4.89) ergab meistens eine etwas zu geringe Aufwertung, allerdings arbeitet Gleichung (4.89) auch ohne Rückgriff auf Experimente. Repräsentative Aufwertungen sind in Abb. 4.12 für eine Francisturbine und in Abb. 4.13 für eine Pumpe dargestellt (BUTTENBENDER [1991]).

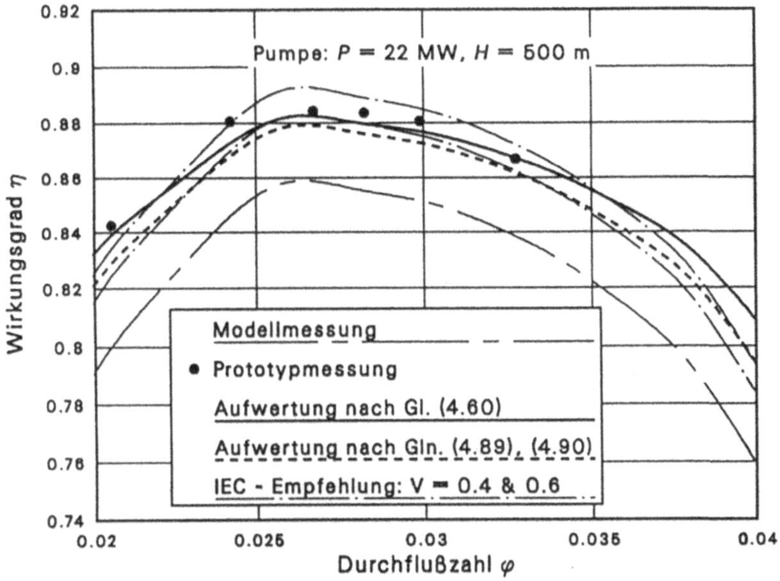

Abb. 4.13. Vergleich der Aufwertungen für eine zweistufige Radialpumpe (Messwerte mit freundlicher Genehmigung der Sulzer Escher Wyss AG, Zürich)

4.2.5 Kavitation

Im bisher besprochenen Betriebsverhalten hydraulischer Maschinen spielt das Druckniveau, d. h. die Größe des Druckes, keine Rolle, was überhaupt bei allen inkompressiblen Strömungen der Fall ist. Bedeutung haben nur Druckdifferenzen, wie es durch das Gefälle, d. h. die (Gesamt-) Druckdifferenz bzw. durch die entsprechenden dimensionslosen Produkte zum Ausdruck kommt.

Eine andere Situation ergibt sich aber, wenn im Strömungsfeld der Dampfdruck der Flüssigkeit unterschritten wird. Die Flüssigkeit beginnt zu verdampfen und es bilden sich Blasen, die allein schon durch ihre Anwesenheit, d. h. den durch sie verursachten Volumenzuwachs, das Strömungsfeld und damit auch die Kennlinien verändern. Außerdem können die Blasen implodieren, wenn sie beim Weiterströmen in Gebiete höheren Druckes gelangen. Die dabei auftretenden hohen Drücke belasten das Wandmaterial dynamisch, was schon nach kurzer Zeit zu erheblichen Materialschädigungen führen kann.

Die Gesamtheit der Vorgänge bezeichnet man als Kavitation, wenn auch im engeren Sinne oft nur die Blasenbildung gemeint ist.

Zur Blasenbildung kann es auch schon kommen, wenn die im Wasser absorbierte Luft in den Unterdruckgebieten aus der Lösung geht, wie es durch das Henrysche Gesetz beschrieben wird. Dann können Blasen auch schon vor Erreichen des Dampfdruckes entstehen.

Die Entstehung der Blasen setzt voraus, daß Kavitationskeime, meistens in Form von mikroskopischen Teilchen oder Bläschen, im Wasser vorhanden sind. Wir gehen hier aber nicht auf die Entstehung oder das Blasenwachstum ein, sondern begnügen uns mit der Feststellung, daß in unbehandeltem Wasser genügend Keime zur Verfügung stehen und daß die Kavitation in der Regel bei Unterschreiten des Dampfdruckes einsetzt. Dann treten als weitere physikalische Größen, welche das Betriebsverhalten hydraulischer Maschinen beeinflussen, der Dampfdruck p_d und ein weiterer Druck auf, der das Druckniveau charakterisiert. Obwohl diese beiden Drücke Anlaß zu zwei dimensionslosen Größen geben, genügt es in der Praxis, nur die Druckdifferenz bzw. die sich damit ergebende dimensionslose Größe zu berücksichtigen. Wir sehen darin aber eine über die Dimensionsanalyse hinausgehende Erkenntnis.

Den Ausdruck

$$H_a = \frac{p_0 - p_d}{\varrho g} , \tag{4.94}$$

in dem p_0 der Umgebungsdruck ist, bezeichnet man als *barometrische Saughöhe*. Mit der *geodätischen Saughöhe* H_s (z. B. Abstand des Unterwassers zum Saugstutzen einer Pumpe) und der Fallhöhe H gewinnen wir die dimensionslose Größe

$$Th = \frac{H_a - H_s}{H} , \tag{4.95}$$

die als *Thoma-Zahl* bezeichnet wird. Beim Überschreiten einer bauartabhängigen kritischen Thoma-Zahl besteht für die betreffende Maschine Kavitationsgefahr. Die so eingeführte kritische Thoma-Zahl ist eine Erfahrungsgröße und nimmt für verschiedene Bauarten ganz unterschiedliche Werte an, was hauptsächlich auf die Wahl der Fallhöhe als Bezugsgröße zurückzuführen ist. Die Fallhöhe hat außerdem keinen direkten Einfluß auf die Kavitation. Eine anschaulichere und auch allgemeiner anwendbare Kennzahl erhalten wir, wenn wir in (4.95) bzw. (4.94) den Umgebungsdruck des Unterwassers mit der Bernoullischen Gleichung (4.17)

$$p_0 = p_1 + \varrho u_1^2/2 + \varrho g H_s$$

ersetzen und statt des Gefälles $\varrho g H$ den Staudruck $\varrho u_1^2/2$ als Bezugsgröße verwenden. Die entstehende Beziehung

$$1 + \frac{p_1 - p_d}{\varrho/2\, u_1^2} = 1 + \sigma \tag{4.96}$$

führt die *Kavitationszahl* σ ein, die ebenfalls als Thoma-Zahl bezeichnet.

Diese Größe tritt bei Kavitationsgefährdung als neue Veränderliche in den Zusammenhang (4.42) ein. Geometrisch ähnliche Maschinen haben bei gleicher Kavitationszahl denselben Wirkungsgrad. Im übrigen nimmt der Wirkungsgrad bei einsetzender Kavitation nicht unbedingt ab, sondern steigt u. U. zunächst an, weil im Kavitationsgebiet die Schubspannungen kleiner werden. Mit zunehmender Kavitation aber nehmen die Verluste zu, Wirkungsgrad und Förderhöhe fallen ab.

Wegen der bereits angesprochenen Zerstörung der Oberflächen wird man Kavitation zu vermeiden suchen, wofür die notwendige Bedingung $\sigma > 0$ lautet. Die maximal zulässige Saughöhe H_s ergibt sich mit (4.96) und der Bernoullischen Gleichung aus der Beziehung

$$\varrho g H_s = p_0 - p_d - (1+\sigma)\varrho \frac{u_1^2}{2} , \tag{4.97}$$

die zeigt, daß H_s auch negativ werden kann.

Die Kavitationszahl σ behält auch ihre Bedeutung, wenn p_1 nicht der Druck im Saugrohr, sondern allgemeiner der Druck ist, bei dem die Geschwindigkeit u_1 angetroffen wird. Wird ein Profil mit der Geschwindigkeit u_1 im Unendlichen angeströmt, so folgt für die maximal zulässige Geschwindigkeit am Profil unter Benutzung der Bernoullischen Gleichung

$$\frac{u_{max}^2}{u_1^2} - 1 < \frac{p_1 - p_d}{\varrho/2\, u_1^2} = \sigma \tag{4.98}$$

oder

$$\sigma + 1 > \frac{u_{max}^2}{u_1^2} , \tag{4.99}$$

was bedeutet, daß nur geringe Übergeschwindigkeiten zulässig sind. Wenn an Schiffsschrauben Werte von $\sigma = 0.2$ erreicht werden, so ergibt sich die höchstzulässige Spitzengeschwindigkeit bei Atmosphärendruck und 20 Grad Celsius Wassertemperatur ($p_1 = 1.013 * 10^5\,\mathrm{N/m^2}$, $p_d = 0.025\,\mathrm{N/m^2}$) zu $u_1 = 31.4\,\mathrm{m/s}$. Die geringen Übergeschwindigkeiten verlangen schwach belastete Profile, was im allgemeinen auf kleine Anstellwinkel und geringe Wölbung hinausläuft. Der vorgegebene Schub erfordert dann breite Flügelblätter. Unter Umständen nimmt man aber auch Kavitation in Kauf und gestaltet die Schrauben so, daß die Blasen nicht auf der Propellerfläche zusammenfallen.

4.3 Kennlinien bei kompressibler Strömung

Mit Ausnahme der Kavitation, die ja nur bei tropfbaren Flüssigkeiten auftreten kann, gelten die bisher besprochenen Ähnlichkeitsgesetze hydraulischer Maschinen unverändert auch für Maschinen, die Flüssigkeiten im allgemeinen Sinne, also auch Gase, fördern, solange nur der Einfluß der Kompressibilität vernachlässigbar ist.

Wir besprechen nun die Einflüsse auf die Kennlinien, wenn dies nicht länger zutreffend ist, also die Dichte am Eintritt sich von der Dichte am Austritt der Maschine deutlich unterscheidet. Zur Veranschaulichung betrachten wir wieder den Verdichter, aber alle prinzipiellen Ergebnisse lassen sich auch hier auf Kraftmaschinen übertragen. Wir schließen Fremderwärmung aus und ebenso Dichteänderung als Folge der Volumenkraft (letztere ist hier und in praktisch allen Ingenieursanwendungen vernachlässigbar). Der Eigenerwärmung durch Dissipation der Verlustleistung wird bereits durch den inneren Wirkungsgrad Rechnung getragen. Die kennzeichnende Zustandsgröße für die durch Druckänderungen verursachten Dichteänderungen ist die Schallgeschwindigkeit, die auf das bereits bekannte dimensionslose Produkt, die Mach-Zahl M führt. In der Tat, bei allen stationären Strömungen unter obigen Einschränkungen, ist die Bedingung $M^2 \ll 1$ hinreichend für Annahme inkompressibler Strömung.

Im anderen, hier interessierenden Fall, tritt die Mach-Zahl als zusätzliche Veränderliche in den Kennlinien auf (etwa in (4.41) und (4.42)). Man kann eine Referenz-Mach-Zahl in die angesprochenen Beziehungen einführen, z. B. die Mach-Zahl gebildet mit der Umfangsgeschwindigkeit und der Schallgeschwindigkeit am Eintritt oder Austritt, je nach Zweckmäßigkeit, oft aber mit der Schallgeschwindigkeit im Ruhezustand. Diese Mach-Zahl ist repräsentativ für den Mach-Zahl-Verlauf längs des Verdichtungsweges, was im allgemeinen aber nur bei denselben Maschinen, beim selben Fördermedium und demselben Referenzzustand sichergestellt ist! Daher gelten die Kennlinien zunächst auch nur für ein und dasselbe Fördermedium. Bei einem zweiten Fördermedium wird bei gleicher Referenz-Mach-Zahl der Mach-Zahl-Verlauf nur dann derselbe sein, wenn die thermodynamischen Zustandsänderungen Ähnlichkeit besitzen, ansonsten ist die Ähnlichkeit bezüglich des Mach-Zahl-Verlaufs gestört.

Wir haben bereits gezeigt (Abschnitt 2.1), daß der wichtigste Fall thermodynamischer Ähnlichkeit das kalorisch ideale Gas betrifft, auf das wir uns hier im weiteren beschränken. Zwei verschiedene Gase mit demselben (konstanten) Verhältnis spezifischer Wärmen γ sind thermodynamisch ähnlich und haben bei derselben Referenz-Mach-Zahl denselben Mach-Zahl-Verlauf (wenn auch die anderen Größen, z. B. in (4.41), konstant sind). Daher lassen sich die Kennlinien auf alle kalorisch idealen Gase durch Hinzunahme des Verhältnisses der spezifischen Wärmen γ als Veränderliche ausdehnen. Aus (4.41) und (4.42) entstehen dann

$$\psi = \psi(\varphi, Re, M, \gamma) \tag{4.100}$$

und

$$\eta_w = \eta_w(\varphi, Re, M, \gamma) \tag{4.101}$$

für dieselben bzw. geometrisch ähnliche Maschinen.

Die Druckziffer ψ bilden wir wieder mit der Differenz der Bernoullischen Konstanten. Aus der Form der Bernoullischen Gleichung für kompressible Strömung

$$\frac{u^2}{2} + P = C \tag{4.102}$$

ergibt sich diese Differenz zu

$$gH = C_2 - C_1 = \frac{u_2^2}{2} - \frac{u_1^2}{2} + P_2 - P_1 \, , \tag{4.103}$$

in der wir die Druckfunktion

$$P = \int \mathrm{d}p/\varrho \tag{4.104}$$

mit der *Isentropenbeziehung* $p = C\,\varrho^\gamma$ zu

$$P = \frac{\gamma}{\gamma - 1}\frac{p}{\varrho} \tag{4.105}$$

ermitteln. Der Ausdruck

$$\psi = \frac{2gH}{\pi^2 n^2 d^2} = \frac{2}{\pi^2 n^2 d^2}\left[\frac{u_2^2 - u_1^2}{2} + \frac{\gamma}{\gamma - 1}\left(\frac{p_2}{\varrho_2} - \frac{p_1}{\varrho_1}\right)\right] \tag{4.106}$$

für die Druckziffer geht für inkompressible Strömung in den bereits bekannten Ausdruck über. Dieser inkompressible Grenzfall wird für Gase aus der für kleine $\Delta p/p$ gültigen Beziehung

$$\frac{\Delta\varrho}{\varrho_2} = \frac{1}{\gamma}\frac{\Delta p}{p_2} \tag{4.107}$$

(die aus der logarithmischen Ableitung der Isentropenbeziehung entsteht) und der Identität erhalten.

$$\frac{p_2}{\varrho_2} = \frac{p_2}{\varrho_1}\left(1 - \frac{\Delta\varrho}{\varrho_2}\right) \tag{4.108}$$

Die für tropfbare Flüssigkeiten gültige Zustandsgleichung

$$\varrho = const \tag{4.109}$$

entsteht aus der Isentropenbeziehung bei beliebigem p nur für $\gamma \to \infty$, womit die inkompressible Form unmittelbar aus (4.106) gewonnen wird. Mit $\gamma \to \infty$ strebt auch die Mach-Zahl gegen Null und daher verschwinden für den Grenzfall schon aus diesem Grund die Veränderlichen γ und M aus den Relationen (4.100) und (4.101).

Wenn die Differenz der kinetischen Energie (pro Masse) gegenüber der Differenz der Druckfunktion vernachlässigbar ist, erhalten wir statt (4.103)

$$gH = \frac{\gamma}{\gamma - 1}\frac{p_1}{\varrho_1}\left(\frac{p_2}{p_1}\frac{\varrho_1}{\varrho_2} - 1\right) \tag{4.110}$$

oder mit der thermischen Zustandsgleichung $p = \varrho RT$ auch

$$gH = \frac{\gamma}{\gamma - 1}R(T_2 - T_1) = c_p(T_2 - T_1)\ . \tag{4.111}$$

In (4.110) ist noch das Dichteverhältnis ϱ_1/ϱ_2 aus der Isentropenbeziehung durch das Druckverhältnis zu ersetzen, um die sogenannte *Druckänderungsarbeit*

$$gH = \frac{\gamma}{\gamma - 1}\frac{p_1}{\varrho_1}\left[\left(\frac{p_2}{p_1}\right)^{\frac{\gamma-1}{\gamma}} - 1\right] \tag{4.112}$$

zu erhalten. Diese isentrope Druckänderungsarbeit ist natürlich kleiner als die der Flüssigkeit zugeführte Arbeit (pro Masse), die wir erhalten, wenn in (4.110) oder (4.111) die am Austritt gemessenen Zustandsgrößen $p_2^* = p_2$ und ϱ_2^* bzw. T_2^* eingesetzt werden. Damit ergibt sich im Einklang mit (4.29) der innere Wirkungsgrad zu

$$\eta_w = \frac{T_2 - T_1}{T_2^* - T_1}\ . \tag{4.113}$$

Ergänzend bemerken wir, daß neben dem inneren Wirkungsgrad η_w zuweilen auch der *polytrope Wirkungsgrad* η_{pol} verwendet wird, der entsteht, wenn im Verhältnis, das zu Gleichung (4.113) führt, statt der isentropen Druckänderungsarbeit die polytrope Druckänderungsarbeit

$$(gH)_{pol} = \frac{n}{n - 1}\frac{p_1}{\varrho_1}\left[\left(\frac{p_2}{p_1}\right)^{\frac{n-1}{n}} - 1\right] \tag{4.114}$$

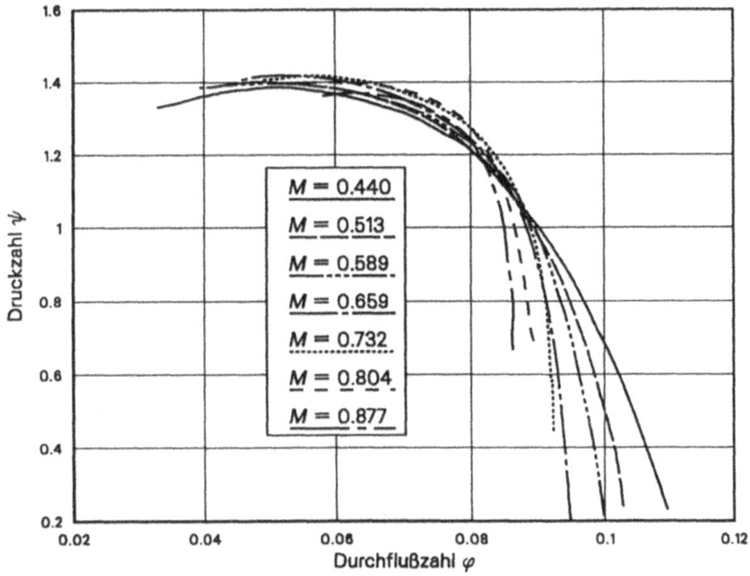

Abb. 4.14. Druckziffer als Funktion der Durchflußzahl mit Machzahl als Scharparameter (berechnet aus ECKERT und SCHNELL [1980])

eingesetzt wird. Die *polytrope Zustandsänderung* folgt der Beziehung

$$\frac{p_2}{p_1} = \left(\frac{\varrho_2^*}{\varrho_1}\right)^n = \left(\frac{T_2^*}{T_1}\right)^{\frac{n}{n-1}} , \tag{4.115}$$

wobei ϱ_2^*, T_2^* gemessene Zustandsgrößen sind und der dann unbekannte *Polytropenexponent* aus (4.115) gemäß

$$\frac{n-1}{n} = \frac{\ln\left(T_2^*/T_1\right)}{\ln\left(p_2/p_1\right)} \tag{4.116}$$

berechnet wird. Mit (4.115) schreiben wir die polytrope Druckänderungsarbeit in der Form

$$(gH)_{pol} = \frac{n}{n-1} R\left(T_2^* - T_1\right) \tag{4.117}$$

und gewinnen den polytropen Wirkungsgrad zu

$$\eta_{pol} = \frac{n}{n-1}\,\frac{\gamma-1}{\gamma} . \tag{4.118}$$

Da mit den starken Druckänderungen bei kompressibler Strömung hohe Geschwindigkeiten einhergehen, sind die Reynoldsschen Zahlen so groß, daß ihr Einfluß auf Druckziffer und Wirkungsgrad oft verschwindet. Das Kennfeld

$$\psi = \psi(\varphi, M, \gamma) \tag{4.119}$$

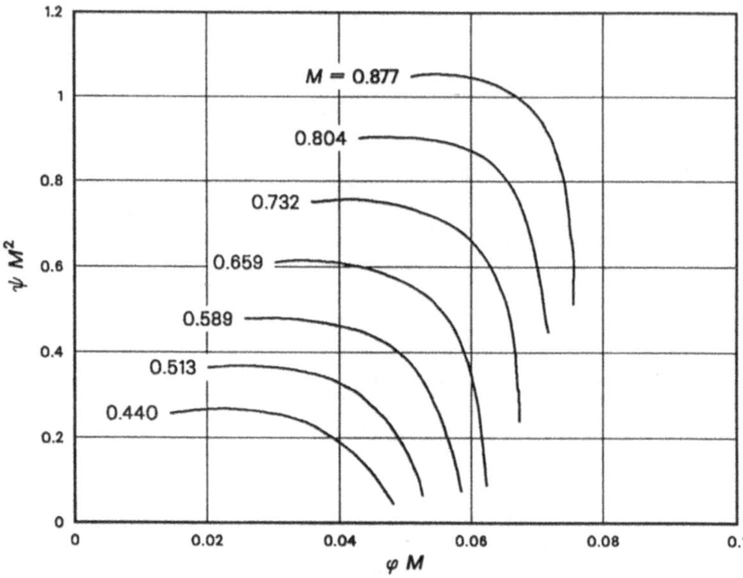

Abb. 4.15. Kennlinie von Abb. 4.14 mit zweckmäßigerer Wahl der dimensionslosen Produkte (berechnet aus ECKERT und SCHNELL [1980])

läßt sich daher als eine Schar von Kurven $\psi = \psi(\varphi)$ mit M als Scharparameter bei festem γ darstellen (siehe Abb. 4.14). Man erkennt, daß wichtige Bereiche der Kennlinien unabhängig von M sind; erst bei großen Durchflußzahlen tritt der Einfluß der Mach-Zahl hervor. Will man diesen Einfluß deutlicher hervorheben, empfiehlt sich die Bildung neuer linear unabhängiger Produkte. Die Gestalt des Ausdruckes für die Druckänderungsarbeit legt das neue Produkt ψM^2 statt ψ nahe: Mit der Schallgeschwindigkeit für kalorisch ideale Gase und (4.112) gewinnen wir die Druckziffer in der Form

$$\frac{2gH}{\pi^2 n^2 d^2} = \frac{2}{\gamma - 1} \frac{a_1^2}{\pi^2 n^2 d^2} \left[\left(\frac{p_2}{p_1} \right)^{\frac{\gamma-1}{\gamma}} - 1 \right] \tag{4.120}$$

und daraus

$$\psi M^2 = \frac{2}{\gamma - 1} \left[\left(\frac{p_2}{p_1} \right)^{\frac{\gamma-1}{\gamma}} - 1 \right] . \tag{4.121}$$

Letztere Form macht auch deutlich, weshalb oft das Druckverhältnis p_2/p_1 statt ψM^2 benutzt wird. Mit der Wahl von ψM^2 ersetzt man auch φ durch φM und erhält die (4.119) dimensionsanalytisch äquivalente Beziehung

$$M^2 \psi = \mathrm{fn}(\varphi M, M, \gamma) , \tag{4.122}$$

die für die graphische Darstellung besser geignet ist (siehe Abb. 4.15). Sie gilt für geometrisch ähnliche Maschinen bei allen Betriebsbedingungen und für kalorisch ideales Gas mit festem aber beliebigem γ. In den neuen Veränderlichen schreiben wir den inneren Wirkungsgrad

$$\eta_w = \eta_w(\varphi\, M, M, \gamma)\ . \tag{4.123}$$

Für festes η_w denkt man sich diese Beziehung nach M aufgelöst und erhält formal Linien gleichen Wirkungsgrades in der $\psi\, M^2$-$\varphi\, M$-Ebene, wenn man M in (4.122) einsetzt.

Eine gegebenenfalls erforderliche Aufwertung bezüglich der Reynoldsschen Zahl kann bei gleicher Mach-Zahl und gleichem φ nach den Regeln des Abschnittes 4.2 erfolgen.

5 Gleitlager

Es ist eine bekannte, wenn auch in der Öffentlichkeit wenig beachtete Tatsache, daß ein erheblicher Teil (etwa 30%) der weltweit produzierten Energie durch Reibung dissipiert wird und damit für mechanische Arbeit nicht mehr verfügbar ist. Aber nicht nur aus diesem Grund steht das Problem der Schmiermittelreibung im Interesse der Ingenieure, sondern genauso aus Gründen der Lebensdauer und Betriebssicherheit von Maschinen. Zur Entwicklung und wissenschaftlichen Durchdringung dieses Gebietes haben von Anfang an Dimensionsbetrachtungen einen entscheidenden Beitrag geleistet. Die theoretischen Grundlagen der hydrodynamischen Schmierung hat REYNOLDS [1886] mit der nach ihm benannten *Reynoldsschen Gleichung* gelegt, die sich aus den Navier-Stokesschen Gleichungen unter der grundlegenden Voraussetzung

$$\alpha\, Re \ll 1\,; \qquad \alpha \ll 1$$

ergibt. Hierin ist α eine typische Neigung der Gleitflächen zueinander, und die Reynolds-Zahl ist gebildet mit der Höhe des Schmierspaltes.

Wir werden als konkreten und wichtigen Anwendungsfall das Zapfen- oder Radiallager im Auge haben, dessen wichtigste geometrische Größen wir Abb. 5.1 entnehmen. Mit der Reynoldsschen Gleichung

$$\frac{\partial}{\partial x}\left(\frac{h^3}{\eta}\frac{\partial p}{\partial x}\right) + \frac{\partial}{\partial z}\left(\frac{h^3}{\eta}\frac{\partial p}{\partial z}\right) = 6\frac{\partial(U\,h)}{\partial x}, \tag{5.1}$$

in der x die Koordinate in Umfangsrichtung und z die Koordinate in axialer Richtung ist, werden die physikalischen Größen Zähigkeit η, Umfangsgeschwindigkeit des Zapfens U und Höhe des Schmierspaltes h eingeführt. Weitere physikalische Größen können noch über Randbedingungen eingeführt werden. Inhomogenität der Viskosität erfordert im allgemeinen die zusätzliche Berücksichtigung der Energiegleichung; trotz der Form von (5.1) setzen wir aber η zunächst als konstant voraus.

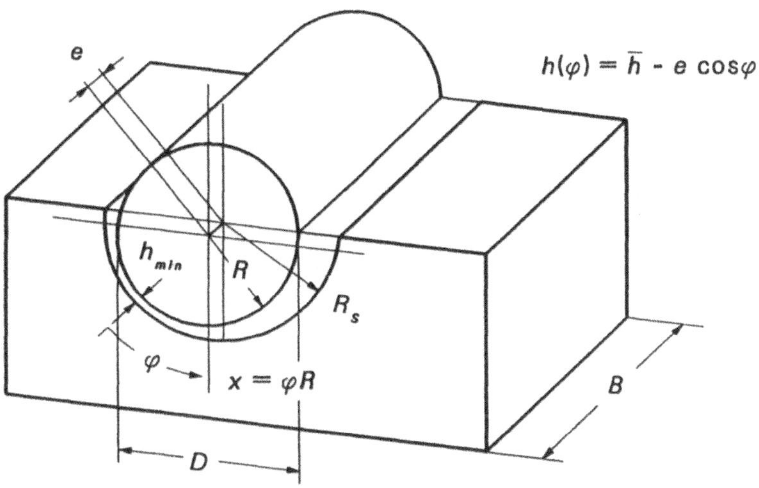

Abb. 5.1. Geometrie des Radiallagers

Damit sind zugleich alle physikalischen Größen bekannt, die in das Problem eingehen, und bereits die erste Lösung der Reynoldsschen Gleichung (SOMMERFELD [1904]) für ein (unendlich langes) Radiallager hat das entscheidende dimensionslose Produkt

$$So = \frac{F\,\bar{h}^2}{\eta\,U\,R^2} \tag{5.2}$$

hervortreten lassen. Hierbei ist F die Kraft (pro Längeneinheit in axialer Richtung) auf den Zapfen, der vom Flüssigkeitsfilm mit dem radialen Spiel $\bar{h}$ getragen wird. Sommerfeld betont, daß mit diesem dimensionslosen Produkt („unbenanntes Aggregat") ein Ähnlichkeitsgesetz der Schmiermittelreibung vorliegt, daß es also nicht etwa auf die Belastung des Lagers ankommt oder die Umfangsgeschwindigkeit oder die Viskosität η, sondern nur auf diese dimensionslose Zahl, die man heute die *Sommerfeld-Zahl* nennt.

Diese Zahl tritt in vielerlei Formen auf, die alle dimensionsanalytisch äquivalent sind; ihr Zahlenwert hängt natürlich von der speziellen Form ab, und der Vollständigkeit halber geben wir sie an. So hat VOGELPOHL [1949] die Sommerfeld-Zahl für ein Lager endlicher Breite

$$So = \frac{F\,\psi^2}{D\,B\,\eta\,\Omega} \tag{5.3}$$

(mit dem relativen Lagerspiel $\psi = \bar{h}/R$ und dem Zapfendurchmesser $D = 2R$) vorgeschlagen, die sich von obiger Sommerfeld-Zahl nur um den Faktor 1/2 unterscheidet, mit dem mittleren Druck $\bar{p} = F/(D\,B)$ aber die besonders einprägsame Form

$$So = \frac{\bar{p}\,\psi^2}{\eta\,\Omega} \tag{5.4}$$

annimmt. Zur Unterscheidung dieser Sommerfeld-Zahl von derjenigen gemäß (5.2) wird für letztere zuweilen auch das Symbol Δ herangezogen. In einem Teil der amerikanischen Literatur wird der Kehrwert des 2π-fachen der Sommerfeld-Zahl verwendet und ebenfalls als Sommerfeldsche Zahl bezeichnet, zum Unterschied aber der Buchstabe S als Symbol benutzt:

$$S = \frac{1}{2\pi\,So} \ . \tag{5.5}$$

Wie oben ausgeführt, hat Sommerfeld die Kennzahl aus einer schwierigen Lösung für das unendlich lange Lager erhalten. HERSEY [1914] hat mit den damals durch die Arbeiten von Buckingham gerade bekannt werdenden dimensionsanalytischen Methoden gezeigt, daß sich die Kennzahlen der hydrodynamischen Schmierung ohne Rückgriff auf spezielle Lösungen - und daher allgemeiner und einfacher - finden lassen. In der Ingenieurpraxis allerdings konnten sich die Einsichten aus der Dimensionsanalyse nur gegen erheblichen Widerstand durchsetzen, worüber sich Vogelpohl noch 1949 beklagt!

5.1 Zapfenlager mit inkompressibler Schmierflüssigkeit

5.1.1 Geometrisch ähnliche Lager

Bei der vorläufigen Beschränkung auf geometrisch ähnliche Lager genügt die Angabe einer Länge zur Festlegung der Lagergeometrie. Als typische Länge wählen wir den Radius R, könnten aber ebenso die mittlere Spalthöhe, d. h. das radiale Spiel, wählen. Wir fragen nun nach der Kraft, die der Schmierspalt tragen kann. Nach obigen Ausführungen treten Zapfenumfangsgeschwindigkeit oder auch die Winkelgeschwindigkeit, Viskosität und Spalthöhe (bzw. der Radius) als die physikalischen Größen auf, von denen die gesuchte Kraft abhängt. Der Druck ist, wie die Tragkraft, eine abhängige Veränderliche; anstelle der Frage nach der Kraft kann also auch die Frage nach dem mittleren Druck $\bar{p}$ treten, und wir erhalten so die Abhängigkeit

$$\bar{p} = \mathrm{fn}(R, \eta, \Omega) \ . \tag{5.6}$$

Mit den vier auftretenden physikalischen Größen läßt sich nur ein dimensionsloses Produkt bilden

$$\frac{\bar{p}}{\Omega\,\eta} = const\ , \tag{5.7}$$

d. h. für alle geometrisch ähnlichen Lager ist der mittlere Druck gleich einer Konstanten mal dem Produkt von Winkelgeschwindigkeit des Zapfens und der Viskosität. Diese Konstante ist dieselbe für alle geometrisch ähnlichen Lager.

Es ist bemerkenswert, daß der Radius nicht mehr auftaucht. Hätte man R aus dem Zusammenhang (5.6) von vorneherein weggelassen – wozu keine Veranlassung bestand –, so hätte die verbleibende Dimensionsmatrix den Rang 2, und aus den 3 dann auftretenden physikalischen Größen hätte sich wieder ein dimensionsloses Produkt, nämlich (5.7) ergeben.

Die Frage nach der Kraft führt auf den Zusammenhang

$$F = \mathrm{fn}(R, \eta, \Omega) \tag{5.8}$$

und daher auf die Gleichung

$$\frac{F}{\eta\,\Omega\,R^2} = const\ , \tag{5.9}$$

in der die Kraft bezogen auf die Fläche R^2 erscheint. Im Hinblick auf die im deutschen Sprachraum gebräuchliche Form der Sommerfeld-Zahl (5.3) und ohne Einschränkung der Allgemeinheit verwenden wir aber weiterhin als Bezugsfläche $D\,B$, womit sich (5.9) sinngemäß wieder auf (5.7) reduziert.

Geometrische Ähnlichkeit bedeutet auch, daß die Schmierspaltgeometrie ähnlich ist, daß also die *relative Exzentrizität* $\epsilon = e/\bar{h}$ dieselbe ist und daher der Zusammenhang

$$\epsilon = \frac{e}{\bar{h}} = \mathrm{fn}\left(\frac{\bar{p}}{\eta\,\Omega}\right) \tag{5.10}$$

gilt, in dem $\bar{h}$ als Bezugsgröße erscheinen kann, da ja das *relative Lagerspiel* $\psi = \bar{h}/R$ für alle geometrisch ähnlichen Lager dasselbe ist.

Mit (5.10) läßt (5.7) auch folgende Darstellung zu:

$$\frac{\bar{p}}{\Omega\,\eta} = \mathrm{fn}(\epsilon) = const\,. \tag{5.11}$$

Die tangential am Zapfen angreifende Reibungskraft W ($W\,R$ ist das Reibungsmoment, das für die pro Zeiteinheit dissipierte Energie $W\,\Omega\,R$ verantwortlich ist) hängt von der Belastung $\bar{p}$ und wieder von Ω, η und R ab:

$$W = \mathrm{fn}(\bar{p}, \Omega, \eta, R)\ . \tag{5.12}$$

Aus den fünf auftretenden physikalischen Größen bilden wir die zwei dimensionslosen Produkte

$$\Pi_1 = \frac{W}{\bar{p}\,R^2}\,, \quad \Pi_2 = \frac{\bar{p}}{\Omega\,\eta}\,. \tag{5.13}$$

Wie vorher bevorzugen wir auch in Π_1 als Bezugsfläche $D\,B$ statt R^2 und erhalten den (5.12) gleichwertigen Zusammenhang

$$\mu = \frac{W}{\bar{p}\,2R\,B} = \mathrm{fn}\left(\frac{\bar{p}}{\Omega\,\eta}\right)\,, \tag{5.14}$$

mit dem als *Reibungszahl* μ bezeichneten Verhältnis der Reibungskraft W und der Tragkraft $F = \bar{p}\,2R\,B$. Die Reibungszahl kann auch als dimensionslose Form der pro Zeiteinheit dissipierten Energie angesehen werden.

5.1.2 Nichtähnliche Lager

Die bisher vorausgesetzte Ähnlichkeit ist bei Lagern, besonders bezüglich des relativen Lagerspiels, kaum zu verwirklichen. Relative Lagerspiele liegen im Bereich von 10^{-3} und sind in der Fertigung nicht genau herzustellen. Im Betrieb ändert sich das relative Lagerspiel außerdem durch die Lagerbelastung und die Erwärmung. Aus diesem Grund spielt das Modellwesen bei Gleitlageranwendungen keine Rolle.

Die Ergebnisse geometrisch ähnlicher Lager lassen sich aber durch Hinzunahme weiterer Längenverhältnisse κ_i auf geometrisch nichtähnliche Lager erweitern: Wenn wir uns weiterhin auf Schmierspalte beschränken, die aus kreisförmigen Zapfen und Lagerschalen gebildet werden, so ist die Schmierspaltgeometrie durch das relative Lagerspiel und die relative Exzentrizität gekennzeichnet. Hinzu kommen noch das Verhältnis von Lagerbreite B zu Zapfendurchmesser D (Seitenverhältnis) und bei teilumschlossenen Lagern der Umschließungswinkel γ. Die (5.11) entsprechende Beziehung lautet also

$$\frac{\bar{p}}{\Omega\,\eta} = \mathrm{fn}(\epsilon, \psi, B/D, \gamma)\,. \tag{5.15}$$

Während die Reynoldssche Gleichung bisher nur zur Identifikation der physikalischen Größen benutzt wurde, läßt die Struktur der Gleichung eine weitere, über die Dimensionsanalyse hinausgehende und daher schärfere Fassung der rechten Seite zu. Man gelangt zu einer allgemein anwendbaren Vorgehensweise, wenn man alle abhängigen und unabhängigen Größen, die in den Differentialgleichungen und den Randbedingungen auftreten, mit physikalischen Größen derselben Art dimensionslos macht. Diese problemspezifischen, charakteristischen Größen werden durch die Geometrie und die

Randbedingungen festgelegt. Im weitesten Sinne sind sie die Ursache des Vorganges. Mit der Lagerbelastung ist die charakteristische Größe $\bar{p}$ festgelegt, und die Lagergeometrie bestimmt R. Damit schon lassen sich die abhängig Veränderliche p und die unabhängig Veränderlichen x, z sowie die von x abhängige Spalthöhe h dimensionslos machen. Wenn wir mit p, x, z und h nun auch die entsprechenden dimensionslosen Größen bezeichnen, so nimmt die Reynoldssche Gleichung (5.1) die Gestalt

$$\frac{R\bar{p}}{\eta}\left[\frac{\partial}{\partial x}\left(h^3\frac{\partial p}{\partial x}\right)+\frac{\partial}{\partial z}\left(h^3\frac{\partial p}{\partial z}\right)\right]=6\,\Omega\,R\,\frac{\partial h}{\partial x} \tag{5.16}$$

bzw.

$$\frac{\bar{p}}{\Omega\,\eta}\left[\frac{\partial}{\partial x}\left(h^3\frac{\partial p}{\partial x}\right)+\frac{\partial}{\partial z}\left(h^3\frac{\partial p}{\partial z}\right)\right]=6\frac{\partial h}{\partial x} \tag{5.17}$$

an. Man entnimmt dieser Gleichung schon das dimensionslose Produkt $\bar{p}/(\Omega\,\eta)$ und der expliziten Form der dimensionslosen Spaltgeometrie

$$h=\psi(1-\epsilon\cos x) \tag{5.18}$$

die dimensionslosen Produkte ψ und ϵ. Über die Randbedingungen, deren genauere Diskussion wir noch zurückstellen, würden noch das Verhältnis B/D und der Umschließungswinkel γ in das Problem eintreten.

An der mathematischen Formulierung und damit an der Lösung ändert sich nichts, wenn die angesprochenen Produkte unabhängig von Lagergröße, Belastung und Drehzahl dieselben bleiben, und dies begründet auf andere Weise die bekannten Ähnlichkeitsgesetze. Ohne Lösung der Gleichung hat aber diese Vorgehensweise zunächst keine über Geichung (5.15) hinausgehende Erkenntnisse geliefert, d. h. die Reduktion der Veränderlichen erfolgt auch hier nur auf den durch das Maßsystem vorgegebenen Umfang. Zur angekündigten schärferen Fassung gelangt man, wenn man die angesprochenen charakteristischen Größen so wählt, daß die dimensionslosen Differentialausdrücke die Größenordnung $O(1)$ annehmen und die Größenordnung der einzelnen Terme durch die entstehenden Vorfaktoren geregelt werden. Offensichtlich kann man h dann mit dem Lagerspiel $\bar{h}$, x mit R und z mit B dimensionslos machen, während $\bar{p}$ weiterhin Bezugsgröße für den Druck bleibt. Damit gewinnt man die Reynoldssche Gleichung in der Fassung

$$\frac{\bar{h}^3\bar{p}}{R^2\eta}\frac{\partial}{\partial x}\left(h^3\frac{\partial p}{\partial x}\right)+\frac{\bar{h}^3\bar{p}}{B^2\eta}\frac{\partial}{\partial z}\left(h^3\frac{\partial p}{\partial z}\right)=6\,\Omega\,\bar{h}\frac{\partial h}{\partial x}\,, \tag{5.19}$$

die schon, unabhängig von der Dimensionsbetrachtung, die wichtigen Grenzfälle erkennen läßt: Bei festem R und $B\to\infty$ erhält man die Differentialgleichung des unendlich langen Lagers, in der die Abhängigkeit von z aus der Differentialgleichung völlig verschwindet. Bei festem B und $R \to \infty$ erhält man die Differentialgleichung des unendlich kurzen Lagers in der die Abhängigkeit von x nur parametrisch auftaucht. (5.19) bringt man durch Umformung in die dimensionslose Gestalt

$$\frac{\bar{h}^2}{R^2}\frac{\bar{p}}{\Omega\,\eta}\frac{\partial}{\partial x}\left(h^3\frac{\partial p}{\partial x}\right)+\frac{\bar{h}^2}{R^2}\frac{\bar{p}}{\Omega\,\eta}\frac{R^2}{B^2}\frac{\partial}{\partial z}\left(h^3\frac{\partial p}{\partial z}\right)=6\,\frac{\partial h}{\partial x}\;, \tag{5.20}$$

der wir jetzt die Sommerfeld-Zahl entnehmen können. Wenn das relative Spiel ψ nicht in den Randbedingungen auftaucht, tritt es überhaupt nur in der Form der Sommerfeld-Zahl auf und (5.15) nimmt folgende schärfere Fassung an:

$$So=\frac{\psi^2\bar{p}}{\Omega\,\eta}=\mathrm{fn}(\epsilon, B/D, \gamma)\;. \tag{5.21}$$

Das beschriebene Verfahren, die dimensionslosen Produkte aus den Differentialgleichungen (und den Randbedingungen!) zu erhalten, ist allgemein anwendbar und als Ergänzung zur Dimensionsanalyse zu sehen (RUARK [1935]). In Anlehnung an die Bezeichnung Ruarks (Inspectional Analysis) nennen wir die Methode *Inspektionelle Dimensionsanalyse*. Die besondere Form der Normierung, welche auf die schärfere Form führte, wird *Fractional Analysis* (KLINE [1986]) bzw. *Methode der Differentialgleichungen* genannt (ZIEREP [1982]). Diese Methode liefert natürlich nur eine Dimensionsanalyse bezüglich der physikalischen Größen, wie sie in den Differentialgleichungen und Randbedingungen explizit auftreten und ist daher, entgegen zuweilen geäußerter Meinung, nicht so allgemein wie die Methoden, die ohne Kenntnis der Differentialgleichungen anwendbar bleiben. Aber selbst wenn die Differentialgleichungen und Randbedingungen bekannt sind, wie etwa bei der Strömung durch eine Strömungsmaschine, können die dimensionslosen Produkte Druckzahl ψ, Schnelläufigkeit σ oder auch der Wirkungsgrad nicht unmittelbar den Navier-Stokesschen Gleichungen entnommen werden.

Im Zusammenhang mit der Gleitlagertheorie wird einsichtig, daß die Reibungszahl μ nicht unmittelbar aus einer inspektionellen Dimensionsanalyse folgt. Den hierfür mit (5.14) erhaltenen Zusammenhang erweitern wir nun auf nichtähnliche Lager und erhalten, wenn wir statt $\bar{p}/(\Omega\,\eta)$ die Sommerfeld-Zahl So verwenden, den Ausdruck

$$\mu=\mathrm{fn}(So, B/D, \gamma, \psi)\;, \tag{5.22}$$

in dem das relative Spiel ψ noch als unabhängig Veränderliche auftaucht. Erst die Berechnung von μ bei bekanntem Druck und Geschwindigkeitsfeld im Schmierspalt zeigt,

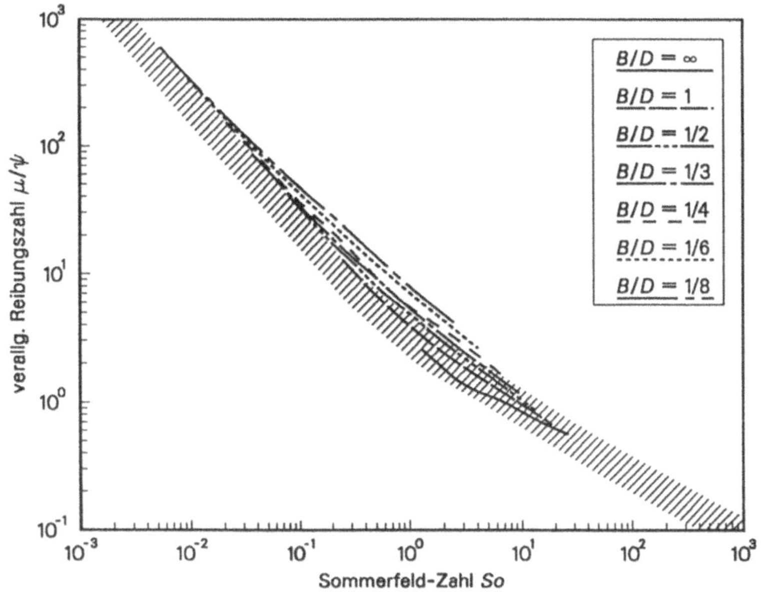

Abb. 5.2. Darstellung des Zusammenhangs (5.23) nach SASSENFELD und WALTHER [1954]

daß ψ nur in der Kombination μ/ψ auftritt, die man verallgemeinerte Reibungszahl nennt und daher (5.22) die schärfere Form

$$\frac{\mu}{\psi} = \mathrm{fn}(So, B/D, \gamma) \tag{5.23}$$

animmt. Wegen (5.21) läßt sich (5.23) auch in die Gestalt

$$\frac{\mu}{\psi} = \mathrm{fn}(\epsilon, B/D, \gamma) \tag{5.24}$$

bringen. Abbildung 5.2 und Abb. 5.3 sind Darstellungen beider Zusammenhänge, die zeigen, daß die Benutzung der Sommerfeld-Zahl als unabhängig Veränderliche die starke Abhängigkeit vom Seitenverhältnis B/D eliminiert. Aus diesem Grund wird man oft die Sommerfeld-Zahl als Veränderliche gegenüber der Exzentrizität bevorzugen, wie dies in Abb. 5.4 (VOGELPOHL [1949]) geschehen ist, die eine Zusammenfassung einer Vielzahl von experimentell ermittelten Reibungszahlen über einen sechs Zehnerpotenzen umfassenden Bereich der Sommerfeld-Zahl darstellt. Die Meßwerte liegen in einem Streifen, der nach unten ziemlich gut durch die Geraden $2/\sqrt{So}$ und $\pi/(2So)$ und nach oben durch $4/\sqrt{So}$ und π/So begrenzt ist. Die verbleibende Spreizung innerhalb des Streifens stellt in der Hauptsache den Einfluß des Seitenverhältnisses dar. Dieser Streifen

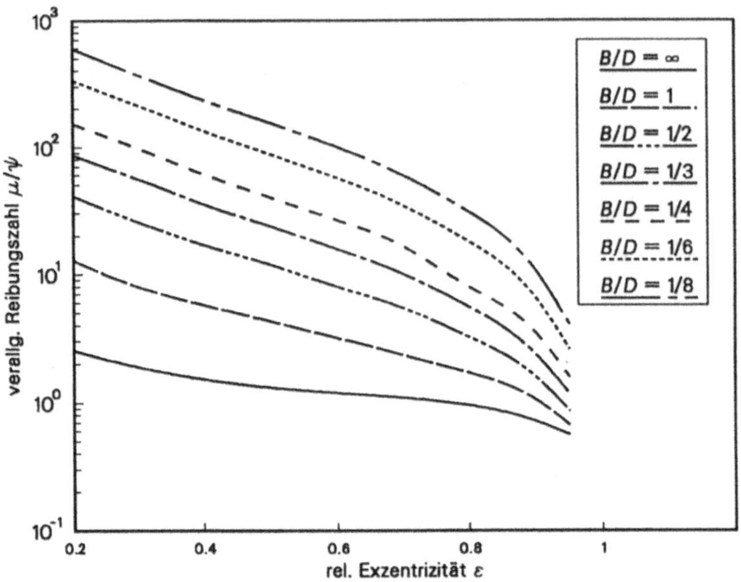

Abb. 5.3. Darstellung des Zusammenhangs (5.24) nach SASSENFELD und WALTHER [1954]

ist auch in Abb. 5.2 eingezeichnet. Die theoretischen Ergebnisse liegen z. T. außerhalb des Streifens. Die vermutliche Ursache ist in den verwendeten Randbedingungen zu suchen. Wir wenden und daher einer Diskussion der Randbedingungen zu.

5.1.3 Randbedingungen

Für inkompressible Strömung läßt sich der Druck, wie schon in Kapitel 4 erwähnt, nur bis auf eine Konstante ermitteln, eine Tatsache, die sich auch in der Reynoldsschen Gleichung für inkompressible Strömung widerspiegelt, da nur Differenzen des Druckes in ihr eine Rolle spielen. Das Druckniveau im Lager wird durch eine Randbedingung festgelegt, etwa durch den Außendruck p_a. Wenn dieser Druck hoch genug ist, wie bei einem tief eingetauchten Lager, dann treten keine Drücke auf, die niedriger sind als der Sättigungsdruck im Öl absorbierter Gase oder der Dampfdruck des Öles selbst. Der Schmierfilm ist dann kontinuierlich und der Druckverlauf relativ zum Außendruck ist antisymmetrisch bezüglich der engsten Stelle im Schmierspalt. Die theoretische Ermittlung der Zusammenhänge (5.21) und (5.23) bereiten dann keine großen Schwierigkeiten.

Im anderen Fall zerreißt der Ölfilm im Unterdruckgebiet und es bilden sich Hohlräume, deren Begrenzung unbekannt ist aber von dem Druckniveau im Lager abhängt. Die

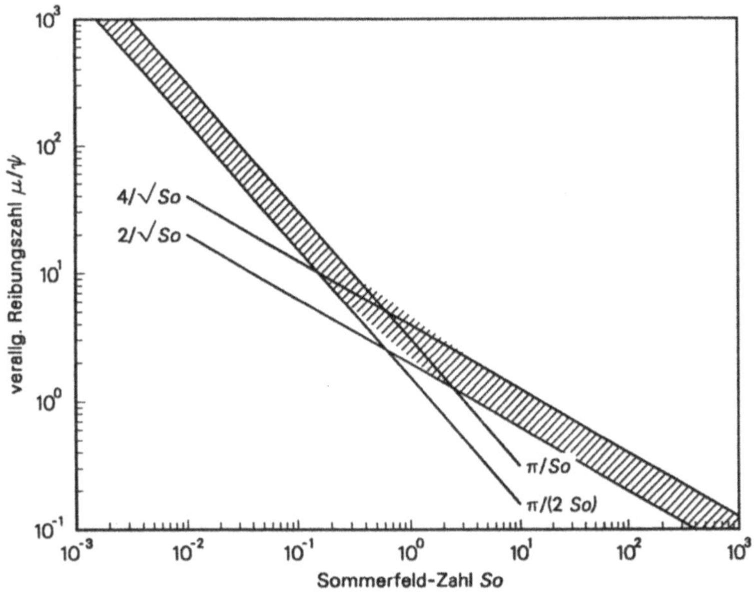

Abb. 5.4. Streuband der Meßwerte nach VOGELPOHL [1949]

inneren Ränder, d. h. die inneren Begrenzungen des Ölfilms bzw. der Hohlräume, sind unbekannt und als Teil einer Lösung zu berechnen. Hier müssen zwei Randbedingungen vorgeschrieben werden, z. B. der Druck im Hohlraum und der Gradient des Druckes an der Begrenzung. Damit geht der Druck im Hohlraum, den wir verallgemeinernd auch Kavitationsgebiet nennen, in die Liste der physikalischen Größen ein. Durch die axiale Berandung des Lagers ist dort der Rand des Schmierfilmes festgelegt und nur eine Randbedingung erfüllbar, die an den Außendruck. Im allgemeinen erscheinen daher diese zwei Drücke bzw. Druckverhältnisse im Problem.

Meistens treten Hohlräume auf, wenn das Lager Atmosphärendruck ausgesetzt ist und Luft in die Hohlräume eindringt. Damit ist der Außendruck gleich dem Druck im Kavitationsgebiet und nur ein Druck bzw. Druckverhältnis (etwa $p_a/\bar{p}$) ist relevant.

Oft interessiert nur der Druck relativ zum Außendruck, den man in inkompressibler Strömung auch Null setzen kann. Das heißt aber nicht, daß $p_a/\bar{p}$ aus dem Problem verschwindet, sondern nur, daß die Rechnung für diesen speziellen Wert des dimensionslosen Produkts ausgeführt ist. Wie erläutert, hängt ja die Ausdehnung des Kavitationsgebietes von diesem Produkt ab. Wenn wir es im folgenden weglassen, dann im Verständnis, daß die Ergebnisse im allgemeinen nur für einen Außendruck (in der Regel Atmosphärendruck) gelten.

Wenn durch geeignete Maßnahmen das Eindringen von Luft verhindert wird, so entsteht trotzdem ein Hohlraum, weil im Öl gelöste Luft bei Unterschreiten des Atmosphärendruckes oft schon aus der Lösung geht. Es entstehen Luftblasen, die sich sammeln und einen Hohlraum bilden, wenn das Lager nur lange genug läuft. Dieses Kavitationsgebiet nimmt etwa dieselbe Gestalt an, wie beim belüfteten Lager (siehe PRANDTL [1937], DOWSON und TAYLOR [1979]). Bei wechselnder Belastung tritt dieser Vorgang zurück: Wenn der Dampfdruck unterschritten wird, verdampft die Flüssigkeit und der Hohlraum ist in der Hauptsache mit Dampf gefüllt. Unter diesen Betriebsbedingungen kann es auch zur Kavitation kommen.

Neben einer Randbedingung an den Druck muß bei freien Rändern zu deren Festlegung noch die Bedingung an den Druckgradienten treten. Es ist diese Bedingung, die noch ungeklärt ist und die theoretische Ermittlung der Zusammenhänge (5.21) und (5.23) in Frage stellt. Wenn die Position des Randes willkürlich vorgeschrieben wird, wie dies bei der *Gümbelschen Randbedingung* der Fall ist, wo der Auslauf des Flüssigkeitsfilms in die engste Stelle verlegt ist, so genügt es, den Druck dort vorzugeben. Wie man leicht zeigt, führt die Gümbelsche Randbedingung aber auf eine Unstetigkeit im Volumenstrom, die mit der *Reynoldsschen Randbedingung*

$$p = 0 \qquad \text{und} \qquad \nabla p = 0 \qquad (\text{am Rand}) \tag{5.25}$$

vermieden wird. Der Beginn des Schmierfilms wird oft im Zusammenhang mit der Reynoldsschen oder der Gümbelschen Randbedingung an die Stelle größter Spalthöhe gelegt, wo jetzt der Druck (meist Atmosphärendruck) als Randbedingung vorzuschreiben ist. Die physikalische Realisierung würde dort aber eine axiale Schmiernut erfordern, die Flüssigkeit unter Umgebungsdruck zuführt. Dies ließe sich aber nur für einen Lastfall verwirklichen, weil die Positon der größten Spalthöhe lastabhängig ist. Man kann sich vom Kunstgriff dieser imaginären Schmiernut freimachen und auch den Anfang, d. h. die Wiederformung des Schmierfilms, sachgerecht als freien Rand behandeln, dessen Lage man durch Erfüllung der Reynoldsschen Randbedingung berechnet.

Keine der bisher diskutierten Randbedingungen führt zu neuen dimensionslosen Produkten, so daß (5.21) und (5.24) in der angezeigten Form weiterhin gelten.

Bei hohen Exzentrizitäten bzw. großen Sommerfeldzahlen führt die Reynoldssche Randbedingung auf Ergebnisse, die mit Messungen gut übereinstimmen (siehe auch Abb. 5.2). Bei kleineren Exzentrizitäten treten u. U. ernstzunehmende Abweichungen auf, die durch physikalisch andere Randbedingungen verursacht werden. Wir besprechen diese Randbedingungen nur insoweit, als sie Anlaß zu neuen dimensionslosen Produkten geben. Diese Randbedingungen für den Auslauf ähneln den klassischen Ablösebedingungen einer Grenzschicht und implizieren einen positiven Druckgradienten am Blasenrand. Der Druck selbst muß daher lokal im Schmierfilm kleiner sein als im Kavitationsgebiet. Ablösung tritt an der feststehenden Wand (Lagerschale) an der Stelle auf, für die $du/dy\,|_{y=0} = 0$ gilt. Da die Geschwindigkeitsverteilung über der Spalthöhe durch

$$\frac{u}{U} = \frac{y}{h} - \frac{\partial p}{\partial x}\frac{h^2}{2\eta U}\left(1 - \frac{y}{h}\right)\frac{y}{h} \tag{5.26}$$

gegeben ist, herrscht dort der Druckgradient

$$\frac{\partial p}{\partial x} = \frac{2\eta\, U}{h^2}, \tag{5.27}$$

und damit lautet die Randbedingung in dimensionsloser Form (wenn wir mit p, x und h wieder die dimensionslosen Größen bezeichnen)

$$\frac{\bar{h}^2\bar{p}}{R^2\Omega\,\eta}\frac{\partial p}{\partial x} = \frac{2}{h^2} \qquad \text{und} \qquad p = 0\ . \tag{5.28}$$

Die Bedingung (5.28), die noch kein neues Produkt enthält, kann nur näherungsweise gültig sein, weil sie nur auf eine Rückströmung führt. Blasen sammeln sich vorzugsweise in diesem Rückströmungsgebiet, so daß dieses als Kavitationsgebiet erscheint. Allerdings ist das Gebiet in axialer Richtung nicht durchgehend, sondern wechselt mit Flüssigkeitssträhnen ab. Im wesentlichen ist bei dieser *Ablösekavitation* die Strömung beim sehr langen Lager aber noch zweidimensional, weil nur wenig Flüssigkeit in den Strähnen abfließt (TAYLOR [1963]). Der Rest wird vom Zapfen in einem Flüssigkeitsfilm mitgeführt (siehe Abb. 5.5). Das Kavitationsgebiet fügt sich zwischen Lagerschale und Flüssigkeitsfilm am Zapfen ein. Die Dicke des Films relativ zur Spalthöhe wird durch die Oberflächenspannung C bestimmt, die Anlaß zum dimensionslosen Produkt $\eta\, U/C$, der *Kapillarzahl*, gibt. Daher wird die Ablösebedingung (5.27) durch eine Abhängigkeit von $\eta\, U/C$ ergänzt:

$$\frac{\partial p}{\partial x} = \frac{2\eta\, U}{h^2}\,\mathrm{fn}\left(\frac{\eta\, U}{C}\right)\ . \tag{5.29}$$

Mit steigender Exzentrizität wird immer mehr Flüssigkeit in den Strähnen abgeführt. Nimmt man an, daß die ganze Flüssigkeit in den Strähnen abfließt, dann wird der Strähnenrand nicht durchströmt:

$$(\dot{V}_x\vec{e}_x + \dot{V}_z\vec{e}_z)\cdot\vec{n} = 0 \qquad (\text{am Rand})\ . \tag{5.30}$$

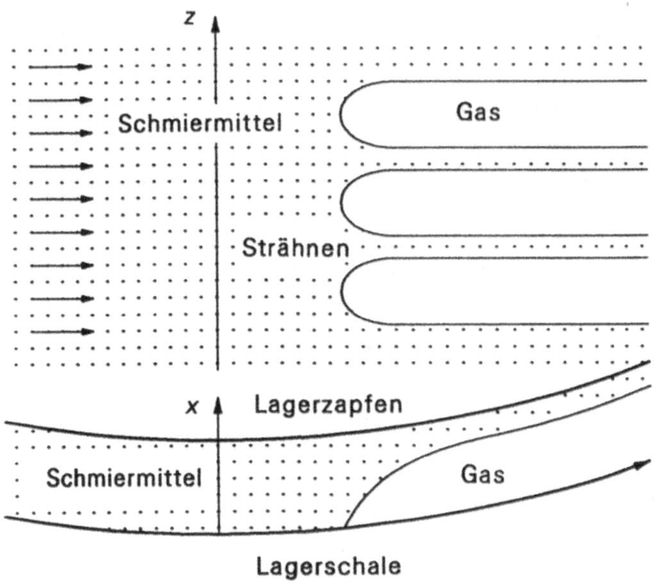

Abb. 5.5. Skizze des Kavitationsgebietes

In (5.30) sind $\dot{V}_x$, $\dot{V}_z$ die Volumenströme, die durch

$$\dot{V}_x = \frac{U h}{2} - \frac{\partial p}{\partial x}\frac{h^3}{12\eta} \qquad \text{und} \qquad \dot{V}_z = -\frac{\partial p}{\partial z}\frac{h^3}{12\eta} \tag{5.31}$$

gegeben sind. Mit $\vec{n}$ als dem Normalenvektor am Rand $z = f(x)$ entsteht

$$\frac{\partial p}{\partial x} - \frac{\partial p}{\partial z}\frac{\mathrm{d}x}{\mathrm{d}z} = \frac{6U\eta}{h^2} \,. \tag{5.32}$$

Sowohl die Randbedingungen (5.32) wie auch (5.29) sind zusammen mit der Randbedingung an den Druck für die Berechnung des unendlich langen Lagers verwendet worden. Beide ergeben ähnliche Druckverteilungen und auch Unterdruckgebiete, so daß sich die Anwendbarkeit der einen oder anderen nur schwer entscheiden läßt. Für Einzelheiten verweisen wir auf DOWSON und TAYLOR [1979] und dort genannte Referenzen.

Auch die Wiederformung des Filmes, also die Bedingungen an den Beginn des Schmierfilmes, sind noch nicht genügend geklärt. Die wenigen Rechnungen, die den Beginn des freien Randes behandeln, benutzen dieselben Ansätze, die auch für den Auslauf verwendet werden. Somit werden keine neuen dimensionslosen Produkte eingeführt. Für kleinere Exzentrizitäten lautet die erweiterte Fassung von (5.21)

$$So = \mathrm{fn}(\epsilon, B/D, \eta\, U/C, \gamma)\ . \tag{5.33}$$

Entsprechend ist dann auch Gleichung (5.24) zu erweitern. Das Kavitationsgebiet macht keinen Beitrag zur Sommerfeld-Zahl, wenn der Druck dort gleich dem Umgebungsdruck ist, man erwartet aber einen Beitrag zum Reibungsmoment.

Unter dem Gesichtspunkt der noch ungeklärten Randbedingungen sind die Abweichungen zwischen Theorie und Experiment (siehe Abb. 5.2) zu bewerten.

Experimentelle Ergebnisse zeigen oft eine Unabhängigkeit des Reibmomentes von der Belastung bei kleineren Exzentrizitäten und eine gute Übereinstimmung mit der *Petroffschen Formel*

$$M = D\,\pi\, B\,\eta\,\Omega\, R/\psi \tag{5.34}$$

bei voll umschlossenem Lager. Die Petroffsche Formel wird für den konzentrischen Spalt erhalten, würde also das Reibungsmoment überschätzen. Diese Überschätzung wird offensichtlich kompensiert durch Vernachlässigung der lastbedingten Erhöhung des Reibmomentes.

5.1.4 Ölfluß bei druckgeschmierten Lagern

Wie die vorhergehende Diskussion gezeigt hat, sind die Randbedingungen an den Druckgradienten über den Ölfluß ins Kavitationsgebiet formuliert. Die theoretische Vorhersage des Ölflusses wird daher durch das noch unvollständige Verständnis dieser Randbedingungen besonders unsicher sein, wie es auch durch den Vergleich zwischen Theorie und Experimenten zu Tage tritt. Systematische Untersuchungen, weder theoretischer noch experimenteller Natur, über den Einfluß der Kavitationszahl sind bisher nicht bekannt geworden. Wir werden daher im folgenden die Abhängigkeit des Ölflusses von der Kavitationszahl nicht explizit aufführen, aber ein Einfluß ist besonders bei kleinen Exzentrizitäten und bei dem Ölfluß zu erwarten, der allein durch die Bewegung des Zapfens verursacht wird. Oft wird aber Öl dem Lager unter dem Druck p_i zugeführt. Dieser Ölfluß ist dann besonders schwierig vorherzusagen, wenn an der Einleitungsstelle der dynamisch erzeugte Druck $\Omega\,\eta$ vergleichbar mit dem Zuleitungsdruck p_i ist. Damit wird unmittelbar der dimensionslose Druck $p_i/\bar{p}$ bzw. $p_i/(\Omega\,\eta)$ eingeführt. Der gesamte Öldurchsatz Q wird neben p_i noch durch den Druck $\bar{p}$ geprägt. Für geometrisch ähnliche

Lager genügt die Angabe einer Länge, etwa R. Aus dem Zusammenhang

$$Q = \mathrm{fn}(\Omega, R, p_i, \bar{p}, \eta) \tag{5.35}$$

zwischen den sechs physikalischen Größen entsteht der Zusammenhang zwischen den dimensionslosen Produkten

$$\frac{Q}{R^3\Omega} = \mathrm{fn}\left(\frac{p_i}{\bar{p}}, \frac{\bar{p}}{\eta\,\Omega}\right) , \tag{5.36}$$

gültig für alle geometrisch ähnlichen Lager bei gleichem Umgebungsdruck. Wegen der für ähnliche Lager gültigen Beziehung (5.10) schreiben wir für (5.36) auch

$$\frac{Q}{R^3\Omega} = \mathrm{fn}\left(\frac{p_i}{\bar{p}}, \epsilon\right) . \tag{5.37}$$

Die Erweiterung auf geometrisch nichtähnliche Lager führt neben den bereits bekannten dimensionslosen Produkten B/D, ψ, γ noch Längenverhältnisse bzw. Winkel ein, welche die Form und Lage der Öltasche charakterisieren. Wir werden uns im folgenden auf kreisrunde Öltaschen oder Ölbohrungen beschränken, die durch das Verhältnis d/B und Lage φ_i beschrieben sind, wobei d der Durchmesser der Ölbohrung ist.

Wie die inspektionelle Dimensionsanalyse und die Diskussion der Randbedingungen ergeben hat, tritt ψ nicht explizit, sondern nur zusammen mit dem Druck in Form der Sommerfeld-Zahl auf. Aufschluß darüber, wie ψ mit den anderen dimensionslosen Produkten verknüpft ist, wird mit der inspektionellen Analyse nicht gewonnen, sofern die fraglichen Größen, etwa der Ölfluß Q, nicht explizit in den Differentialgleichungen und den Randbedingungen erscheinen. In der Tat, der Ölfluß Q wird in der Literatur auf verschiedene, dimensionsanalytisch völlig gleichwertige Weise dimensionslos gemacht.

Die Gleichung (5.31) legt das dimensionslose Produkt

$$\frac{Q}{U\,\bar{h}\,B} = \frac{Q}{\Omega\,R^2 B\,\psi} \tag{5.38}$$

nahe. Um die Übernahme theoretischer Ergebnisse zu erleichtern, benutzen wir den dimensionslosen Ölfluß in der Form

$$\Pi_1 = \frac{12\,Q}{\gamma\,\Omega\,R^3\psi} , \tag{5.39}$$

betonen aber, daß der Umschließungswinkel γ weiterhin explizit in den nunmehr erweiterten Zusammenhang

$$\frac{12Q}{\gamma\,\Omega\,R^3\psi} = \text{fn}\left(\frac{p_i}{\bar{p}}, \frac{\psi^2\bar{p}}{\eta\,\Omega}, \frac{B}{D}, \frac{d}{B}, \gamma, \varphi_i\right) \tag{5.40}$$

eingeht. Der Ölfluß hängt stark vom Wert der Spalthöhe an der Eintrittstelle φ_i (also vom Wert der Exzentrizität) und nur indirekt von der Sommerfeld-Zahl ab. Es ergibt sich bei druckgeschmierten Lagern ein Anteil der Tragkraft, der von der Drehbewegung bzw. der Exzentrizität unabhängig ist und der auf den Druckaufbau als Folge von p_i zurückzuführen ist. Daher wird eine Darstellung bevorzugt, in der statt der Sommerfeld-Zahl die Exzentrizität ϵ unabhängig Veränderliche ist und in der statt $p_i/\bar{p}$ die Kombination $p_i\, So/(\gamma\,\bar{p})$ verwendet wird:

$$\frac{12Q}{\gamma\,\Omega\,R^3\psi} = \text{fn}\left(\frac{p_i\psi^2}{\gamma\,\Omega\,\eta}, \epsilon, \frac{B}{D}, \frac{d}{B}, \gamma, \varphi_i\right) . \tag{5.41}$$

Für Reynoldssche Randbedingungen ist dieser Zusammenhang numerisch ermittelt worden (siehe STEPHAN [1989] und SERVAES [1969]) und ist in Abb. 5.6 dargestellt. Die starke Abhängigkeit vom Innendruck p_i besonders für kleine Werte von ϵ läßt sich verringern, wenn anstelle der linken Seite von (5.41) die Kombination

$$\frac{12Q}{\gamma\,\Omega\,R^3\psi}\,\frac{\gamma\,\Omega\,\eta}{p_i\psi^2} \quad = \quad \frac{12Q\,\eta}{R^3\psi^3 p_i} \tag{5.42}$$

verwendet wird. Sie verschwindet des weiteren fast völlig, wenn statt der mittleren Spalthöhe $\bar{h} = R\,\psi$ die lokale Spalthöhe h_i am Öleintritt benutzt wird, wie es die graphische Darstellung der Beziehung

$$\frac{12Q\,\eta}{h_i^3 p_i} = \text{fn}\left(\frac{p_i\psi^2}{\gamma\,\Omega\,\eta}, \epsilon, \frac{B}{D}, \frac{d}{B}, \gamma, \varphi_i\right) \tag{5.43}$$

in Abb. 5.7 lehrt. Der Ölfluß (Durchsatz) ist über einen weiten Bereich von ϵ unabhängig und gleich dem Wert für $\epsilon = 0$.

Im Grenzfall $\epsilon \to 0$, verschwindet der Umschließungswinkel γ als explizite Veränderliche und tritt nur noch im Seitenverhältnis $B/(\gamma\,R)$ des abgewickelten Schmierfilms auf, das anstelle von B/D verwendet werden kann. Ebenfalls geht dann das Produkt $p_i\psi/(\gamma\,\Omega\,\eta)$ verloren, weil der durch die Drehbewegung hervorgerufene Druck $\eta\,\Omega$ gegen Null strebt. Der Zusammenhang

$$\frac{12Q\,\eta}{h_i^3 p_i} = \text{fn}\left(\frac{B}{\gamma\,R}, \frac{d}{\gamma\,R}, \varphi_i\right) \tag{5.44}$$

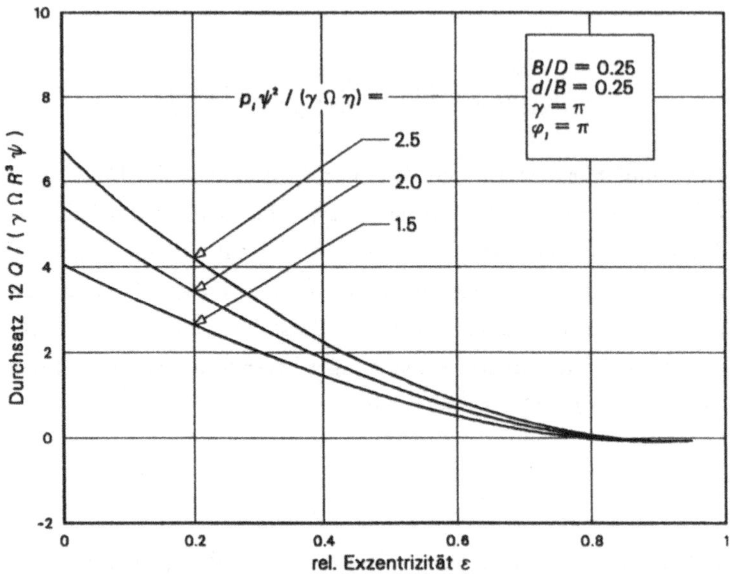

Abb. 5.6. Darstellung des Zusammenhangs (5.41) nach STEPHAN [1989]

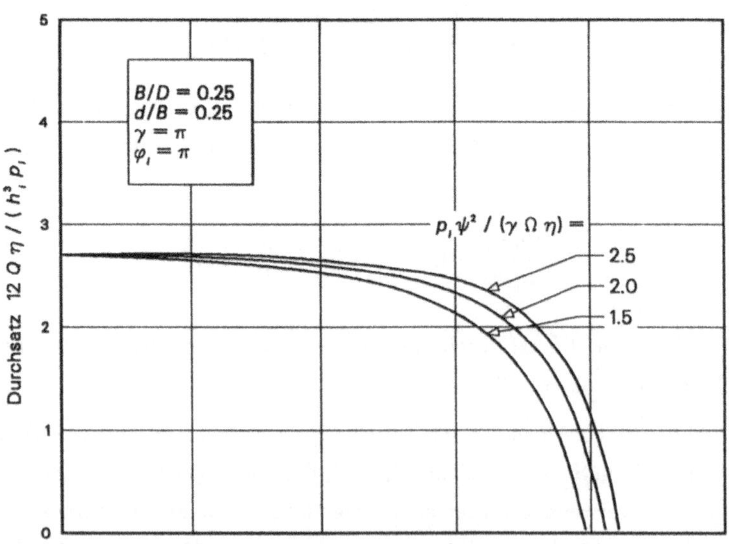

Abb. 5.7. Darstellung des Zusammenhangs (5.43) nach STEPHAN [1989]

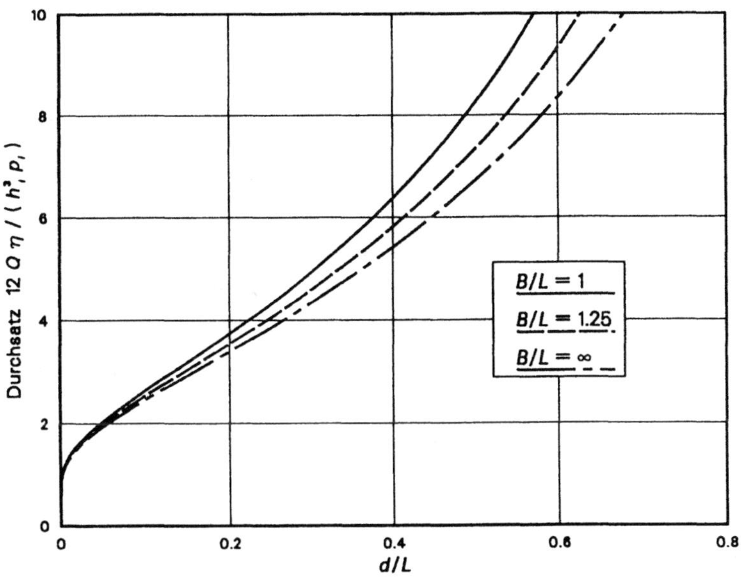

Abb. 5.8. Darstellung des Zusammenhangs (5.45)

läßt sich analytisch beschreiben (SPURK [1982]) und ist für mittige Ölzufuhr (entspricht $\varphi_i = \pi$ gemessen von der Wirkungslinie der Last) mit $L = \gamma R$ für $B/L \geq 1$ in Abb. 5.8 dargestellt. In diesem Fall ergibt sich die einfache Formel

$$\frac{12Q\,\eta}{h_i^3 p_i} = \frac{2\pi}{-\ln(d/L) + \ln(4/\pi) - 4\exp(-\pi\,B/L)}\,, \tag{5.45}$$

die auch gültig bleibt, wenn, unabhängig von der oben zugewiesenen Bedeutung, L immer die kleinere Seitenlänge des abgewickelten Schmierfilms ist.

5.1.5 Einfluß der Erwärmung

Ohne Wärmeabfuhr fließt die im Schmierspalt dissipierte Energie

$$W\,U = \frac{\mu}{\psi} So \frac{\Omega^2 R^2 \eta}{\bar{h}} D\,B \tag{5.46}$$

bei inkompressibler Flüssigkeit ausschließlich in die Erhöhung der inneren Energie. Zunächst entnehmen wir der Gleichung (5.46), deren rechte Seite aus der Definition der Reibungszahl μ und der Sommerfeld-Zahl So entsteht, daß die dissipierte Energie proportional der im Volumen $D\,B\,\bar{h}$ bei konstanter Spalthöhe $\bar{h}$ dissipierten Energie ist.

Der Faktor $(\mu/\psi)So$ ist die dimensionslose Form der dissipierten Energie und hängt im wesentlichen von der Sommerfeld-Zahl So ab, wie Abb. 5.4 zeigt. Für $So \to 0$ ist der Faktor konstant; für $So \to \infty$ proportional zu $\sqrt{So}$. Wir schließen daraus, daß die dissipierte Energie im wesentlichen schon durch den Couette-Anteil der Schubspannung $\eta\,\Omega\,R/h$ geprägt ist.

Die Erhöhung der inneren Energie bzw. die damit verbundene Temperaturerhöhung verursacht bei inkompressibler Flüssigkeit eine Reduzierung der Viskosität, die bei vorgegebener Last durch eine Erhöhung der Exzentrizität aufgefangen wird. Ohne Wärmeabfuhr vergrößert sich die Exzentrizität immer mehr, bis metallischer Kontakt der Lagerflächen eintritt und das Lager beschädigt wird. Dieser Vorgang kann nur durch Wärmeabfuhr verhindert werden, etwa durch Wärmeabfuhr über die Lagerschale bzw. den Zapfen. Bei hoher Gleitgeschwindigkeit $\Omega\,R$ reicht diese natürliche Wärmeabfuhr oft nicht aus, Temperaturgleichgewicht zu erreichen, so daß externe Kühlung vorzusehen ist. Während sich hierzu die Kühlung der Lagerschalen (durch Wasser) nicht durchgesetzt hat, gilt die Wärmeabfuhr durch genügend hohen Öldurchsatz als sicherer Weg, Temperaturgleichgewicht zu erzielen. Wenn man unter diesen Umständen die Wärmeabfuhr duch die Lagerschale und Zapfen ganz vernachlässigen kann, spricht man von *adiabaten Lagern*. Da das Schmiermittel auch als Wärmeträger verwendet wird, gehen neben der Viskosität noch die spezifische Wärme pro Volumen $\varrho\,c$ als Materialeigenschaft ein. Die Wärmeleitfähigkeit tritt hingegen nicht in Erscheinung, wenn die Temperatur über den Spalt homogen angenommen wird (im Einklang mit dem Konzept des adiabaten Lagers).

Die Temperaturabhängigkeit der Viskosität nach der Formel

$$\frac{\eta}{\eta_E} = \exp[-\beta(T - T_E)] \tag{5.47}$$

führt die Referenzviskosität η_E (z. B. am Öleintritt) sowie die Temperaturdifferenz $T - T_E$ ein. Über Beziehung (5.47) ist die Reynoldssche Gleichung mit dem Temperaturfeld verbunden, welches seinerseits der Energiegleichung genügen muß. Aus theoretischer Sicht bemerken wir noch, daß die im allgemeinen dann gegebene Koppelung der Reynoldsschen Gleichung sich aufheben läßt, wenn man nur den Beitrag der dissipierten Energie pro Volumen behält, welcher von der lokalen Couette-Strömung $\Omega^2 R^2 \eta/h^2$ herrührt und der nach der obigen Erläuterung der wichtigste Anteil ist.

Wir fragen nun nach dem Temperaturfeld in geometrisch ähnlichen Lagern, das deswegen von der Exzentrizität ϵ abhängt, weil die lokale Spalthöhe h in die dissipierte

Energie eingeht. Nach den bisherigen Ausführungen erwarten wir den Zusammenhang

$$\Delta T = \mathrm{fn}(\Omega, \beta, \eta_E, Q, R, \varrho\, c, \epsilon, x/R, y/R) \tag{5.48}$$

zwischen insgesammt 10 Größen, von denen die Exzentrizität ϵ und die Koordinaten x/R und y/R schon dimensionslos sind. Aus den 7 verbleibenden physikalischen Größen ergeben sich im $[LMT\Theta]$-System 3 dimensionslose Produkte. Davon ist $Q/(R^3\Omega)$ bereits bekannt und $\beta\,\Delta T$ ist unmittelbar zu erkennen, so daß Q und ΔT aus der Liste der physikalischen Größen entfallen können. Die verbleibenden 5 ergeben das dimensionslose Produkt $\Omega\,\beta\,\eta_E/\varrho\,c$, in dem R nicht mehr auftaucht. (5.48) ist daher äquivalent zur Beziehung

$$\beta\,\Delta T = \mathrm{fn}\left(\frac{Q}{R^3\Omega}, \frac{\Omega\,\beta\,\eta_E}{\varrho\,c}, \epsilon, \frac{x}{R}, \frac{y}{R}\right) , \tag{5.49}$$

aus der ein ausgezeichneter Wert, etwa die maximale Temperaturdifferenz, zu

$$\beta\,\Delta T_{max} = \mathrm{fn}\left(\frac{Q}{R^3\Omega}, \frac{\Omega\,\beta\,\eta_E}{\varrho\,c}, \epsilon\right) \tag{5.50}$$

erhalten wird. Die Frage nach dem mittleren Druck $\bar{p}$ führt auf den Zusammenhang

$$\bar{p} = \mathrm{fn}(\Omega, \eta_E, R, \beta, Q, \epsilon) , \tag{5.51}$$

der gleichwertig zu

$$\frac{\bar{p}}{\Omega\,\eta_E} = \mathrm{fn}\left(\frac{Q}{R^3\Omega}, \frac{\Omega\,\beta\,\eta_E}{\varrho\,c}, \epsilon\right) \tag{5.52}$$

ist. Für drucklose Zuführung ist $Q/R^3\Omega$ selbst eine von $\bar{p}/(\Omega\,\eta_E)$ abhängige Größe (Gleichung (5.36)) und (5.52) reduziert sich auf

$$\frac{\bar{p}}{\Omega\,\eta_E} = \mathrm{fn}\left(\frac{\Omega\,\beta\,\eta_E}{\varrho\,c}, \epsilon\right) . \tag{5.53}$$

Die Berücksichtigung der Ölerwärmung führt also den im Vergleich zu (5.11) neuen Parameter $\Omega\,\beta\,\eta_E/(\varrho\,c)$ ein, der das Verhalten des adiabaten Lagers regelt.

Zur Ausdehnung der gewonnenen Beziehungen auf geometrisch nichtähnliche Lager benutzen wir statt $\bar{p}/(\Omega\,\eta_E)$ die Sommerfeld-Zahl und bringen wie vorher in die Argumentliste der dimensionslosen Produkte B/D, ψ, γ, d/D und φ_i ein. Erst eine inspektionelle Analyse der Energiegleichung zeigt auf, daß ψ auch hier nicht explizit erscheint, sondern in der Kombination $\Omega\,\beta\,\eta_E/(c\,\varrho\,\psi^2)$. Unter Benutzung der Gleichung (5.41) schreiben

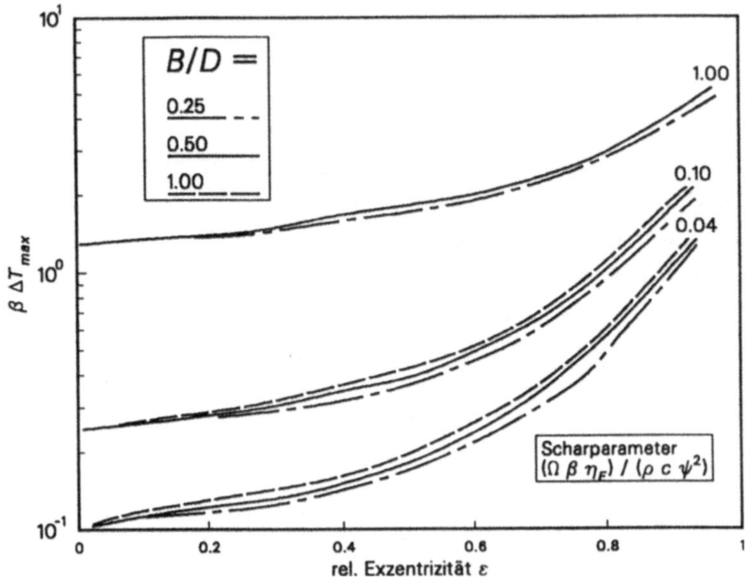

Abb. 5.9. Darstellung des Zusammenhangs (5.55) nach PINKUS und BUPARA [1979]

wir dann für die maximale Temperaturdifferenz statt (5.50) nunmehr

$$\beta\,\Delta T_{max} = \text{fn}\left(\frac{\psi^2 p_i}{\gamma\,\Omega\,\eta_E}, \epsilon, \frac{d}{D}, \frac{\Omega\,\beta\,\eta_E}{\varrho\,c\,\psi^2}, \frac{B}{D}, \gamma, \varphi_i\right) . \tag{5.54}$$

Für drucklose Zuführung ($p_i = 0$) entfallen auch die Produkte d/D, φ_i, und wir erhalten

$$\beta\,\Delta T_{max} = \text{fn}\left(\epsilon, \frac{\Omega\,\beta\,\eta_E}{\varrho\,c\,\psi^2}, \frac{B}{D}, \gamma\right) . \tag{5.55}$$

Dieser Zusammenhang ist in Abb. 5.9 für $\gamma = \pi$ dargestellt. Die Graphen beruhen auf einer numerischen Rechnung mit Reynoldsscher Randbedingung. Die (5.53) entsprechende Beziehung lautet für diesen Fall

$$\frac{\bar{p}\,\psi^2}{\Omega\,\eta_E} = \text{fn}\left(\frac{\Omega\,\beta\,\eta_E}{\varrho\,c\,\psi^2}, \frac{B}{D}, \epsilon, \gamma\right) \tag{5.56}$$

und ist durch Abb. 5.10 beschrieben.

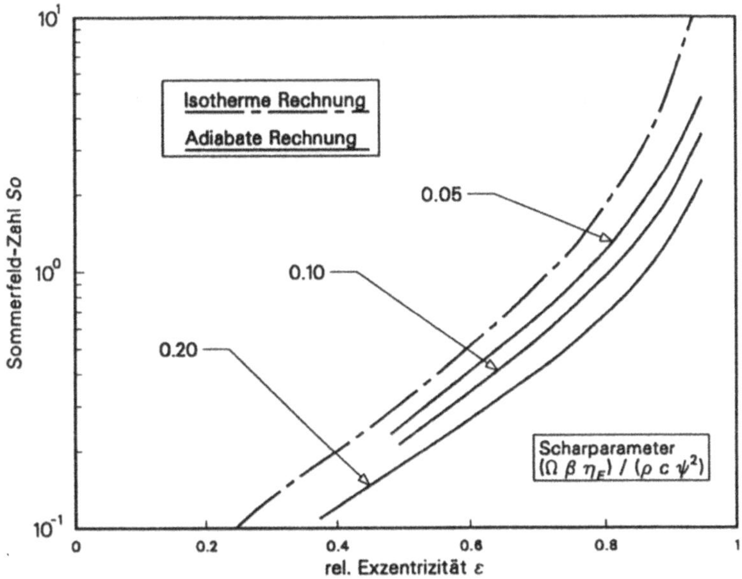

Abb. 5.10. Darstellung des Zusammenhangs (5.56) nach McCallion et al. [1970]

5.2 Zapfenlager mit gasförmigem Schmiermittel

Bei Verwendung von Gasen als Schmiermittel treten keine prinzipiellen Unterschiede zu inkompressiblen Schmiermitteln in der Funktionsweise hydrodynamischer Schmierung auf. Es ergeben sich aber Unterschiede, die zum einen darauf beruhen, daß die Viskosität von Gasen mit wachsender Temperatur steigt, Lager also bei Erwärmung des Schmiermittels tragfähiger werden, wobei auch die Erwärmung wegen der geringeren Viskosität kleiner ist als bei tropfbaren Flüssigkeiten. Zum anderen tritt bei Gasen keine Hohlraumbildung auf, freie Ränder und Gebiete mit Zweiphasenströmung fehlen, die Reynoldssche Gleichung gilt im ganzen Spalt. Das vereinfacht die Formulierung der Randbedingungen ganz entscheidend. Am Lagerrand ist der Druck vorzuschreiben und bei Umschließungswinkel $\gamma = 2\pi$ ist der Druck in Umfangsrichtung periodisch (*Sommerfeldsche Randbedingung*). Bei inkompressibler Schmierflüssigkeit beeinflußt der Außendruck die Tragfähigkeit nur über die Ausdehnung des Kavitationsgebietes, aber nicht direkt, da sich bekanntlich nur Druckdifferenzen durch die Dynamik ergeben. Bei Gasen hingegen tritt über die thermodynamische Zustandsgleichung $p = p(\varrho, T)$ z. B. der Absolutdruck und daher auch der Umgebungsdruck direkt in das Problem ein und natürlich auch in die Tragfähigkeit. Unter später zu besprechenden Umständen muß die Kompressibilität des Schmiermittels aber berücksichtigt werden. Die sich dann ergebenden Besonderheiten besprechen wir an Hand der Reynoldsschen Gleichung für kompressible Strömung

$$\frac{\partial}{\partial x}\left(\varrho \frac{h^3}{\eta}\frac{\partial p}{\partial x}\right) + \frac{\partial}{\partial z}\left(\varrho \frac{h^3}{\eta}\frac{\partial p}{\partial z}\right) = 6\,U\frac{\partial(\varrho\, h)}{\partial x} \ . \tag{5.57}$$

Wir betrachten die Gleichung weiterhin als Differentialgleichung für den Druck und erhalten die Dichte ϱ aus der thermodynamischen Zustandsgleichung

$$\varrho = \varrho(p,T) \ , \tag{5.58}$$

welche die Temperatur selbst dann ins Spiel bringt, wenn wir im folgenden die Temperaturabhängigkeit der Viskosität vernachlässigen. Daher muß simultan zu (5.57) das Temperaturfeld ermittelt werden, was die Lösung der Energiegleichung erfordert. Nur im Fall barotroper Strömung, d. h. wenn ϱ nur eine Funktion von p ist,

$$\varrho = \varrho(p) \ , \tag{5.59}$$

läßt sich die Lösung der Energiegleichung umgehen. Offensichtlich ist (5.59) erfüllt für isotherme und isentrope Zustandsänderung oder allgemeiner für die schon durch (4.115) eingeführten polytropen Zustandsänderungen

$$\frac{\varrho}{\varrho_a} = \left(\frac{p}{p_a}\right)^{1/n} \ , \tag{5.60}$$

wobei $n = 1$ den isothermen und $n = 1.4$ den isentropen Fall für zweiatomige Gase ergibt. Der für tropfbare Flüssigkeiten geltende inkompressible Grenzfall wird für $n \to \infty$ zurückgewonnen und für Gase durch die Forderung $\Delta p/p_a \sim \Omega\,\eta/p_a \ll 1$. Die isotherme Zustandsänderung ist die praktisch bedeutsamste Änderung. Will man sich nicht festlegen, so ist n als Veränderliche zu zählen, neben dem bereits erkannten Außendruck p_a. Da die relevante Gleichung (5.57) bekannt ist, beantworten wir die Fragen nach dem mittleren Druck bzw. der Tragfähigkeit über eine inspektionelle Analyse. Wie vorher führen wir mit $\bar{h}$, R und B dimensionslose Größen ein, die wir wieder mit h, x, z bezeichnen und wählen als Bezugsdruck den gesuchten mittleren Druck $\bar{p}$. Aus (5.57) gewinnen wir unter Benutzung von (5.60) die Gleichung

$$\frac{\psi^2\bar{p}}{\eta\,\Omega}\frac{\partial}{\partial x}\left(h^3\frac{\partial}{\partial x}\left(p^{\frac{n+1}{n}}\right)\right) + \frac{\psi^2\bar{p}}{\eta\,\Omega}\frac{R^2}{B^2}\frac{\partial}{\partial z}\left(h^3\frac{\partial}{\partial z}\left(p^{\frac{n+1}{n}}\right)\right) = 6\,\frac{n+1}{n}\frac{\partial}{\partial x}\left(p^{1/n}h\right) \ . \tag{5.61}$$

Neben dem Polytropenexponenten n treten die aus dem inkompressiblen Fall bekannten Produkte So, B/D und ϵ auf, letzteres ist im Spaltverlauf h enthalten. Unter Berücksichtigung des Außendruckes p_a lautet die Beziehung (5.21) entsprechende Gleichung für das Gaslager

$$So = \frac{\psi^2 \bar{p}}{\eta \, \Omega} = \text{fn}(\epsilon, B/D, \bar{p}/p_a, n, \gamma) \; , \tag{5.62}$$

in der jetzt aber die gesuchte Größe auf beiden Seiten auftaucht. Wir lösen daher nach $\bar{p}/p_a$ auf und bilden die Sommerfeld-Zahl nun mit p_a. Damit erscheint ein neues dimensionsloses Produkt

$$\Lambda = 6 \, \frac{\Omega \, \eta}{\psi^2 p_a} \; , \tag{5.63}$$

in das wir den Faktor 6 eingeführt haben und das als *Kompressionszahl* bezeichnet wird:

$$\frac{\bar{p}}{p_a} = \text{fn}(\epsilon, \Lambda, B/D, n, \gamma) \; . \tag{5.64}$$

Damit läßt sich der inkompressible Grenzfall für Gase, d. h. $\Omega\eta/p_a \ll 1$, der Forderung

$$\Lambda \ll 1$$

zuordnen. Die Kompressionszahl läßt sich auch einer inspektionellen Analyse entnehmen, wenn man p_a statt $\bar{p}$ als Bezugsgröße verwendet und so die Gleichung

$$\frac{\partial}{\partial x}\left(h^3 \frac{\partial}{\partial x}\left(p^{\frac{n+1}{n}}\right)\right) + \frac{R^2}{B^2}\frac{\partial}{\partial z}\left(h^3 \frac{\partial}{\partial z}\left(p^{\frac{n+1}{n}}\right)\right) = \Lambda \left(\frac{n+1}{n}\right) \frac{\partial}{\partial x}\left(p^{1/n} h\right) \tag{5.65}$$

erhält, der man im Grenzfall $\Lambda \to \infty$

$$\frac{\partial}{\partial x}\left(p^{1/n} h\right) = 0 \tag{5.66}$$

entnimmt und damit eine Druckverteilung erhält, die nur von der Spalthöhe abhängt:

$$\frac{p}{p_a} = \left(\frac{h_a}{h}\right)^n \; . \tag{5.67}$$

In (5.67) ist h_a die dimensionslose Spalthöhe, an der der Außendruck p_a angetroffen wird, wobei man h_a/h natürlich auch als das tatsächliche Spalthöhenverhältnis interpretiert. Wir bemerken abschließend, daß aber im allgemeinen sich die Lösung von (5.65) durch die Nichtlinearität schwierig gestaltet.

6 Turbulente Strömungen

6.1 Einführung

Aus den Anwendungen der Dimensionsanalyse auf Probleme der Strömungsmechanik ist die Bedeutung der Reynoldsschen Zahl hervorgetreten. Die Diskussion der Widerstandsgesetze hat gezeigt, daß in reibungsbehafteter, inkompressibler Strömung um geometrisch ähnliche Körper allein die Reynolds-Zahl das Strömungsverhalten bestimmt.

In der Praxis hat man es oft mit Strömungen bei großen Reynolds-Zahlen zu tun, und es ist bekannt, daß Strömungen plötzlich und drastisch ihr Verhalten ändern, wenn eine bestimmte *kritische Reynolds-Zahl* überschritten wird. Oberhalb dieser kritischen Reynolds-Zahl, die für verschiedene Strömungen verschiedene Werte annimmt, also problemspezifisch ist, wird eine vorher stationäre Strömung instationär, bei weiterhin stationären Randbedingungen.

Bekanntlich ist dieser plötzliche Wechsel des Strömungscharakters darauf zurückzuführen, daß die ursprünglich stabile Strömungsform instabil geworden ist. Genügend weit oberhalb der kritischen Reynolds-Zahl entwickelt sich dann aus der laminaren Strömung über Zwischenformen, die noch laminar sein können, die sogenannte *voll turbulente Strömung*. Diese Strömung ist dreidimensional und instationär. Geschwindigkeit, Druck, Temperatur und andere Strömungsgrößen schwanken unregelmäßig um Mittelwerte; die Strömung hat stochastischen Charakter, d. h. die Strömungsgrößen sind Zufallsgrößen.

Den Mittelwert der Geschwindigkeit $\bar{u}_i$ am Ort $\vec{x}$ zur Zeit t erhält man aus dem arithmetischen Mittel der Geschwindigkeiten am Ort $\vec{x}$ zur Zeit t aus $n \to \infty$ Realisationen desselben Strömungsablaufes:

$$\bar{u}_i(\vec{x},t) = \lim_{n\to\infty} \frac{1}{n} \sum_{k=1}^{n} u_i^{(k)}(\vec{x},t) \ . \qquad (6.1)$$

Statt der Mittelwertbildung nach (6.1) wird bei einer im Mittel stationären Strömung das zeitliche Mittel verwendet:

$$\bar{u}_i(\vec{x}) = \lim_{T\to\infty} \frac{1}{T} \int\limits_{t-\frac{T}{2}}^{t+\frac{T}{2}} u_i(\vec{x},t)dt \ . \qquad (6.2)$$

Die zufällige Momentangeschwindigkeit $u_i(\vec{x},t)$ am Ort $\vec{x}$ ist nicht wichtig für die Praxis, da sie von sehr kleinen, nicht erfaßbaren Störungen der Anfangsbedingungen bei einer Realisation des Strömungsablaufes abhängt. Es muß daher das Ziel sein, die mittleren Größen zu berechnen.

Die Abweichung von einer mittleren Größe nennen wir Schwankung, die Abweichung der Strömungsgeschwindigkeit u_i von der mittleren Geschwindigkeit $\bar{u}_i$ die *Schwankungsgeschwindigkeit* u_i':

$$u_i'(\vec{x},t) = u_i(\vec{x},t) - \bar{u}_i(\vec{x},t) \ . \qquad (6.3)$$

Bei turbulenten Strömungen tritt eine, im Vergleich zur laminaren Strömungsform, typische Erhöhung des Widerstandes auf, die bereits im Zusammenhang mit (1.61) sichtbar wurde. Während der für den Volumenstrom $\dot{V}$ durch ein glattes Rohr nötige Druckabfall in laminarer Strömung proportional zum Volumenstrom ist, steigt er in turbulenter Strömung an, bis er schließlich mit dem Quadrat des Volumenstromes zunimmt. Der Anstieg des Widerstandes hat seine Ursache in den gemittelten Impulsflüssen der Schwankungsbewegung $-\varrho\,\overline{u_i'u_j'}$, die als *Reynoldssche Spannungen* oder *turbulente Scheinspannungen* bezeichnet werden. In turbulenten Strömungen sind diese Reynoldsschen Spannungen im allgemeinen sehr viel größer als die viskosen Reibungsspannungen. Nur in unmittelbarer Nähe fester Wände, dort wo auch die Schwankungsgeschwindigkeiten als Folge der Randbedingung

$$u_i = 0 \quad \text{(an der Wand)} \qquad (6.4)$$

abfallen, sind die Reibungsspannungen größer.

Zur Lösung der Differentialgleichungen für die mittlere Strömung müssen die Reynoldsschen Spannungen bekannt sein. Wegen ihres großen Einflusses wäre ihre Vernachlässigung unzulässig. Bisher gibt es aber keine Theorie der ausgebildeten Turbulenz, die es gestattet, ohne Rückgriff auf zusätzliche Hypothesen die Reynoldsschen Spannungen zu ermitteln. Zur Zeit sind drei Hauptrichtungen erkennbar, die Felder der mittleren Größen, z. B. Geschwindigkeit und Druck, zu ermitteln. Diese sind mehr oder weniger von einander unabhängig. In neuester Zeit hat die *direkte Integration* der zeitabhängigen Navier-Stokes-Gleichungen die turbulenten Geschwindigkeits- und Druckfelder erzeugt, aus denen die mittleren Größen, insbesondere die Reynoldsschen Spannungen, gefunden werden können. Diese direkten numerischen Simulationsrechnungen sind bisher auf, für turbulente Strömungen, niedrige Reynolds-Zahlen beschränkt, sowie auf besonders einfache Geometrien. Diese Entwicklung ist vielversprechend, und größere und schnellere Rechenanlagen werden in Zukunft die Anwendung auf geometrisch kompliziertere Strömungen erlauben. Für praktische Zwecke wird man in den Anwendungen aber noch meistens eine der beiden anderen Richtungen verfolgen müssen, und hier kann merklicher Fortschritt nur durch Abstraktion und angemessene Vereinfachungen erreicht werden. Es kommt dann darauf an, nur die wesentlichen Aspekte zu beschreiben, d. h. die komplexe Situation der turbulenten Strömung zu abstrahieren und zu vereinfachen. Die eine dieser Methoden schafft letztlich Gleichungen für die Reynoldsschen Spannungen, bzw. für die Schließung des Gleichungssystems der mittleren Strömung, aus einer Kombination von Hypothesen, empirischen Daten und theoretischen Beziehungen, die die Form von algebraischen Gleichungen oder von Differentialgleichungen annehmen können (siehe SPEZIALE [1991] für eine Übersicht moderner Methoden zur Modellierung der Reynoldsschen Spannungen). Keines dieser *Turbulenzmodelle* ist streng begründbar, und sie sind meistens einer speziellen Klasse von Strömungsproblemen angepaßt. Es ist zu erwarten, daß diese Turbulenzmodelle in der Zukunft auf Grund der Ergebnisse von Simulationsrechnungen verbessert und rationalisiert werden können. Die Modelle benötigen oft Daten, die sich mit genügender Genauigkeit experimentell nicht ermitteln lassen, die sich aber den erwähnten numerischen Simulationsrechnungen ohne weiteres entnehmen lassen. Außerdem stellen die Simulationsrechnungen quantitative Resultate bereit, mit denen sich die Modelle testen lassen. In der Verbindung beider Methoden kann man z. B. die große Wirbelbewegung turbulenter Strömung direkt simulieren und die feineren turbulenten Strukturen durch Turbulenzmodelle beschreiben.

Wir werden zur Ermittlung der mittleren Bewegung *dimensionsanalytische Methoden* anwenden. In Verbindung mit zusätzlichen Betrachtungen und unter Verwendung gesicherter experimenteller Erkenntnisse gelingt es oft, ohne Rückgriff auf die Bewegungsgleichungen, die turbulente Strömung zu beschreiben. Häufiger liefern die dimensionsanalytisch gewonnenen Einsichten Ansätze zur Lösung der Bewegungsgleichungen, die dann meist in integraler Form Anwendung finden. Vorausgesetzt, die Auswahl der physikalischen Größen ist dem Problem angepaßt, liefert die Dimensionsanalyse exakte Ergebnisse. Dies steht im Gegensatz zu den oft nur plausiblen Annahmen, die bei der Formulierung von Turbulenzmodellen nötig sind.

6.2 Turbulente Scherströmung in Wandnähe

In den technischen Anwendungen nehmen die turbulenten Scherströmungen die wichtigste Stellung ein. Dabei unterscheiden wir sogenannte *freie Scherströmungen* (siehe Abschnitt 6.5), bei denen der Strömungsraum nicht durch feste Wände begrenzt ist (typischerweise Freistrahlen und Nachlaufströmungen) und turbulente Scherströmungen in der Nähe fester Wände (typischerweise Rohr- und Grenzschichtströmungen). Mit dieser letzten Klasse werden wir uns zunächst beschäftigen und beschränken uns hierbei auf stationäre, ebene Strömungen im *gleitenden Gleichgewicht* und verstehen darunter Strömungen längs einer Wand $y = 0$, die sich an jeder Stelle x auf die an dieser Stelle herrschenden äußeren Größen, etwa den Druckgradienten oder die Geschwindigkeit, genügend schnell einstellen. Offensichtlich muß die typische Zeit, die nötig ist, die Gleichgewichtsbedingung in y-Richtung bereitzustellen, viel kürzer sein als die typische Zeit der äußeren Strömung, etwa $(\mathrm{d}U/\mathrm{d}x)^{-1}$. Insbesondere werden mit dieser Annahme „Gedächtniseffekte“ der turbulenten Grenzschicht nicht erfaßt.

6.2.1 Das Prandtlsche Wandgesetz

Wir betrachten den einfachsten Fall einer inkompressiblen, ebenen, turbulenten Schichtenströmung längs einer glatten Wand mit der Geschwindigkeitskomponente $\bar{u}$ in x-Richtung, die nur von der Koordinate y senkrecht zur Strömungsrichtung abhängt (Abb. 6.1). Die anderen Komponenten der mittleren Geschwindigkeit verschwinden nach Voraussetzung.

Der Druckgradient in x-Richtung sei Null, so daß als Folge der Bewegungsgleichungen die Divergenz des Spannungstensors verschwindet. Die hier interessierende Schubspannung τ_{xy}, die wir kurz mit τ bezeichnen wollen, ist dann im ganzen Feld gleich der Wandschubspannung τ_w, die allein aus den Reibungsspannungen resultiert, da auch bei noch so kleiner Viskosität die Haftbedingung gilt, so daß die Reynoldsschen Spannungen an der Wand verschwinden.

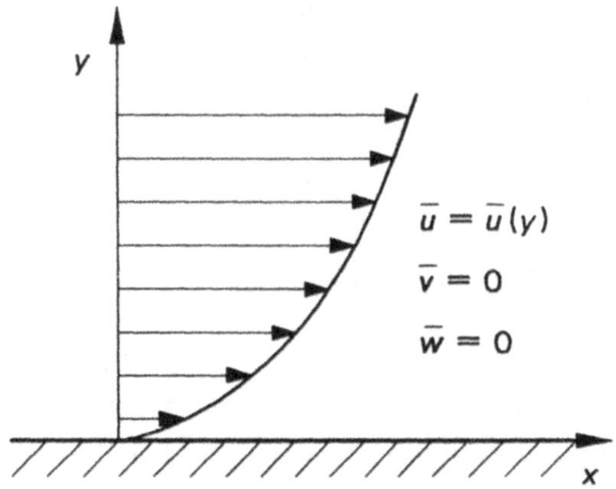

Abb. 6.1. Turbulente Scherströmung an einer glatten Wand

Wir fragen nach der Verteilung der mittleren Geschwindigkeit $\bar{u}(y)$ und erwarten nach den obigen Ausführungen einen Zusammenhang

$$\bar{u} = \mathrm{fn}(y, \tau_w, \eta, \varrho) \; , \tag{6.5}$$

den wir mit bekannten Methoden auf einen dimensionslosen Zusammenhang zwischen den dimensionslosen Produkten

$$\Pi_1 = \frac{\bar{u}}{\sqrt{\tau_w/\varrho}} \tag{6.6}$$

und

$$\Pi_2 = \frac{y\sqrt{\tau_w/\varrho}}{\nu} \; , \tag{6.7}$$

also auf

$$\frac{\bar{u}}{\sqrt{\tau_w/\varrho}} = \mathrm{fn}\left(\frac{y\sqrt{\tau_w/\varrho}}{\nu}\right) \tag{6.8}$$

mit $\nu = \eta/\varrho$ zurückführen. Der Wurzelausdruck in (6.8) mit der Dimension einer Geschwindigkeit ist als *Schubspannungsgeschwindigkeit* bekannt:

$$u_* = \sqrt{\frac{\tau_w}{\varrho}} \; . \tag{6.9}$$

Sie ist die charakteristische Geschwindigkeit der Wandturbulenz und ein Maß für die Schwankungsgeschwindigkeiten, z. B. u'. Mit der Definition (6.9) schreiben wir für (6.8) dann kürzer

$$\frac{\bar{u}}{u_*} = f\left(\frac{y\,u_*}{\nu}\right) \; . \tag{6.10}$$

Wir fragen auch nach dem Verlauf der Reynoldsschen Spannungen, die bei der vorausgesetzten Schichtenströmung ebenfalls nur von y abhängen: Sie steigen mit wachsendem Abstand von der Wand rasch an, während die viskosen Spannungen stark abfallen, so daß die Schubspannung schließlich alleine durch die Reynoldsschen Spannungen aufgebracht wird.

Da hier nur τ_{xy} eine Rolle spielt, ist von den sechs unabhängigen Komponenten des symmetrischen Tensors der Reynoldsschen Spannungen nur die Komponente $-\varrho\,\overline{u_1'u_2'} = -\varrho\,\overline{u'v'}$ von Interesse. Führt man diese statt $\bar{u}(y)$ in (6.5) ein, so erhält man statt des dimensionslosen Produktes $\bar{u}/u_*$ den Ausdruck $\overline{u'v'}/u_*^2$ und daher für die Verteilung der Reynoldsschen Spannungen die Gleichung

$$\frac{\overline{u'v'}}{u_*^2} = g\left(\frac{y\,u_*}{\nu}\right) . \tag{6.11}$$

Die Beziehungen (6.10) und (6.11) stellen den Inhalt des *Prandtlschen Wandgesetzes* dar, eines der wichtigsten Ergebnisse der Turbulenztheorie.

Wie bereits besprochen, treten in unmittelbarer Wandnähe die Reynoldsschen Spannungen gegenüber den viskosen Spannungen zurück. Die Dicke δ_ν dieser als *viskose Unterschicht* bezeichneten Schicht gewinnen wir wieder aus einer Dimensionsbetrachtung: Die Überlegungen, die zu (6.10) führten, ergeben jetzt den Zusammenhang

$$\delta_\nu = \delta_\nu(\tau_w, \eta, \varrho) \tag{6.12}$$

oder

$$\delta_\nu\,\frac{u_*}{\nu} = const = \beta \ , \tag{6.13}$$

wobei die Konstante aus Experimenten zu bestimmen ist.

Die Schubspannung innerhalb der Schicht δ_ν ist, wie schon mehrfach ausgeführt,

$$\tau_w = \eta\,\frac{\mathrm{d}\bar{u}}{\mathrm{d}y} \tag{6.14}$$

oder mit (6.9) und (6.10)

$$\varrho\,u_*^2 = \eta\,f'\,\frac{u_*^2}{\nu} \ , \tag{6.15}$$

wobei f' die Ableitung der Funktion f nach ihrem Argument $y_* = y\,u_*/\nu$ bedeutet. Aus (6.15) folgt eine in y lineare Geschwindigkeitsverteilung in der viskosen Unterschicht

$$\frac{\bar{u}}{u_*} = \frac{y\,u_*}{\nu} . \tag{6.16}$$

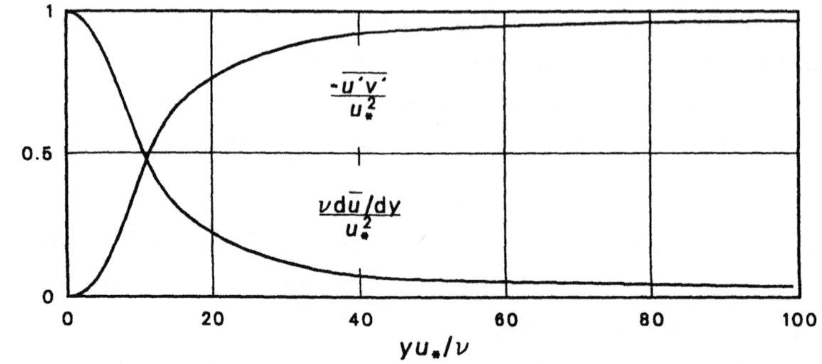

Abb. 6.2. Verteilung der turbulenten und viskosen Spannungen in Wandnähe nach ROTTA [1972]

Wir betrachten nun die universelle Funktion in einem Bereich, in dem die turbulenten Spannungen sehr viel größer als die viskosen Spannungen sind, so daß die Viskosität η nicht in die Impulsübertragung eingehen darf. Bevor wir auf dimensionsanalytischem Weg untersuchen, wie der Zusammenhang zwischen Geschwindigkeitsprofil und der nur durch turbulente Schwankungsgeschwindigkeiten hervorgerufenen Schubspannung ($\tau = \tau_w$) ist, bedenken wir, daß der Impulsaustausch eine Folge der Geschwindigkeitsänderung $\partial\bar{u}/\partial y$ ist, folglich die Geschwindigkeit $\bar{u}$ selbst keine Rolle spielen kann; die Überlagerung eines konstanten Wertes zu $\bar{u}$ würde den Impulsfluß nicht ändern.

Die (6.5) entsprechende Beziehung lautet jetzt

$$\frac{\mathrm{d}\bar{u}}{\mathrm{d}y} = \mathrm{fn}(y, \tau_w, \varrho) \,, \tag{6.17}$$

der man unmittelbar den äquivalenten Zusammenhang

$$\frac{y}{u_*}\frac{\mathrm{d}\bar{u}}{\mathrm{d}y} = const = \frac{1}{\kappa} \tag{6.18}$$

entnimmt. Die Integration liefert das berühmte *logarithmische Wandgesetz*:

$$\frac{\bar{u}}{u_*} = \frac{1}{\kappa}\ln y + C \,. \tag{6.19}$$

Die dimensionslose Konstante κ ist dimensionsanalytisch nicht bestimmbar.

Wir erhalten dasselbe Ergebnis, indem wir gleich von (6.10) ausgehend $\mathrm{d}\bar{u}/\mathrm{d}y$ bilden

$$\frac{\mathrm{d}\bar{u}}{\mathrm{d}y} = \frac{u_*^2}{\nu} f'\left(\frac{y\,u_*}{\nu}\right) \tag{6.20}$$

und nun fordern, daß die Viskosität aus dem Zusammenhang verschwindet. Dann muß f' die Form

$$f' = const \, \frac{\nu}{y\, u_*} \tag{6.21}$$

annehmen, und wir werden auf diesem Weg wieder auf (6.18) geführt.

Wir bemerken, daß (6.19) nur dimensionshomogen ist, wenn über die Konstante C in geeigneter Weise verfügt wird. Zu ihrer Berechnung kann nicht die Haftbedingung an $y = 0$ herangezogen werden, da (6.19) nicht in der viskosen Unterschicht gilt, was schon dadurch zum Ausdruck kommt, daß $\bar{u}$ gegen minus Unendlich strebt, wenn y gegen Null geht. Die Konstante dient vielmehr dazu, die Geschwindigkeit (6.19) an die Geschwindigkeit der viskosen Unterschicht anzupassen und wird daher von der Viskosität abhängen. Wir setzen

$$C = B + \frac{1}{\kappa} \ln\left(\frac{u_*}{\nu}\right) \tag{6.22}$$

und erhalten damit die dimensionshomogene Form des logarithmischen Wandgesetzes:

$$\frac{\bar{u}}{u_*} = \frac{1}{\kappa} \ln\left(y \, \frac{u_*}{\nu}\right) + B \, . \tag{6.23}$$

Die absolute Konstante B muß wieder aus dem Experiment bestimmt werden. Sie könnte natürlich theoretisch ermittelt werden, wenn das logarithmische Wandgesetz bis zu einem bestimmten Wandabstand Gültigkeit besäße und dort die Geschwindigkeit bekannt wäre. Der Übergang von der viskosen Unterschicht, wo die Reynoldsschen Spannungen verschwinden, bis zum Gültigkeitsbereich des logarithmischen Gesetzes, wo die viskosen Spannungen vernachlässigbar sind, findet aber fließend statt. Nimmt man trotzdem feste Grenzen an, so läßt sich die Konstante bestimmen, und man zeigt leicht, daß sie den Wert

$$B = -\frac{1}{\kappa} \ln \beta + \beta \tag{6.24}$$

annimmt, wenn man B so ermittelt, daß die Geschwindigkeit in (6.23) gleich der Geschwindigkeit am Rand der viskosen Unterschicht ($y\, u_*/\nu = \beta$) ist.

Die Konstanten κ (*Kármánsche Konstante*), β und B sind ableitungsgemäß von der Reynolds-Zahl unabhängig. Im Bereich

$$30 < y \, \frac{u_*}{\nu} < 1000 \tag{6.25}$$

legen Meßergebnisse die Werte $\kappa \approx 0.4$ und $B \approx 5$ nahe. Der lineare Bereich dehnt sich

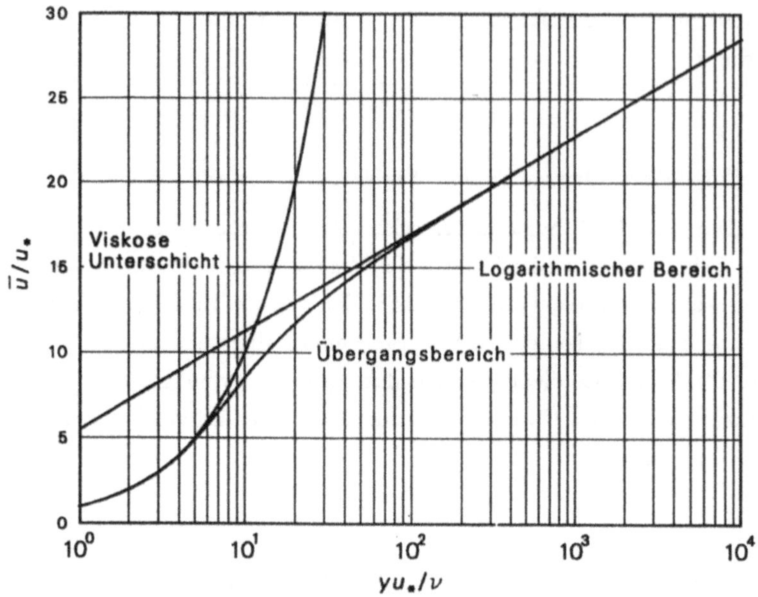

Abb. 6.3. Universelle Geschwindigkeitsverteilung im logarithmischen Maßstab

von der Wand bis zu $y\,u_*/\nu = 5$ aus. Der Bereich dazwischen, also

$$5 < y\,\frac{u_*}{\nu} < 30\ , \tag{6.26}$$

wird als *Übergangsbereich* bezeichnet. In der Literatur finden sich eine Reihe von analytischen Ausdrücken für die Geschwindigkeitsverteilung $\bar{u}/u_* = f(y\,u_*/\nu)$, die als Interpolationsformeln einen glatten Übergang von dem linearen Bereich in den logarithmischen Bereich verschaffen. Wir geben diese Formeln nicht an, weil es uns eher auf den physikalischen Unterschied zwischen der voll turbulenten Schicht ($y\,u_*/\nu > 30$) und der viskosen Unterschicht ($y\,u_*/\nu < 5$) ankommt. Im Übergangsbereich nimmt die viskose Spannung ab und die turbulente Spannung zu.

Es ist bemerkenswert, daß man aus einer völlig anderen Dimensionsbetrachtung, wie der oben diskutierten, ebenfalls auf das logarithmische Wandgesetz geführt wird: Man geht davon aus (VON KÁRMÁN [1930]), daß die turbulente Schubspannung an der Stelle y nur von der Änderung des Geschwindigkeitsfeldes an dieser Stelle, d. h. von den Ableitungen $\mathrm{d}^n\bar{u}/\mathrm{d}y^n$ ($n = 1, 2, 3, \ldots$) abhängt, der Zusammenhang also von der Form

$$\tau_w = \tau = \mathrm{fn}\left(\varrho, \frac{\mathrm{d}^n\bar{u}}{\mathrm{d}y^n}\right) \tag{6.27}$$

ist. Beschränkt man sich auf $n = 1, 2$, so tritt das dimensionslose Produkt

$$\Pi = \frac{\tau}{\varrho} \frac{(\mathrm{d}^2\bar{u}/\mathrm{d}y^2)^2}{(\mathrm{d}\bar{u}/\mathrm{d}y)^4} \tag{6.28}$$

auf, und (6.27) reduziert sich auf

$$\frac{\tau}{\varrho} \frac{(\mathrm{d}^2\bar{u}/\mathrm{d}y^2)^2}{(\mathrm{d}\bar{u}/\mathrm{d}y)^4} = const = \kappa^2 \; . \tag{6.29}$$

Aus (6.29) entsteht mit $\tau = \varrho u_*^2$ die folgende Differentialgleichung für die mittlere Geschwindigkeit

$$\frac{\mathrm{d}^2\bar{u}}{\mathrm{d}y^2} + \frac{\kappa}{u_*} \left(\frac{\mathrm{d}\bar{u}}{\mathrm{d}y} \right)^2 = 0 \; , \tag{6.30}$$

die als Lösung wieder das logarithmische Wandgesetz (6.19) hat.

6.2.2 Einfluß des Druckgradienten

Die Erweiterung der bisherigen Ergebnisse auf Strömungen mit beliebigem Druckverlauf führt den Druckgradienten ein, den wir in inkompressibler Strömung in der Form des *kinematischen Druckgradienten*

$$\frac{1}{\varrho} \frac{\partial \bar{p}}{\partial x} = \alpha \tag{6.31}$$

als zusätzliche Veränderliche im Problem (6.5) zu berücksichtigen haben, und der Anlaß zu dem zusätzlichen dimensionslosen Produkt

$$\Pi_3 = \frac{u_*^2}{y\,\alpha} \tag{6.32}$$

gibt. Nur wenn der Druckgradient konstant ist, wie in langen Kanälen oder Rohren konstanten Querschnittes, ist er über u_* schon festgelegt, sonst mag er mit x (langsam) veränderlich sein, wie bei Kanälen veränderlichen Querschnittes oder wie bei Grenzschichten, wo der Druckverlauf in der äußeren Strömung i. allg. beliebig sein kann. Statt (6.10) haben wir dann den Zusammenhang

$$\frac{\bar{u}}{u_*} = f\left(\frac{y\,u_*}{\nu}, \frac{u_*^2}{y\,\alpha} \right) \; , \tag{6.33}$$

der sich für y-Abstände, für die gilt

$$y \ll \frac{u_*^2}{|\alpha|} \; , \tag{6.34}$$

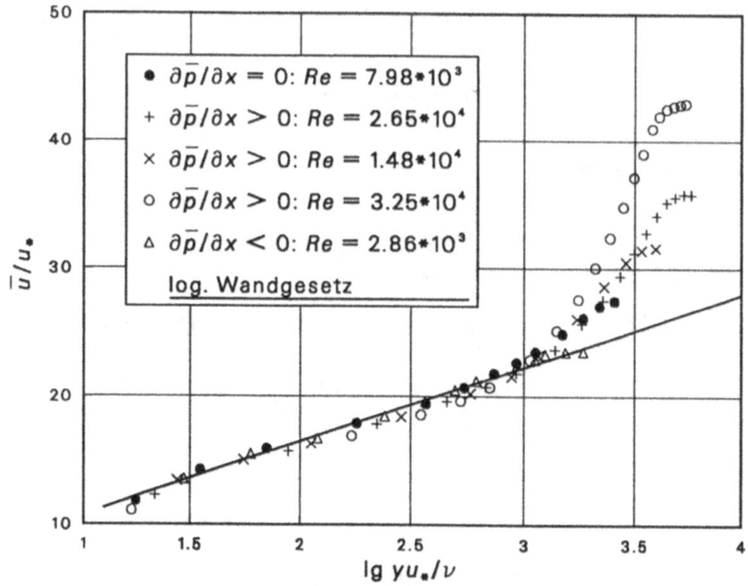

Abb. 6.4. Experimente nach LUDWIEG und TILLMANN [1949] mit logarithmischem Wandgesetz ($\kappa = 0.4,\ B = 5$)

wieder auf das Prandtlsche Gesetz reduziert. Das logarithmische Wandgesetz behält daher weiterhin seine Gültigkeit für den Bereich

$$\delta_\nu \ll y \ll \frac{u_*^2}{|\alpha|} \ . \tag{6.35}$$

Die durch (6.35) gegebene Ungleichung wird für moderate Druckgradienten erfüllt, egal ob $\alpha < 0$, d. h. beschleunigte Strömung, oder $\alpha > 0$, d. h. verzögerte Strömung, vorliegt. Das logarithmische Wandgesetz stellt damit ein universelles Gesetz dar, das vom Druckgradienten unabhängig ist. Der universelle Charakter des logarithmischen Wandgesetzes wurde zuerst von LUDWIEG und TILLMANN [1949] experimentell festgestellt und ist durch zahlreiche Versuche immer wieder bestätigt worden. Erst wenn die y-Abstände, die zur Erfüllung der Bedingung (6.34) nötig sind, in die Größenordnung der Dicke der viskosen Unterschicht δ_ν kommen, existiert der logarithmische Bereich nicht mehr. Offensichtlich ist diese Bedingung erfüllt, wenn nach (6.26)

$$y \approx \frac{30\nu}{u_*} \approx \frac{u_*^2}{|\alpha|} \tag{6.36}$$

ist oder

$$\frac{u_*^3}{\nu|\alpha|} \approx 30 \ . \tag{6.37}$$

Das hier auftretende dimensionslose Produkt wird auch erhalten, wenn wir die Argumente in (6.33), dimensionsanalytisch äquivalent, durch $y\,u_*/\nu$ und $u_*^3/(\nu\alpha)$ ersetzen und damit die Form

$$\frac{\bar{u}}{u_*} = f\left(\frac{y\,u_*}{\nu}, \frac{u_*^3}{\nu\,\alpha}\right) \tag{6.38}$$

gewinnen, in der y nur in einem dimensionslosen Produkt auftritt. Für (6.38) läßt sich eine explizite Darstellung angeben (TOWNSEND [1961], MELLOR und GIBSON [1966]), auf die wir nicht eingehen, der aber unter anderem die Annahme zugrunde liegt, daß die Schubspannung, die ja strenggenommen nur im Fall eines verschwindenden Druckgradienten wirklich konstant ist, linear vom Abstand abhängt. Auf eine lineare Schubspannungsverteilung wird man geführt, wenn Trägheitskräfte der mittleren Strömung keine Rolle spielen, was man am leichtesten für den Fall der Kanalströmung einsieht, wo bekanntlich als Folge des Impulssatzes, also unabhängig von der Strömungsform, die Spannung linear verteilt ist:

$$\tau = \tau_w + \varrho\,\alpha\,y \ . \tag{6.39}$$

Für $\alpha < 0$, also für beschleunigte Strömung, ist die Form (6.38) selbst bei kleinen Werten von $u_*^3/(\nu|\alpha|)$ nicht nötig, denn bei Werten, die (6.37) entsprechen, tritt bereits Relaminierung der turbulenten Grenzschicht ein, so daß man in der Praxis immer einen logarithmischen Anteil in der Geschwindigkeitsverteilung feststellt, der dann auch den Bereich der Scherschicht abdeckt, der noch nicht durch die äußere Begrenzung, etwa die Grenzschichtdicke δ, beeinflußt ist. Bei positivem Druckgradienten, wenn also die Strömung einem starken Druckanstieg ausgesetzt ist, ist zwar auch ein logarithmischer Anteil vorhanden, dort nämlich, wo die Änderung der Schubspannung noch unbemerkt bleibt, aber der größte Teil der Scherschicht wird durch den Druckgradienten geprägt.

6.2.3 Besonderheiten bei starkem Druckanstieg

Im Sinne von (6.39) entspricht ein starker Druckgradient dem Fall

$$\varrho\,\alpha\,y \gg \tau_w \ , \tag{6.40}$$

wobei wir aber weiterhin annehmen, daß die Scherschicht noch nicht von dem äußeren

Rand her beeinflußt ist, also den Bereich

$$\frac{u_*^2}{\alpha} \ll y \ll \delta \tag{6.41}$$

betrachten, in dem δ verallgemeinernd für die Grenzschichtdicke oder etwa die halbe Kanalhöhe steht. In diesem Bereich kann die Wandschubspannung τ_w bzw. u_* und a fortiori die Viskosität keine Rolle spielen. Daher muß (6.33) die Form annehmen (KADER und YAGLOM [1978]):

$$\frac{\bar{u}^2}{u_*^2} = const\,\frac{y\,\alpha}{u_*^2} \quad \text{oder} \quad \bar{u} = K\,\sqrt{\alpha\,y} + K_1\ . \tag{6.42}$$

Die Konstante K_1 hat die Bedeutung einer Translationsgeschwindigkeit, von der die Dynamik der Scherschicht ja nicht abhängen darf. Diese Konstante stellt die Geschwindigkeit an der Wand dar, die man erhielte, wenn man Gleichung (6.42) für $y = 0$ anwendet, wo sie nicht mehr gilt. Diese Gleitgeschwindigkeit wäre als Integrationskonstante aufgetaucht, wenn man analog zu (6.17) von einer dimensionsanalytisch zu fordernden Form (PERRY et al. [1966])

$$\frac{\mathrm{d}\bar{u}}{\mathrm{d}y} = \mathrm{fn}(\alpha, \varrho, y) \tag{6.43}$$

ausgegangen wäre.

Die Viskosität spielt vorausetzungsgemäß keine direkte Rolle in (6.43) oder (6.42), aber eine indirekte über die Integrationskonstante K_1. Da das *Wurzelgesetz* nämlich für kleine Werte von $y\alpha/u_*^2$ in das Gesetz (6.38) übergehen muß, erwarten wir eine Abhängigkeit der Konstanten K_1 von dem dimensionslosen Produkt $u_*^3/(\alpha\nu)$ und damit von der Viskosität. Experimente legen im Bereich (6.41) die Werte (PERRY et al. [1966])

$$K \approx 4.16 \tag{6.44}$$

und

$$\frac{K_1}{u_*} = \frac{1}{\kappa}\ln\left(\frac{u_*^3 C}{\alpha\nu}\right)\ , \quad C \approx 1.46 \tag{6.45}$$

nahe. Abbildung 6.5 zeigt die Verteilung $\bar{u}/u_* - K_1/u_*$ für das logarithmische Wandgesetz zusammen mit experimentellen Werten. Einen Anhaltspunkt für die auftretenden Konstanten gewinnt man aber schon aus der Forderung, daß das Wurzelgesetz und das logarithmische Wandgesetz dieselbe Geschwindigkeit $\bar{u}$ und dieselbe mittlere Rotation (d. h. $\mathrm{d}\bar{u}/\mathrm{d}y$) an der Stelle $y = u_*^2/\alpha$ liefern, wo beide streng genommen ja nicht mehr

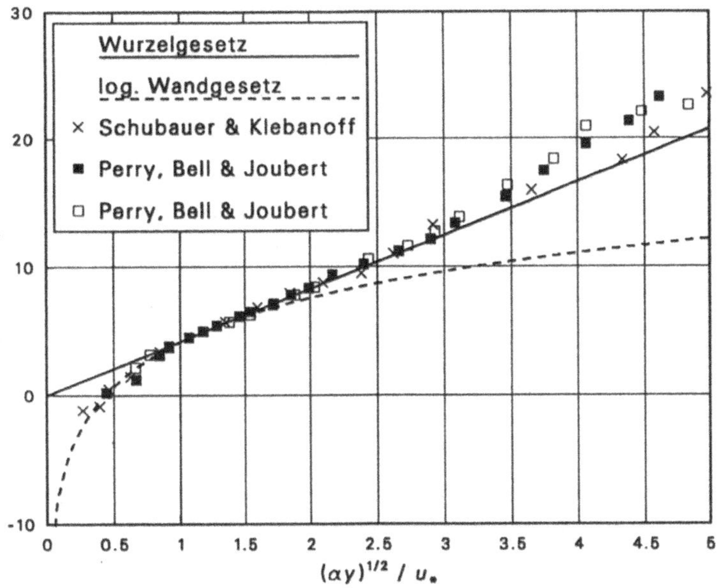

Abb. 6.5. Das Wurzelgesetz nach PERRY et al. [1966]

gelten. Mit (6.18) und (6.42) erhält man aus

$$\frac{d\bar{u}}{dy} = \frac{1}{\kappa}\frac{u_*}{y} = \frac{K}{2}(\alpha y)^{1/2}\frac{1}{y} \tag{6.46}$$

die Konstante K zu

$$K = \frac{2}{\kappa} \tag{6.47}$$

und K_1 dann aus

$$\bar{u} = u_*\left(\frac{1}{\kappa}\ln\left(\frac{u_*^3}{\alpha\nu}\right) + B\right) = Ku_* + K_1 \tag{6.48}$$

zu

$$\frac{K_1}{u_*} = \frac{1}{\kappa}\ln\left(\frac{Cu_*^3}{\alpha\nu}\right), \tag{6.49}$$

wobei hier $C = \exp(B\kappa - 2)$ ist. Für $B = 5$ und $\kappa = 0.4$ nimmt wegen $K = 5$ C den Wert 1 an. Diese Werte sind von den experimentell ermittelten Werten schon deutlich verschieden. Wenn der Wert von K bekannt ist, läßt sich aus der Gleichheit der Rotation, also aus (6.46), der Ort y ermitteln, an dem das logarithmische Wandgesetz in das Wurzelgesetz übergeht:

$$y = \frac{u_*^2}{\alpha}\frac{4}{\kappa^2 K^2}. \tag{6.50}$$

Mit $K = 4.16$ erhält man $y \approx 1.4\, u_*^2/\alpha$, einen Wert, den man auch der Abb. 6.5 entnimmt. Offensichtlich kommt das Wurzelgesetz schon für Werte $y\alpha/u_*^2$ wenig größer als 1 zum Tragen. KADER und YAGLOM [1978] berechnen aus experimentellen Daten K zu $\sqrt{20} = 4.47$ im Bereich $y \ll \delta$ und erhalten damit $y \approx 1.2\, u_*^2/\alpha$ und für die Konstante C in (6.49) den Wert $C = 1.2$.

Auf der Basis von (6.50) läßt sich das Kriterium (6.36) für die Existenz des logarithmischen Wandgesetzes nun etwas schärfer fassen. Solange die Ungleichung

$$y = 1.4\, u_*^2/\alpha > 30\, \nu/u_*$$

bzw.

$$\frac{u_*^3}{\alpha\nu} > 20 \tag{6.51}$$

gilt, wird es einen y-Bereich geben, wo die Geschwindigkeitsverteilung dem logarithmischen Wandgesetz folgt. Bei so starkem Druckanstieg, daß diese Bedingung verletzt ist, geht das Wurzelgesetz direkt in die viskose Unterschicht über. Die Bestimmungsgleichung für diesen Ort y in der viskosen Unterschicht ist wegen (6.16) nun

$$\frac{d\bar{u}}{dy} = \frac{u_*^2}{\nu} = \frac{K}{2}(\alpha y)^{1/2}\frac{1}{y} \tag{6.52}$$

oder

$$\frac{u_* y}{\nu} = \frac{K}{2}\left(\frac{\alpha y}{u_*^2}\right)^{1/2} . \tag{6.53}$$

Aus (6.42) und (6.16) bilden wir

$$\frac{u_* y}{\nu} = K\left(\frac{\alpha y}{u_*^2}\right)^{1/2} + \frac{K_1}{u_*} , \tag{6.54}$$

und daher ist K_1 durch die Formel

$$\frac{K_1}{u_*} = -\frac{K}{2}\left(\frac{\alpha y}{u_*^2}\right)^{1/2} = -\frac{K^2}{4}\frac{\alpha\nu}{u_*^3} \tag{6.55}$$

gegeben, wenn $u_*^3/\alpha\nu < 20$. Der gesamte interessierende Bereich wird nach KADER und YAGLOM [1978] durch den Ausdruck

$$\frac{K_1}{u_*} = \frac{1}{\kappa}\ln\Gamma - \frac{15}{\Gamma^{1/2}} - \frac{6}{\Gamma} \tag{6.56}$$

mit

$$\Gamma = \frac{C u_*^3}{\alpha\nu} , \quad C = \frac{4}{\kappa^2 K^2} \tag{6.57}$$

beschrieben, der für $\Gamma \ll 1$ in das Ergebnis (6.55) übergeht. Von diesen Autoren ist auch ein verallgemeinertes Wurzelgesetz vorgeschlagen worden. Gleichung (6.42) gilt ja nur, wenn die Dicke u_*^2/α deutlich von der Grenzschichtdicke δ zu unterscheiden ist, m. a. W. im Grenzfall $\alpha\delta/u_*^2 \to \infty$. In der Tat zeigen die Messungen dann, daß K gegen einen konstanten Wert strebt, der weiter oben mit $K = 4.47$ bzw. $K = 4.16$ angegeben wurde. Aber schon bei Werten $\alpha\delta/u_*^2 < 10$ zeigen sich deutliche Abweichungen. Dann muß in (6.42) noch eine Abhängigkeit von $\alpha\delta/u_*^2$ zugelassen werden. Schreibt man (6.42) nun in der Form

$$\bar{u} = K(\alpha\delta/u_*^2)(\alpha y)^{1/2} + K_1 \ , \tag{6.58}$$

so werden die Experimente zufriedenstellend beschrieben, wenn K die Abhängigkeit

$$K = (200\, u_*^2/(\alpha\delta) + 20)^{1/2} \tag{6.59}$$

besitzt. Die Gültigkeit von (6.56) bleibt erhalten, wenn die Konstante C in (6.57) mit (6.59) ausgewertet wird. Mit (6.58) liegt im Sonderfall des starken positiven Druckgradienten der Geschwindigkeitsverlauf im y-Bereich vor, der nach unten durch (6.50) bzw. (6.53) begrenzt ist und nach oben durch die Forderung $y \ll \delta$.

6.3 Strömung durch glatte Rohre und Kanäle

6.3.1 Das Mittengesetz

Nach den bisherigen Ausführungen wird das Wandgesetz, und speziell das logarithmische Wandgesetz, bei praktisch allen turbulenten Strömungen in der Nähe einer festen Wand angetroffen. Das Gesetz gilt aber ableitungsgemäß nur für y-Abstände, die sehr viel kleiner sind als die Entfernung zur äußeren Begrenzung der turbulenten Scherströmung, die also sehr viel kleiner sind als die Grenzschichtdicke oder als der Abstand zur gegenüberliegenden Wand. Für größere Abstände macht sich dann der Einfluß des Randes bemerkbar, d. h. in den Zusammenhang (6.5) tritt eine typische Länge für die Querabmessung der gesamten Scherschicht ein, für die wir stellvertretend für alle Fälle die Grenzschichtdicke wählen. Diese gibt zunächst Anlaß zu dem dimensionslosen Produkt

$$\Pi_4 = \frac{u_*\delta}{\nu} \ . \tag{6.60}$$

Für die jetzt interessierenden Wandabstände gilt die Ungleichung (6.34) nicht mehr, so daß auch das dimensionslose Produkt Π_3 berücksichtigt werden muß. Wir haben dann für die mittlere Geschwindigkeit statt (6.33) den Zusammenhang

$$\frac{\bar{u}}{u_*} = f\left(\frac{y\,u_*}{\nu}, \frac{y\,\alpha}{u_*^2}, \frac{u_*\delta}{\nu}\right) \tag{6.61}$$

bzw.

$$\frac{\bar{u}}{u_*} = f\left(\frac{y\,u_*}{\nu}, \frac{\delta\,\alpha}{u_*^2}, \frac{u_*\delta}{\nu}\right) , \tag{6.62}$$

wenn y nur in einem der dimensionslosen Argumente auftreten soll. Wir besprechen zunächst die vollausgebildeten Kanal- bzw. Rohrströmungen mit konstantem Querschnitt, weil hier der Rand der Scherzone festliegt und gleich der halben Kanalhöhe h bzw. dem Rohrradius R ist. Die Berandung der turbulenten Grenzschicht verändert sich i. allg. nicht nur mit x, sondern ist geometrisch ein sehr kompliziertes Gebilde. Bei den ausgebildeten Rohr- bzw. Kanalströmungen ist als Folge des Impulssatzes durch den kinematischen Druckgradienten α auch schon die Schubspannung an der Wand τ_w festgelegt, für alle Kreisrohre z. B.

$$\frac{\delta\,\alpha}{u_*^2} = \frac{R\,\partial\bar{p}/\partial x}{\tau_w} = -2\,. \tag{6.63}$$

Also taucht α hier nicht als unabhängige physikalische Größe auf, und daher entfällt das entsprechende dimensionslose Produkt. Gleichung (6.63) gilt auch für Kanäle, wenn statt R der hydraulische Radius, hier $R_h = 2h$, eingesetzt wird. Der Zusammenhang (6.62) nimmt dann, ohne Einschränkung der Allgemeinheit, die einfache Form

$$\frac{\bar{u}}{u_*} = f\left(\frac{y\,u_*}{\nu}, \frac{u_*R}{\nu}\right) \tag{6.64}$$

an, indem, wie vorher, $\delta = R$ gesetzt ist und $y = R - r$ den Abstand von der Rohrwand bedeutet, wenn r der Abstand von der Achse ist. Die turbulenten Strömungen sind grundsätzlich Strömungen mit sehr großen Reynolds-Zahlen, und der Grenzübergang $R\,u_*/\nu \to \infty$ ist besonders aufschlußreich. Dieser Grenzübergang liefert aber aus (6.64) wieder das Wandgesetz, denn er entspricht dem Grenzübergang $R/y \to \infty$. Man kann natürlich den obigen Grenzübergang auch durch $\nu \to 0$ erzeugen, aber dann verschwindet in (6.64) auch noch die Abhängigkeit von y. Zwar ist vom Standpunkt der Dimensionsanalyse jedes Fundamentalsystem von dimensionslosen Produkten gleichwertig, aber zusätzliche Überlegungen, insbesondere asymptotische Betrachtungen, verlangen unter Umständen einen ganz speziellen Satz, wie ja schon im Zusammenhang mit dem

Modellwesen (Kapitel 4) einsichtig wurde. In der Tat, die Freiheit, einen dem besonderen Aspekt angepaßten Satz zu wählen, ist als entscheidender Vorteil zu werten, worauf wir schon hingewiesen haben. (Bei den asymptotischen Betrachtungen hier und auch schon vorher, setzen wir voraus, daß endliche, i. allg. von Null verschiedene, Grenzwerte der betreffenden Funktionen existieren. Bei dieser Annahme ist natürlich Vorsicht geboten. So haben z. B. spezielle Formen des Wandgesetzes, etwa das logarithmische Wandgesetz, keinen endlichen Grenzwert wenn $yu_*/\nu \to 0$ geht. Das logarithmische Wandgesetz gilt aber auch nicht in diesem Grenzübergang. Als ein nicht triviales Gegenbeispiel kann die Lösung um Keile (Abschnitt 7.1.2) angesehen werden.) Den Zusammenhang (6.64) bringen wir daher in die dimensionsanalytisch äquivalente Form

$$\frac{\bar{u}}{u_*} = F\left(\frac{R u_*}{\nu}, \frac{y}{R}\right) \tag{6.65}$$

und erhalten daraus die Mittengeschwindigkeit, d. h. die maximale Geschwindigkeit für $y/R = 1$, zu

$$\frac{\bar{u}_{max}}{u_*} = C\left(\frac{R u_*}{\nu}\right) . \tag{6.66}$$

Die allgemein gültigen Gleichungen (6.64) und (6.65) drücken denselben Sachverhalt aus und sind daher prinzipiell zur Beschreibung der mittleren Geschwindigkeit geeignet. Im Grenzübergang $Re \to \infty$ entsteht aus (6.64) das Wandgesetz, das nur für y-Abstände gelten kann, die klein im Vergleich zu R sind, schon deswegen, weil mit der Reynolds-Zahl auch R aus dem Zusammenhang verschwindet. Allerdings ist die Größe der Geschwindigkeit durch (6.64) noch nicht festgelegt, da, wie mehrfach betont, eine zusätzliche Translationsgeschwindigkeit dynamisch nicht wirksam ist. Im logarithmischen Wandgesetz, auf das wir an dieser Stelle ausdrücklich nicht zurückgreifen wollen, ist die Größe der Geschwindigkeit durch die Konstante B in (6.23) festgelegt, d. h. die Anpassung an die viskose Unterschicht. Wie wir sehen werden, ist auch (6.65) nur bis auf eine konstante Translationsgeschwindigkeit bestimmt. Bis auf diesen Anteil verschwindet in (6.65) die Abhängigkeit von ν im Grenzübergang großer Reynolds-Zahlen, wobei (6.65) dann nicht für y-Bereiche anwendbar ist, für die $y/R \to 0$ strebt, weil in diesem Fall y ja aus der Beziehung verschwände. Beide Beziehungen müssen in einem *Überlappungsbereich* gelten, der durch $y\,u_*/\nu \gg 1$ und $y/R \ll 1$ gekennzeichnet ist. Wegen des noch unbestimmten Translationsanteils stellen wir diese Forderung der gleichzeitigen Gültigkeit im Überlappungsbereich an die Rotation und gewinnen die Gleichung

$$\frac{\mathrm{d}\bar{u}}{\mathrm{d}y} = \frac{u_*}{R}\frac{\mathrm{d}F}{\mathrm{d}\eta} = \frac{u_*^2}{\nu}\frac{\mathrm{d}f}{\mathrm{d}y_*} , \tag{6.67}$$

wo jetzt $y_* = y\,u_*/\nu$ und $\eta = y/R$ ist und wir Verwechselungen mit der Viskosität η ausschließen. Aus (6.67) entsteht durch Multiplikation mit y/u_* zunächst

$$\eta\,\frac{\mathrm{d}F}{\mathrm{d}\eta} = y_*\frac{\mathrm{d}f}{\mathrm{d}y_*}\;, \tag{6.68}$$

und, da η und y_* unabhängig sind (Änderungen von R lassen y_* unbeeinflußt), müssen beide Seiten gleich einer Konstanten sein. Daraus folgt für $f(y_*)$ nicht nur wieder, und aus ganz anderer Schlußweise als in Abschnitt 6.2.1, das logarithmische Wandgesetz, sondern auch ein logarithmisches Gesetz für $F(y/R)$ im Überlappungsgebiet. Aus

$$y_*\frac{\mathrm{d}f}{\mathrm{d}y_*} = const \tag{6.69}$$

entsteht nämlich

$$\frac{\bar{u}}{u_*} = \frac{1}{\kappa}\ln y_* + B\;, \tag{6.70}$$

wobei wir die Separationskonstante als die reziproke Kármánsche Konstante identifizieren. Aus

$$\eta\,\frac{\mathrm{d}F}{\mathrm{d}\eta} = \kappa^{-1} \tag{6.71}$$

folgt dann auch das logarithmische Gesetz

$$\frac{\bar{u}}{u_*} = \frac{1}{\kappa}\ln\frac{y}{R} + C\left(\frac{R\,u_*}{\nu}\right)\;. \tag{6.72}$$

Mit der (nicht genau zutreffenden) Annahme, daß (6.72) auch noch bis $y = R$ gilt, ist die Integrationskonstante schon als die Geschwindigkeit in Rohrmitte erkannt (siehe (6.66)). Im Gegensatz zur Rotation hängt der absolute Wert der Geschwindigkeit daher von der Reynoldsschen Zahl ab. Aus (6.72) folgt schließlich die spezielle Form

$$\frac{\bar{u}_{max} - \bar{u}}{u_*} = -\frac{1}{\kappa}\ln\frac{y}{R} \tag{6.73}$$

der allgemeinen, als *Mittengesetz* bezeichneten Verteilung

$$\frac{\bar{u}_{max} - \bar{u}}{u_*} = \frac{\bar{u}_{max} - \bar{u}}{u_*}\left(\frac{y}{R}\right)\;. \tag{6.74}$$

6.3.2 Das Widerstandsgesetz für glatte Rohre und Kanäle

Die noch unbekannte Funktion $C(Ru_*/\nu)$ bestimmen wir aus der Addition der Gleichungen (6.70) und (6.73) und gewinnen die Beziehung

$$C\left(\frac{Ru_*}{\nu}\right) = \frac{\bar{u}_{max}}{u_*} = \frac{1}{\kappa}\ln\left(\frac{Ru_*}{\nu}\right) + B\,. \tag{6.75}$$

Für gegebene Mittengeschwindigkeit $\bar{u}_{max}$ einer Flüssigkeit (ν) durch ein Rohr des Radius R ist (6.75) eine implizite Gleichung für u_* bzw. die Wandschubspannung, also wegen (6.63) eine Gleichung für den Druckabfall $(-\partial\bar{p}/\partial x)$. Daher ist (6.75) ein *Widerstandsgesetz*, also eine Beziehung zwischen der maximalen Geschwindigkeit oder dem Volumenstrom bzw. der über den Querschnitt gemittelten Geschwindigkeit $\bar{U}$ und dem Druckabfall. Meistens wird als Bezugsgeschwindigkeit die nach

$$\pi R^2\bar{U} = 2\pi\int_0^R \bar{u}(R-y)\mathrm{d}y \tag{6.76}$$

gemittelte Geschwindigkeit $\bar{U}$ verwendet. Zu ihrer Berechnung genügt es schon, das Mittengesetz heranzuziehen, mit dem sich der Wert

$$\bar{U} = \bar{u}_{max} - 3.75u_* \tag{6.77}$$

ergibt, der (6.75) auf die Form

$$\frac{\bar{U}}{u_*} = \frac{1}{\kappa}\ln\frac{Ru_*}{\nu} + B - 3.75 \tag{6.78}$$

bringt. Gleichung (6.63) führt uns mit $2R = d$ auf die Beziehung

$$-\frac{\partial\bar{p}/\partial x\, d}{\varrho/2\,\bar{U}^2} = 8\,\frac{u_*^2}{\bar{U}^2}\,, \tag{6.79}$$

deren linke Seite den dimensionslosen Druckabfall darstellt, der als *Widerstandszahl* λ

$$\lambda = -\frac{\partial\bar{p}/\partial x\, d}{\varrho/2\,\bar{U}^2} = \frac{(p_1 - p_2)/l\, d}{\varrho/2\,\bar{U}^2} \tag{6.80}$$

bekannt ist. Der Ausdruck nach dem letzten Gleichheitszeichen entsteht, da der Druckabfall $(-\partial\bar{p}/\partial x)$ konstant und p_2 der Druck an einer beliebigen Stelle ist, die um die

Strecke l stromabwärts von jener entfernt liegt, an der der Druck p_1 herrscht. Mit der Widerstandszahl λ schreiben wir das Widerstandsgesetz in der von Prandtl angegebenen Form

$$\frac{1}{\sqrt{\lambda}} = 2.03 \lg(Re\sqrt{\lambda}) - 0.8 \ , \tag{6.81}$$

in der die Konstante 0.8 Experimenten angepaßt wurde und sich von der rein rechnerisch aus $\kappa = 0.4$ und $B = 5$ ergebenden Konstanten geringfügig unterscheidet.

6.4 Turbulente Grenzschicht

6.4.1 Das Außengesetz

Wir betrachten die *Grenzschicht* an einer ebenen Platte. Die Geschwindigkeit U außerhalb der turbulenten Scherschicht sei konstant und werde an der Stelle $y = \delta(x)$ erreicht. Am Plattenbeginn bildet sich zunächst eine laminare Grenzschicht aus, die an einer Stelle x_u schließlich voll turbulent wird. Wenn wir die turbulente Grenzschicht von dieser Stelle aus nach vorn extrapolieren, erhalten wir einen fiktiven oder *virtuellen* Anfangspunkt, von dem aus wir die Lauflänge x zählen wollen. Dieser virtuelle Anfangspunkt liegt hinter dem Plattenanfang, für große Lauflängen aber kann man den Unterschied zwischen Plattenanfang und virtuellem Anfangspunkt ignorieren.

Der Druck in der Außenströmung ist konstant und gleich dem Wanddruck. Daher entfällt auch hier das dimensionslose Produkt $\delta\,\alpha/u_*^2$ in (6.62), und wir haben

$$\frac{\bar{u}}{u_*} = f\left(\frac{y\,u_*}{\nu}, \frac{u_*\delta}{\nu}\right) \ . \tag{6.82}$$

In Wandnähe $y \ll \delta$ gilt das Wandgesetz

$$\frac{\bar{u}}{u_*} = f\left(\frac{y\,u_*}{\nu}\right) \ . \tag{6.83}$$

Je nach Reynolds-Zahl nimmt das Wandgesetz insgesamt nur etwa $10 - 20\%$ der Grenzschichtdicke ein. Für den restlichen Teil der Scherschicht benutzen wir, aus denselben Gründen wie bei der Rohrströmung, (6.82) in der zu (6.65) analogen Form

$$\frac{\bar{u}}{u_*} = F\left(\frac{y}{\delta}, \frac{u_*\delta}{\nu}\right) \tag{6.84}$$

und erhalten daher den Zusammenhang

$$\frac{U}{u_*} = C\left(\frac{u_*\delta}{\nu}\right) , \tag{6.85}$$

der (6.84) auch in die Fassung

$$\frac{\bar{u}}{u_*} = F\left(\frac{y}{\delta}, \frac{u_*}{U}\right) \tag{6.86}$$

überführt. Aus (6.85) und (6.84) gewinnen wir ein *Außengesetz*

$$\frac{U - \bar{u}}{u_*} = \frac{U - \bar{u}}{u_*}\left(\frac{y}{\delta}, \frac{u_*\delta}{\nu}\right) , \tag{6.87}$$

welches, wegen (6.85), auch in der Form

$$\frac{U - \bar{u}}{u_*} = \frac{U - \bar{u}}{u_*}\left(\frac{y}{\delta}, \frac{u_*}{U}\right) \tag{6.88}$$

geschrieben werden kann. Gleichung (6.88) entspricht dem Mittengesetz (6.74) der Rohrströmung. Allerdings ist bei der Plattenströmung u_*/U keine absolute Konstante wie bei der Rohrströmung (bei gebebenem $\bar{U}$), sondern von x abhängig, weil sich die Schubspannung τ_w mit der Lauflänge ändert, so daß zunächst kein Anlaß besteht, dieses dimensionslose Produkt aus (6.88) zu entfernen. Dieses wird aber durch Experimente nahegelegt, die keinen Einfluß von u_*/U erkennen lassen. In diesem Zusammenhang weisen wir darauf hin, daß u_*/U in (6.86) bzw. $u_*\delta/\nu$ in (6.84) ein wesentlicher Parameter ist, von dem die Verteilung $\bar{u}/u_*$ ebenso abhängt wie in (6.65) $\bar{u}/u_*$ von Ru_*/ν. Im Außengesetz (6.88) aber sind die Einflüsse gering und Abweichungen von der einfachen Form

$$\frac{U - \bar{u}}{u_*} = \frac{U - \bar{u}}{u_*}\left(\frac{y}{\delta}\right) \tag{6.89}$$

sind experimentell nicht erkennbar. Daher nimmt das Außengesetz für die Grenzschicht an der ebenen Platte dieselbe Gestalt an wie das Mittengesetz der Rohrströmung. Auch hier erwarten wir einen Übergangsbereich $\nu/u_* \ll y \ll \delta$, in dem das Außengesetz und das logarithmische Wandgesetz gleichzeitig gelten. In diesem Bereich ergibt sich, genau wie vorher, ein logarithmisches Gesetz

$$\frac{\bar{u}}{u_*} = \frac{1}{\kappa} \ln \frac{y}{\delta} + const . \tag{6.90}$$

Man kann nicht erwarten, daß (6.90) bis $y = \delta$ gilt, und so läßt sich die Konstante nicht aus der Randbedingung $\bar{u}(\delta) = U$ ermitteln. Bei der Rohrströmung gilt das

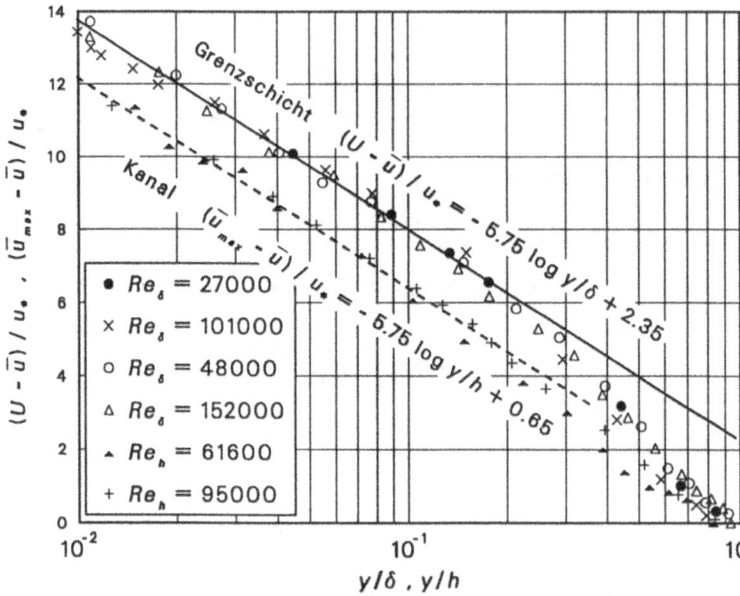

Abb. 6.6. Logarithmisches Außen- und Mittengesetz nach SCHUBAUER und TCHEN [1961]

logarithmische Mittengesetz fast bis $r = R$, und daher haben wir in (6.72) die Integrationskonstante auf diese Weise bestimmt. Die Konstante muß letztlich aus dem Experiment ermittelt werden. Im folgenden bezeichnen wir daher die auftretenden Konstanten allgemein mit „*const*“, wenn sie auch in verschiedenen Gleichungen verschiedene Werte annehmen. Wie die in Abb. 6.6 dargestellten Experimente zeigen, gilt das logarithmische Außengesetz

$$\frac{U - \bar{u}}{u_*} = -\frac{1}{\kappa} \ln \frac{y}{\delta} + const \tag{6.91}$$

nur bis zu relativ kleinen Werten von y/δ, während das Mittengesetz, hier dargestellt für die Kanalströmung ($\delta = h$), für den großen Teil des Kanals gültig ist. Abweichungen gibt es bei $y = \delta$, und deswegen ist die aus (6.71) entstehende Integrationskonstante auch nicht genau die Mittengeschwindigkeit, sondern weicht geringfügig ($0.65u_*$) von ihr ab. Bei der Grenzschicht sind die Abweichungen ($2.35u_*$) aber schon bedeutend. Wir stellen die Erläuterung des unterschiedlichen Verhaltens noch zurück.

6.4.2 Der Reibungswiderstand

Aus der gleichzeitigen Gültigkeit von (6.91) und (6.70) im Überlappungsbereich ergibt sich aus der Addition beider Gleichungen auch hier ein Widerstandsgesetz

$$\frac{U}{u_*} = \frac{1}{\kappa} \ln \frac{u_* \delta}{\nu} + const \; . \tag{6.92}$$

Wenn die Konstante in (6.91) $const = 2.35$ nach Abb. 6.6 gewählt wird, so ist die Konstante in (6.92) $const = B + 2.35$. Mit der Definition des örtlichen Reibungsbeiwertes

$$c_f' = \frac{\tau_w}{\varrho/2\, U^2} = 2\frac{u_*^2}{U^2} \tag{6.93}$$

entsteht aus (6.92) auch

$$\frac{1}{\sqrt{c_f'}} = \frac{1}{\kappa\sqrt{2}} \ln\left(\frac{U\,\delta}{\nu}\sqrt{c_f'}\right) + const \; , \tag{6.94}$$

das uns, im Gegensatz zu dem entsprechenden Widerstandsgesetz bei der Rohrströmung, aber noch nicht erlaubt, unmittelbar den Reibungsbeiwert c_f' zu berechnen, da die Grenzschichtdicke δ noch als unbekannte Funktion von x auftaucht. Die hier auftretende Konstante ist rein rechnerisch $const = (B + 2.35 - \ln\sqrt{2}/\kappa)/\sqrt{2}$. Die Grenzschichtdicke wächst mit der Lauflänge x und hängt noch von der Geschwindigkeit U und der Schubspannung τ_w an der Wand, d. h. von u_*, ab. Für das Anwachsen der Grenzschicht mit x haben wir daher

$$\frac{\mathrm{d}\delta}{\mathrm{d}x} = f(x, u_*, U) \tag{6.95}$$

oder, aus Dimensionsgründen,

$$\frac{\mathrm{d}\delta}{\mathrm{d}x} = f\left(\frac{u_*}{U}\right) \; . \tag{6.96}$$

Die Schubspannungsgeschwindigkeit u_* ist klein im Vergleich zu U, was man auch schon den Abb. 6.4 und Abb. 6.5 entnimmt. Daher gilt näherungsweise

$$\frac{\mathrm{d}\delta}{\mathrm{d}x} = b\,\frac{u_*}{U} \tag{6.97}$$

und wenn sich u_*, wie bei gleitendem Gleichgewicht vorausgesetzt, nur schwach mit x ändert, auch

$$\delta(x) = b\,\frac{u_*}{U}\,x \; . \tag{6.98}$$

Dieser Zusammenhang erlaubt es uns, (6.94) für die Anwendungen zweckmäßiger zu formulieren

$$\frac{1}{\sqrt{c'_f}} = \frac{1}{\kappa\sqrt{2}} \ln(Re_x c'_f) + const \ , \tag{6.99}$$

wo Re_x die mit der Lauflänge gebildete Reynolds-Zahl ist ($Re_x = U\,x/\nu$) und wir $\ln[b/\sqrt{2}]/(\kappa\sqrt{2})$ in der Konstanten absorbiert haben. Mit der experimentell ermittelten Konstanten ($const = 1.7$) und mit $\kappa = 0.39$ (statt 0.4) wird aus (6.99) das *Kármánsche Widerstandsgesetz*. Hätte man $b = 1$ gesetzt und wäre direkt vom logarithmischen Wandgesetz (6.70) ausgegangen, so hätte man dasselbe Gesetz erhalten mit einem etwas anderen, rein rechnerischen Wert der Konstanten ($const = 2.3$). Mit dem von KADER und YAGLOM [1978] angegebenen Wert $b \approx 0.34$ ergibt sich der Wert $const \approx 2.0$.

Für höhere Genauigkeitsanforderungen empfiehlt es sich, die Grenzschichtdicke aus der *Kármánschen Impulsgleichung*

$$\frac{d\delta_2}{dx} + \frac{1}{U}\frac{dU}{dx}(2\delta_2 + \delta_1) = \frac{u_*^2}{U^2} \tag{6.100}$$

zu berechnen. In (6.100) ist angenommen, daß der Druckgradient in der Grenzschicht derselbe ist wie außerhalb. Diese Gleichung führt auch die *Verdrängungsdicke*

$$\delta_1 = \int_0^\infty \left(1 - \frac{\bar{u}}{U}\right) dy \tag{6.101}$$

und die *Impulsverlustdicke*

$$\delta_2 = \int_0^\infty \frac{\bar{u}}{U}\left(1 - \frac{\bar{u}}{U}\right) dy \tag{6.102}$$

ein, die beide, im Gegensatz zur Grenzschichtdicke δ, eindeutig definiert sind und aus diesem Grund bevorzugt werden, wenngleich sie keine unmittelbare Anschaulichkeit besitzen.

Wir schreiben (6.101) auch in der Form

$$\frac{\delta_1 U}{u_*} = \delta \int_0^\infty \left(\frac{U - \bar{u}}{u_*}\right) d\left(\frac{y}{\delta}\right) = \delta\, C \ , \tag{6.103}$$

die es nahelegt, statt δ die Länge $\delta_1 U/u_*$ zu verwenden. Mit dieser Wahl entsteht aus (6.103) unmittelbar die Normierung

$$1 = \int_0^\infty \left(\frac{U-\bar{u}}{u_*}\right) \mathrm{d}\left(\frac{y\,u_*}{\delta_1 U}\right) . \tag{6.104}$$

Die Fläche unter dem Außengesetz

$$\frac{U-\bar{u}}{u_*} = \frac{U-\bar{u}}{u_*}\left(\frac{y\,u_*}{\delta_1 U}\right) \tag{6.105}$$

erhält den Wert 1. Des weiteren gewinnen wir mit dieser Wahl das Widerstandsgesetz (6.92) in der Darstellung

$$\frac{U}{u_*} = \frac{1}{\kappa}\ln\frac{\delta_1 U}{\nu} + 3.7 , \tag{6.106}$$

wobei die Konstante schon durch ihren experimentell ermittelten Zahlenwert ersetzt wurde. Wir benutzen diese Gleichung, um eine genauere Berechnung des Reibungsbeiwertes zu skizzieren (ROTTA [1972]): Aus (6.102) berechnet man den Zusammenhang

$$\delta_2 = \delta_1 \left(1 - \frac{u_*}{U}\int_0^\infty \left(\frac{U-\bar{u}}{u_*}\right)^2 \mathrm{d}\left(\frac{y\,u_*}{\delta_1 U}\right)\right) , \tag{6.107}$$

wobei das Integral, das wir mit I bezeichnen, mit dem logarithmischen Außengesetz berechnet wird. Es hat etwa den Wert $I \approx 6.25$. Damit läßt sich die Grenzschichtdicke δ_2 unter Verwendung von (6.106) als Funktion von u_*/U darstellen. Wegen $\mathrm{d}U/\mathrm{d}x = 0$ vereinfacht sich die Impulsgleichung zu

$$\frac{\mathrm{d}\delta_2}{\mathrm{d}x} = \frac{u_*^2}{U^2} \tag{6.108}$$

beziehungsweise

$$x = \int_0^{\delta_2} \left(\frac{U}{u_*}\right)^2 \mathrm{d}\delta_2 , \tag{6.109}$$

womit schließlich die implizite Darstellung

$$x = x(c_f') \tag{6.110}$$

erhalten wird, die aus Dimensionsgründen natürlich noch dimensionsbehaftete Größen enthält.

6.4.3 Der freie Rand

Wir kehren nun zur Erläuterung des Unterschiedes zwischen dem logarithmischen Teil des Mittengesetzes und des Außengesetzes zurück. Das Turbulenzfeld ist in beiden Fällen grundsätzlich verschieden. Während bei der Rohr- bzw. Kanalströmung die turbulente Scherströmung von der einen Wand im Bereich des Mittengesetzes übergeht in die Scherströmung von der gegenüberliegenden Wand, geht die Grenzschichtströmung für $y \to \delta$ in die Außenströmung über. In der laminaren Strömung ist dieser Übergang allmählich, die *Rotation* nimmt ab, bis sie in der Außenströmung in der Regel vernachlässigbar ist. In der turbulenten Strömung wird der turbulente Teil der Grenzschicht von einer scharf ausgeprägten Trennlinie von dem nichtturbulenten Teil abgegrenzt. Der nichtturbulente ist praktisch rotationsfrei, die Fläche trennt also die rotationsfreie Flüssigkeit von der rotationsbehafteten, turbulenten Flüssigkeit. Die augenblickliche Position eines Schnittes $z = const$ der Trennfläche ist in Abb. 6.7 skizziert worden, indem man, in einer durch Rauch sichtbar gemachten Grenzschicht, die Linien gleicher (sehr kleiner) Rauchkonzentration nachgezeichnet hat. Zwar ist die Rauchgrenze i. allg. nicht auch gleichzeitig die Grenze zwischen rotationsfreier und wirbelbehafteter Strömung, aber die geometrischen Eigenschaften sind ähnlich. Insbesondere hängt die Form, etwa auch die Länge der Trennfläche, von der räumlichen Auflösung ab. Die Trennfläche kann daher als eine ziemlich glatte Kurve erscheinen, wenn die Auflösung grob ist, und mit besser werdender Auflösung zerklüfteter. In diesem Punkt gleicht die Trennlinie einer Küstenlinie, deren Länge ja von der Auflösung abhängt. Die Trennflächen scheinen *fraktale Flächen* zu sein (MANDELBROT [1982]). Messungen von turbulenten Trennflächen skalarer Größen ergeben über weite Bereiche der Auflösung gleichbleibende fraktale Dimensionen, was eine *Selbstähnlichkeit* in den Zerklüftungen nahelegt (SREENIVASAN [1991]). Für sehr hohe räumliche Auflösung, was hier eine Auflösung von der Größenordnung der *Kolmogorovschen Länge* bedeutet, erscheint die Kurve wieder glatt. Für die Erklärung des mittleren Geschwindigkeitsprofiles genügt es, sich vor Augen zu führen, daß während der Mittelung nach (6.2), etwa der Geschwindigkeit am Ort $\vec{x}$, nun der Ort $\vec{x}$ mal im turbulenten und mal im nichtturbulenten Gebiet liegt. Wir schreiben dann für die mittlere Geschwindigkeit (KOVASZNAY et al. [1970])

$$\bar{u}_i = \gamma < u_i >_t + (1 - \gamma) < u_i >_l \, , \tag{6.111}$$

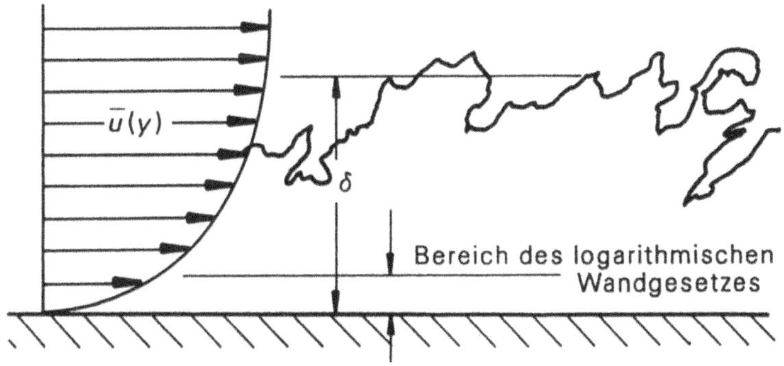

Abb. 6.7. Rand der turbulenten Grenzschicht

wo der ***Intermittenzfaktor*** γ der Bruchteil der Mittelungszeit ist, währenddem der Ort $\vec{x}$ turbulenter Strömung ausgesetzt ist und $< u_i >_t$ die dann gemittelte Geschwindigkeit darstellt, während $< u_i >_l$ die innerhalb der nichtturbulenten Zeitspanne gemittelte Geschwindigkeit ist. Der Intermittenzfaktor ist die Wahrscheinlichkeit am Ort $\vec{x}$ turbulente Strömung anzutreffen. Als Funktion von y/δ kann der Intermittenzfaktor mit Hilfe der Fehlerfunktion dargestellt werden und ist praktisch Eins bis $y/\delta \sim 0.4$ und praktisch Null für $y/\delta > 1.1$. Im nichtturbulenten Bereich hat man fast die Geschwindigkeit U, während sie im turbulenten dem logarithmischen Außengesetzt folgt, und es ist dann unmittelbar einsichtig, daß $U - \bar{u}(y)$ schneller gegen Null geht als vom logarithmischen Gesetz vorhergesagt. Das Gesagte macht auch einsichtig, warum in der Rohr- oder Kanalströmung das logarithmische Gesetz die Strömung selbst bis zur Mitte recht gut beschreibt. Die Fluktuationen der Trennschicht spielen auch eine Rolle in der Ausbreitung der Turbulenz, d. h. sie beeinflussen die Art und Weise, wie die umgebende rotationsfreie Flüssigkeit Rotation erhält und Teil der turbulenten Strömung wird. Dieser Prozess wird *Entrainment* genannt. Er wird gesteuert durch Diffusion der ***Wirbelstärke*** und anschließende Vergrößerung der Wirbelstärke durch Dehnungsgeschwindigkeit, die von der umgebenden turbulenten Flüssigkeit induziert wird. Die Mittelwerte der turbulenten Dehnungsgeschwindigkeiten sind von der Größenordnung $(\epsilon/\nu)^{1/2}$, wenn ϵ die von der turbulenten Schwankungsbewegung dissipierte Energie pro Zeit und Masseneinheit ist. Die Dicke λ der Trennschicht erfüllt den Zusammenhang

$$\lambda = \lambda\left(\nu, \sqrt{\frac{\epsilon}{\nu}}\right) , \tag{6.112}$$

der unmittelbar auf

$$\lambda = const \sqrt{\frac{\nu}{\sqrt{\epsilon/\nu}}} \tag{6.113}$$

oder

$$\lambda = const \left(\frac{\nu^3}{\epsilon}\right)^{1/4} \tag{6.114}$$

führt. Mit der bereits erwähnten Kolmogoroffschen Länge $(\nu^3/\epsilon)^{1/4}$ und wieder der Viskosität ν schließen wir auch auf die Geschwindigkeit V_e, mit der die Trennschicht normal zu sich selbst fortschreitet

$$V_e = const\, \lambda \sqrt{\frac{\epsilon}{\nu}} = const\, (\nu\epsilon)^{1/4} \,. \tag{6.115}$$

Die von der Trennfläche konsumierte nicht turbulente Flüssigkeitsmenge ist proportional der Fläche und der Fortschrittsgeschwindigkeit V_e. Offensichtlich wird mehr Flüssigkeit konsumiert, je zerklüfteter die Fläche ist. Wenn die Fläche durch die Zufallsfunktion

$$F(x, y, z, t) = 0 \tag{6.116}$$

gegeben ist, so steht das Element der Oberfläche $\mathrm{d}O$ mit dem Element der in y-Richtung projizierten Oberfläche $\mathrm{d}x\mathrm{d}z$ in der Beziehung

$$\mathrm{d}O = \mathrm{d}x\mathrm{d}z\, |\nabla F| \,. \tag{6.117}$$

Daher ist das mittlere, pro projizierte Fläche konsumierte nichtturbulente Flüssigkeitsvolumen

$$\overline{V_e} = V_e \overline{|\nabla F|} \,. \tag{6.118}$$

Der Einfluß dieses komplizierten Prozesses der Intermittenz und der Turbulenzausbreitung auf die uns hier interessierende mittlere Geschwindigkeit im Außengesetz läßt sich nach COLES [1956] durch eine *Nachlauffunktion* $W(y/\delta)$ erfassen. Auf Grund empirischer Daten läßt sich das Außengesetz nämlich in die Fom bringen

$$\frac{U - \bar{u}}{u_*} = -\frac{1}{\kappa} \ln \frac{y}{\delta} + \frac{\Pi}{\kappa} \left[2 - W\left(\frac{y}{\delta}\right)\right] \,. \tag{6.119}$$

Die Nachlauffunktion, und daher rührt ihr Name, hat die Gestalt der Geschwindigkeitsverteilung, wie man sie auch im (halben) turbulenten Nachlauf antrifft, oder auch an der freien Strahlgrenze bei der turbulenten Vermischung. Nach unseren obigen Ausführungen würde man genau dieses Verhalten erwarten. Die Funktion $W(y/\delta)$ ist bisher nur

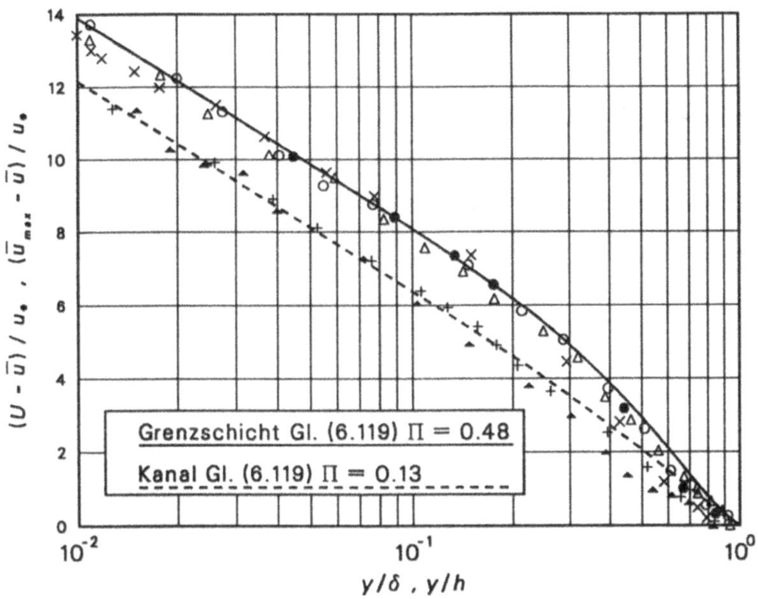

Abb. 6.8. Das Colessche Außengesetz

aus Messungen bekannt und läßt sich gut durch die Gleichung

$$W\left(\frac{y}{\delta}\right) = 2\sin^2\left(\frac{\pi}{2}\frac{y}{\delta}\right) \tag{6.120}$$

beschreiben. Die Nachlauffunktion genügt den schon (6.119) zu entnehmenden Bedingungen

$$W(0) = 0\,, \qquad W(1) = 2 \tag{6.121}$$

und der Normierung

$$\int_0^1 W\left(\frac{y}{\delta}\right) \mathrm{d}\left(\frac{y}{\delta}\right) = 1\,. \tag{6.122}$$

Sowohl die Plattengrenzschichten wie auch Rohr- und Kanalströmungen werden bei geeigneter Wahl des Parameters Π sehr gut durch (6.119) beschrieben. Für große Reynolds-Zahlen wird für die Plattenströmung der Wert $\Pi \approx 0.55$ empfohlen, während die in Abb. 6.8 gezeigten Experimente besser mit $\Pi \approx 0.48$ beschrieben werden. Gleichung (6.119) hat mit dem Wandgesetz (6.70) einen Überlappungsbereich $\nu/u_* \ll y \ll \delta$ gemeinsam, in dem beide gelten. Aus der Addition beider Gleichungen ergibt sich ein

Widerstandsgesetz

$$\frac{U}{u_*} = \frac{1}{\kappa} \ln \frac{u_* \delta}{\nu} + B + \frac{2\Pi}{\kappa} \,, \tag{6.123}$$

das bei gegebenen ν und U einen Zusammenhang herstellt zwischen Π, δ und u_*.

Mit (6.119) gewinnen wir auch die Geschwindigkeitsverteilung für die ganze Grenzschicht, zunächst unter Ausschluß der viskosen Unterschicht, zu

$$\frac{\bar{u}}{u_*} = \frac{1}{\kappa} \ln \frac{y\, u_*}{\nu} + B + \frac{\Pi}{\kappa} W\left(\frac{y}{\delta}\right) \tag{6.124}$$

und allgemeiner mit dem Wandgesetz (6.10)

$$\frac{\bar{u}}{u_*} = f\left(\frac{y\, u_*}{\nu}\right) + \frac{\Pi}{\kappa} W\left(\frac{y}{\delta}\right) \,. \tag{6.125}$$

In dieser Darstellung werden die zwei Maßstäbe der Plattengrenzsschicht besonders deutlich, einmal der innere Maßstab ν/u_* und der äußere Maßstab δ. Gleichung (6.125) stellt im Sinne des singulären Strömungsproblems die Gesamtlösung dar, die sich aufbaut aus einer inneren Lösung, dem Wandgesetz, und einer äußeren Lösung, dem Außengesetz.

6.4.4 Der Einfluß des Druckgradienten

Wir kehren nun zum Einfluß des Druckgradienten zurück und schließen an Gleichung (6.32) an, aus der hervorgeht, daß nun der Druckgradient bzw. das dimensionslose Produkt

$$\Pi_3 = \frac{\delta\, \alpha}{u_*^2}$$

berücksichtigt werden muß. Der Einfluß in der wandnahen Schicht ist ausführlich in Abschnitt 6.2.2 erörtert worden, wo wir festgestellt haben, daß das Wandgesetz unverändert seine Gültigkeit behält. Nur für sehr starke positive Druckgradienten schließt sich an das Wandgesetz eine Zwischenschicht an, wo das Wurzelgesetz gilt (Abb. 6.5).

Der Druckgradient macht sich bei moderaten Werten von α nur im Außengesetz bemerkbar. Wir haben daher statt (6.88) nunmehr

$$\frac{U - \bar{u}}{u_*} = \mathrm{fn}\left(\frac{y}{\delta}, \frac{u_*}{U}, \frac{\delta\, \alpha}{u_*^2}\right) \,. \tag{6.126}$$

Die Abhängigkeit von u_*/U war im Fall der Plattenströmung nicht in den Experimenten feststellbar. Eine Abhängigkeit ist aber im vorliegenden Fall zu erwarten, da sowohl

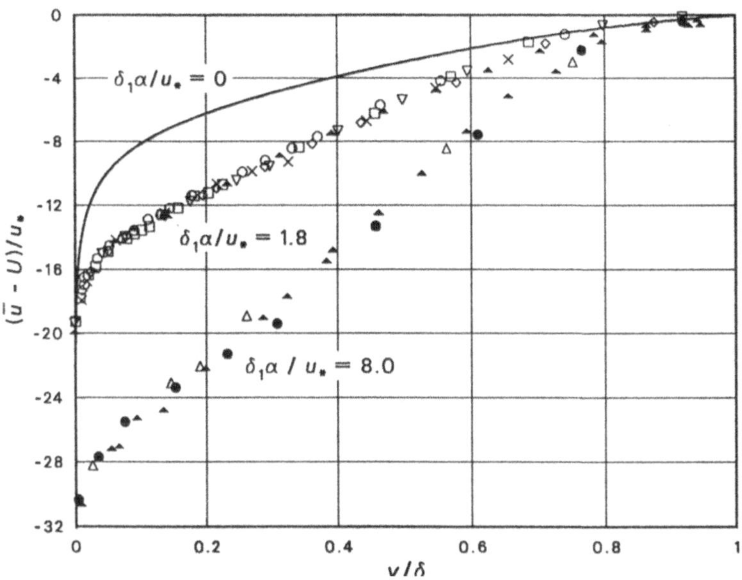

Abb. 6.9. Gleichgewichtsgrenzschichten nach CLAUSER [1956]

die Schubspannung an der Wand als auch der Druckgradient in das Problem eingehen. Experimente zeigen aber, daß die weitere Abhängigkeit von u_*/U im Rahmen der experimentellen Genauigkeit nicht feststellbar ist, wenn statt δ die Verdrängungsdicke δ_1 nach Gleichung (6.103) verwendet wird. Das Außengesetz nimmt dann die Gestalt an

$$\frac{U - \bar{u}}{u_*} = \mathrm{fn}\left(\frac{y}{\delta}, \frac{\delta_1 \alpha}{u_*^2}\right) . \tag{6.127}$$

Wenn das Produkt $\delta_1 \alpha / u_*^2$ konstant ist – das ist auch der Fall bei der Plattengrenzschicht – so ist die Geschwindigkeitsverteilung nur von y/δ abhängig, was durch Versuche (CLAUSER [1956]) eindrucksvoll bestätigt wird (Abb. 6.9). Das Produkt $\delta_1 \alpha / u_*^2$ wird in diesem Zusammenhang als *Gleichgewichtsparameter* bezeichnet und die Grenzschichten, bei denen es konstant ist, als *Gleichgewichtsgrenzschichten*, offensichtlich im engeren Sinn, in dem wir die Bezeichnung „gleitendes Gleichgewicht“ verwenden. Die Bedingungen, unter denen Gleichgewichtsgrenzschichten erzielt werden, sind im wesentlichen auf Potenzgesetze in der Geschwindigkeit der Außenströmung beschränkt ($U \sim x^m$).

Für beliebige Druckverläufe kann das Außengesetz in der Form (6.119) verwendet werden. Schon die Anwendbarkeit dieses Gesetzes sowohl für die Plattenströmung wie auch für die Kanal- und Rohrströmung hat vermuten lassen, daß die Colessche Nachlauffunktion universell ist, wenn der Parameter Π geeignet gewählt wird. Experimente zeigen, daß der Einfluß des Druckgradienten sich dann nur im Wert des Parameters Π wiederspiegelt. Für Gleichgewichtsgrenzschichten läßt sich empirisch ein expliziter Zusammenhang zwischen $\delta_1\alpha/u_*^2$ und Π angeben (siehe z. B. WHITE [1974]):

$$\Pi \approx 0.8\left(\frac{\delta_1\alpha}{u_*^2}+0.5\right)^{0.75} . \tag{6.128}$$

Im allgemeinen Fall ist aber kein so einfacher Zusammenhang zwischen dem dimensionslosen Druckgradienten und dem *Nachlaufparameter* bekannt geworden.

Die Berechnung turbulenter Grenzschichten bei gegebenem Verlauf $U(x)$ ist mit der Geschwindigkeitsverteilung (6.125) und dem Widerstandsgesetz (6.123) im Prinzip erledigt, wenn es gelingt, die Grenzschichtdicke δ und den Nachlaufparameter Π zu ermitteln. Nur zur Erläuterung des Vorgehens und nicht als Empfehlung, könnte man die Grenzschichtdicke aus (6.97) berechnen, wenn u_* und U genügend schwach von x abhängen und den Zusammenhang (6.128) benutzen, um den Nachlaufparameter aus der gegebenen Druckverteilung zu bestimmen. Praktische Rechnungen gehen von der integralen Form der Impulsgleichung (6.100) als Bestimmungsgleichung für δ bzw. δ_2 aus. Man nennt diese Verfahren daher auch *Integralverfahren*. Eine zweite Gleichung wird dann für die Bestimmung des Nachlaufparameters Π benötigt, etwa (6.128), was aber i. allg. unzureichende Genauigkeit liefern wird. Schon wegen der großen Zahl von Integralverfahren in der Literatur müssen wir für praktische Berechnungen auf diese hinweisen (KLINE et al. [1969]).

Bei sehr starken positiven Druckgradienten ist die Strömung außerhalb des Gültigkeitsbereiches des Wandgesetzes nach den Ausführungen in Abschnitt 6.2.3 nicht mehr direkt durch die Wandschubspannung bzw. u_* beinflußt. Dies gilt a fortiori auch für das Außengesetz. Es ist daher zweckmäßig, die Gleichung (6.126) durch Multiplikation der linken Seite mit dem Produkt $u_*/\sqrt{\alpha\delta}$ in die dimensionsanalytisch äquivalente Gestalt ($\alpha > 0$)

$$\frac{U-\bar{u}}{\sqrt{\alpha\,\delta}} = \mathrm{fn}\left(\frac{y}{\delta},\frac{\delta\,\alpha}{u_*^2}\right) \tag{6.129}$$

zu bringen, wobei rechts die Abhängigkeit von u_*/U jetzt entfällt. KADER und YAGLOM [1978] schlagen die explizite Darstellung

$$\frac{U-\bar{u}}{\sqrt{\alpha\,\delta}} = 9.6\sqrt{1+\frac{u_*^2}{\alpha\,\delta}}\left(1-\frac{y}{\delta}\right)^2 \tag{6.130}$$

auf Grund empirischer Daten vor. Mit dem vorliegenden Außengesetz, dem Wandgesetz und dem Wurzelgesetz ist auch die Geschwindigkeitsverteilung für diesen Fall gegeben, bis auf die unbekannte Grenzschichtdicke und Wandschubspannung τ_w bzw. u_*. Aus der gleichzeitigen Gültigkeit des Wurzelgesetzes und des Außengesetzes läßt sich auch hier ein Widerstandsgesetz bilden, das einen Zusammenhang zwischen u_*/U und $u_*\delta/\nu$ sowie $\alpha\,\delta/u_*^2$ herstellt. Für die praktische Berechnung der stark verzögerten Grenzschichten verweisen wir auf die Originalarbeit von KADER und YAGLOM [1978] .

6.4.5 Der Einfluß der Rauhigkeit

Die bisherigen Ausführungen waren auf glatte Wände beschränkt. Technische Flächen sind stets mehr oder weniger rauh. Wir betrachten nur den Fall, wo die Rauhigkeitserhebungen k gleichmäßig und dicht über der Fläche verteilt sind, wie es bei der *Sandrauhigkeit* der Fall ist. Dann genügt die Angabe der Rauhigkeitserhöhung, um die Geometrie der rauhen Flächen zu charakterisieren. Technische Rauhigkeiten können i. allg. nicht mehr durch Angabe einer Rauhigkeitserhebung allein beschrieben werden, weil die Rauhigkeiten nicht dicht stehen und ihre Verteilung oft periodisch ist. Ihr Einfluß auf die turbulente Grenzschicht wird durch eine äquivalente Sandrauhigkeit erfaßt. Die Eigenschaft einer Wand rauh zu sein, hängt schon aus Dimensionsgründen nicht nur von der Rauhigkeitserhebung ab. Wir schließen nun in den Zusammenhang (6.5) die Rauhigkeitserhebung k mit ein, so daß die Relation

$$\bar{u} = \mathrm{fn}(y, \tau_w, \eta, \varrho, k) \tag{6.131}$$

entsteht, die wir in der dimensionslosen Gestalt

$$\frac{\bar{u}}{u_*} = f\left(\frac{y\,u_*}{\nu}, \frac{k\,u_*}{\nu}\right) \tag{6.132}$$

schreiben. In das Wandgesetz tritt also das dimensionslose Produkt

$$\Pi_5 = \frac{k\,u_*}{\nu}\,, \tag{6.133}$$

das die Rauhigkeitserhebung k mit der viskosen Länge ν/u_* vergleicht. Eine über (6.132) hinausgehende Vereinfachung erwächst aus der experimentell gesicherten Erkenntnis, daß die Rauhigkeitserhebungen einen direkten Einfluß nur in y-Abständen haben, die vergleichbar mit den Rauhigkeitserhebungen selbst sind. Im logarithmischen Teil des Wandgesetzes kann sich die Rauhigkeit daher nur bemerkbar machen über die Konstante, die ja die Aufgabe hat, das Profil an die darunter liegende Schicht anzupassen und auch dann nur, wenn die Rauhigkeitserhebungen größer als die viskose Unterschicht sind. Sonst erfolgt die Anpassung wie bisher direkt an die viskose Unterschicht. Deswegen erhalten wir für den Teil des Wandgesetzes, in dem die Viskosität keinen direkten Einfluß hat, wieder ein logarithmisches Gesetz, dessen Konstante jetzt aber vom Produkt (6.133) abhängt

$$\frac{\bar{u}}{u_*} = \frac{1}{\kappa} \ln \frac{y\, u_*}{\nu} + B\left(\frac{k\, u_*}{\nu}\right) . \tag{6.134}$$

Sofern die Rauhigkeitserhebungen größer sind als die viskose Unterschicht - nur dann haben sie nach obigen Bermerkungen überhaupt einen Einfluß - vergrößern sie bei gleicher Geschwindigkeit die Schubspannung, und die logarithmische Gerade wird nach unten und nach rechts versetzt, weil $\bar{u}/u_*$ kleiner und $y\, u_*/\nu$ größer wird.

Wir erwarten, daß die Geschwindigkeitsverteilung (6.134) für genügend große $k\, u_*/\nu$ von der Viskosität unabhängig wird. Dann muß $B(k\, u_*/\nu)$ die Form

$$B\left(\frac{k\, u_*}{\nu}\right) = -\frac{1}{\kappa} \ln \frac{k\, u_*}{\nu} + B'\left(\frac{k\, u_*}{\nu}\right) \tag{6.135}$$

haben, in der die *Rauhigkeitsfunktion* $B'(k\, u_*/\nu)$ der Forderung

$$\lim_{k\, u_*/\nu \to \infty} B'\left(\frac{k\, u_*}{\nu}\right) = const \tag{6.136}$$

genügt. Aus (6.135) gewinnen wir die Gleichung

$$\frac{\bar{u}}{u_*} = \frac{1}{\kappa} \ln \frac{y}{k} + B'\left(\frac{k\, u_*}{\nu}\right) , \tag{6.137}$$

in der der Grenzfall (6.136) der *vollkommen rauhen Wand* entspricht. Die *hydraulisch glatte Wand* wird in der Grenze

$$\lim_{k\, u_*/\nu \to 0} B'\left(\frac{k\, u_*}{\nu}\right) = B(0) + \frac{1}{\kappa} \ln \frac{k\, u_*}{\nu} \tag{6.138}$$

erreicht. In einem Übergangsgebiet ist die Geschwindigkeitsverteilung sowohl von $k\, u_*/\nu$ als auch y/k bzw. von $k\, u_*/\nu$ und $y\, u_*/\nu$ abhängig. Dem experimentell ermittelten Verlauf der Rauhigkeitsfunktion in Abb. 6.10 entnehmen wir die Bereichsgrenzen

$$\frac{u_*\, k}{\nu} \le 5 \quad \text{hydraulisch glatt} , \tag{6.139}$$

$$5 < \frac{u_* k}{\nu} \le 70 \quad \text{Übergangsbereich} , \tag{6.140}$$

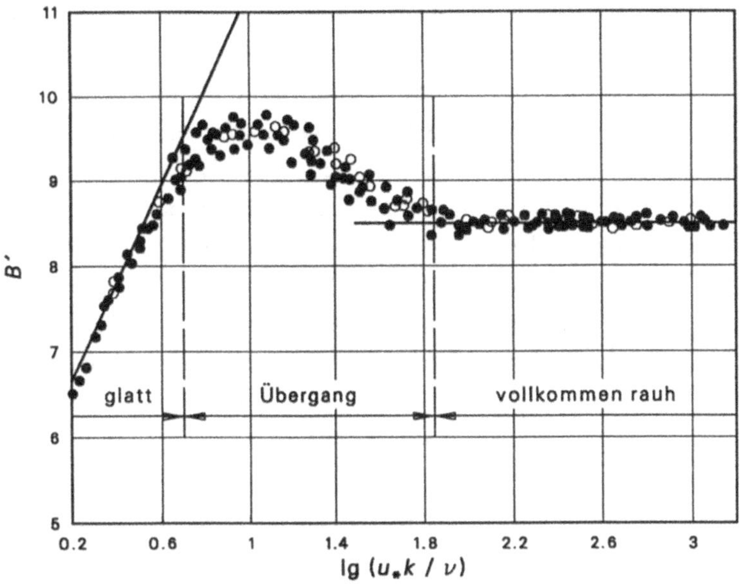

Abb. 6.10. Rauhigkeitsfunktion aus SCHLICHTING [1979]

$$\frac{u_* k}{\nu} > 70 \quad \text{vollkommen rauh.} \tag{6.141}$$

Das Außengesetz wird durch die Rauhigkeit nicht beeinflußt. Aus der Addition des entsprechenden Außengesetzes (oder des Mittengesetzes) mit dem Wandgesetz ergibt sich, wie vorher, ein Widerstandsgesetz. Für vollkommen rauhe Rohre z. B. ist nach Abb. 6.10 $B' = 8.5$, und mit (6.73) wird daher das Widerstandsgesetz für vollkommen rauhe Rohre

$$\frac{\bar{u}_{max}}{u_*} = \frac{1}{\kappa} \ln \frac{R}{k} + 8.5 \tag{6.142}$$

gewonnen, das wir auf bekanntem Wege in

$$\lambda = 8 \left(\frac{1}{\kappa} \ln \frac{R}{k} + 4.75 \right)^{-2} \tag{6.143}$$

umformen.

6.4.6 Wärme- und Stoffübertragung

Die Erwägungen zur Impulsübertragung in turbulenter, wandnaher Strömung lassen sich auch auf die Wärme- und Stoffübertragung anwenden, solange diese Prozesse keinen Einfluß auf die Dynamik der Turbulenz selbst nehmen. Man spricht dann von der Übertragung „passiver“ Beimischungen. Für die Wärme gilt dies aber nur solange, wie die Materialgrößen Temperaturleitfähigkeit, Viskosität, Diffusionskoeffizient und besonders die Dichte als temperaturunabhängig betrachtet werden können, so daß insbesondere Auftriebseffekte außer Betracht bleiben können. Im Vordergrund stehen nun die Verteilung der Temperatur und die Verteilung der Stoffkonzentration. Wie im Abschnitt 6.2.1 betrachten wir die Strömung längs einer glatten Wand ohne Druckgradient. An der Wand werde ein bestimmter Wert der Temperatur oder Konzentration vorgeschrieben $\vartheta(0) = \vartheta_w$. Dann wird im allgemeinen ein Wärmestrom bzw. Massenstrom in der Strömung aufrechterhalten. Hier interessiert nur die Komponente des (Wärme-) Stromvektors parallel zur y-Achse, für den wir kurz q schreiben und in der Form des (Temperatur-) Stromes $j = q/(\varrho\, c_p)$ darstellen:

$$j = -a\,\frac{\partial\bar{\vartheta}}{\partial y} + \overline{v'\vartheta'}\,, \tag{6.144}$$

wobei wir die spezifische Wärme c_p durch die spezifische Wärme c ersetzen, wenn es sich um tropfbare Flüssigkeit handelt; $q_t = c_p\varrho\,\overline{v'\vartheta'}$ ist der turbulente Wärmestrom, d. h. die Wärmemenge, die pro Zeit- und Flächeneinheit von der turbulenten Schwankungsbewegung transportiert wird. Der Temperaturfluß (Temperaturstrom) ist völlig analog zur Diffusionsgeschwindigkeit, wenn wir q als die Massenstromdichte interpretieren und dann $j = q/\varrho$ ist. Entsprechend tritt dann an Stelle der Temperaturleitfähigkeit (Temperaturleitzahl) a der Diffusionskoeffizient D und $\bar{\vartheta}$ bedeutet dann die mittlere Konzentration. Unter den gemachten Voraussetzungen wird nämlich die Temperaturverteilung und die Konzentrationsverteilung durch analoge Differentialgleichungen beschrieben, und unsere Betrachtungen gelten gleichermaßen für beide Verteilungen. Um weiterhin konkret in unseren Ausführungen zu sein, halten wir uns aber immer die Wärmeübertragung vor Augen. Mit obigen Annahmen verschwindet die Divergenz des Wärmestromvektors als Folge der Energiegleichung und der Wärmestrom ist konstant im ganzen Feld, was ja auch unmittelbar einsichtig ist. Daher ist $j = j_w$. Für die Temperatur $\bar{\vartheta}$, gezählt vom Wandniveau ϑ_w, haben wir dann den Zusammenhang

$$\bar{\vartheta} - \vartheta_w = \mathrm{fn}(y, j_w, \nu, a, u_*)\,, \tag{6.145}$$

wobei ϱ im $[LMT\Theta]$-System nicht auftritt, da keine Größe die Dimension der Masse enthält, und ν sowie u_* über das Geschwindigkeitsfeld in die Beziehung eintreten. Wir erwarten also drei dimensionslose Produkte, wobei ν/a sofort als die Prandtl-Zahl Pr erkannt ist, bzw. als Verhältnis der Péclet-Zahl zur Reynolds-Zahl (siehe das verwandte

Problem in Kapitel 1). Im Falle der Stoffübertragung tritt an die Stelle der Prandtl-Zahl die *Schmidt-Zahl* $Sc = \nu/D$. Der Wandabstand y bringt das bekannte dimensionslose Produkt $y\,u_*/\nu$ ins Spiel und die verbleibenden physikalischen Größen das Produkt $(\bar\vartheta - \vartheta_w)u_*/j_w$. Die zu (6.145) äquivalente Beziehung ist daher

$$\bar\vartheta - \vartheta_w = -\frac{j_w}{u_*} f\Big(\frac{y\,u_*}{\nu}, \frac{\nu}{a}\Big) . \tag{6.146}$$

Wir führen die naheliegende Abkürzung

$$\vartheta_* = -\frac{j_w}{u_*} \tag{6.147}$$

ein, aus der wir gleichzeitig ein Maß für die Temperaturschwankungen gewinnen und schreiben die Gleichung

$$\frac{\bar\vartheta - \vartheta_w}{\vartheta_*} = f\Big(\frac{y\,u_*}{\nu}, \frac{\nu}{a}\Big) \tag{6.148}$$

in der Form eines Wandgesetzes für die Temperatur- bzw. Konzentrationsverteilung. Sehr nahe der Wand, in einer Schicht in der die Wärmeübertragung durch die molekulare Wärmeleitung überwiegt, läßt sich die unbekannte Funktion sofort angeben. Dort ist

$$j = -a\,\frac{\mathrm{d}\bar\vartheta}{\mathrm{d}y} = \frac{a}{\nu} j_w\, f'\Big(\frac{y\,u_*}{\nu}, \frac{\nu}{a}\Big) = j_w \tag{6.149}$$

oder

$$f'\Big(\frac{y\,u_*}{\nu}, \frac{\nu}{a}\Big) = \frac{\nu}{a} \tag{6.150}$$

und daher

$$f = \frac{y\,u_*}{\nu} Pr . \tag{6.151}$$

Man zeigt unschwer, daß bei Vernachlässigung der Erwärmung durch Dissipation, was die bisherigen Annahmen schon einschließen, die zweiten und dritten Glieder einer Taylorentwicklung von f um $y = 0$ alle verschwinden, wie dies bekanntlich auch der Fall ist für die Entwicklung $\bar u/u_*$ um $y = 0$. Wie dort besteht also die lineare Abhängigkeit über einen beträchtlichen Wandabstand.

Wir betrachten nun den Bereich $y \gg \nu/u_*\, Pr^{-1}$, in dem der Temperaturfluß $\overline{v'\vartheta'}$ sehr viel größer ist als der Temperaturfluß infolge der Wärmeleitung. Da die Konduktion dort keine Rolle spielt, verschwindet dort auch der Einfluß der Temperaturleitfähigkeit a. Für $Pr \geq 1$ ist die Bedingung $y \gg \nu/u_*\, Pr^{-1}$ schon mit $y \gg \nu/u_*$ erfüllt, was ohnehin zu fordern ist, damit die Viskosität nicht im Problem verbleibt. Für $Pr \ll 1$ ist die erste Bedingung u. U. nicht mehr erfüllt und ist dann zusätzlich zu fordern. Für

Wandabstände

$$\max\left(\frac{\nu}{u_*}, \frac{\nu}{u_*} Pr^{-1}\right) \ll y \tag{6.152}$$

tritt die Wärmeleitung gegenüber dem turbulenten Wärmetransport zurück, d. h. a und ν spielen im Prozess der Wärmeübertragung keine Rolle und (6.146) genügt der Differentialgleichung

$$\frac{\mathrm{d}(\bar{\vartheta} - \vartheta_w)}{\mathrm{d}y} = \vartheta_* f'\left(\frac{y\,u_*}{\nu}, \frac{\nu}{a}\right) \frac{u_*}{\nu}\,, \tag{6.153}$$

in der f' daher die Form

$$f'\left(\frac{y\,u_*}{\nu}, \frac{\nu}{a}\right) = \frac{const}{y\,u_*/\nu} \tag{6.154}$$

annehmen muß und in der auch die auftetende Konstante eine absolute Konstante sein muß. Zur Wahrung der Analogie mit (6.18) setzen wir

$$const = \frac{1}{\kappa_\vartheta} \tag{6.155}$$

und nennen κ_ϑ die Kármánsche Diffusionskonstante. Aus (6.153) entsteht daraus mit der Definition des Temperaturflusses $j = q/(\varrho\, c_p)$ die Gleichung

$$q = -\varrho\, c_p y\, u_* \kappa_\vartheta \frac{\mathrm{d}\bar{\vartheta}}{\mathrm{d}y} = \varrho\, c_p \overline{v'\vartheta'}\,, \tag{6.156}$$

die auch ein Turbulenzmodell darstellt und der wir die *turbulente Temperaturleitfähigkeit*

$$a_t = u_* y\, \kappa_\vartheta \tag{6.157}$$

entnehmen. Den entsprechenden Ausdruck für die *Wirbelviskosität* ϵ_t entnimmt man dem (6.156) analogen Ausdruck (6.18) und dem später noch zu besprechenden Turbulenzmodell

$$\tau = \varrho\, \epsilon_t \frac{\mathrm{d}\bar{u}}{\mathrm{d}y} = -\varrho\, \overline{u'v'} \tag{6.158}$$

zu

$$\epsilon_t = u_* y\, \kappa \tag{6.159}$$

und gewinnt die *turbulente Prandtl-Zahl* Pr_t

$$Pr_t = \frac{\epsilon_t}{a_t} = \frac{\kappa}{\kappa_\vartheta} \tag{6.160}$$

als das Verhältnis der Kármánschen Konstanten, das ebenfalls eine absolute Konstante im Bereich der Gültigkeit des Wandgesetzes sein muß. Nach YAGLOM [1979] legen Messungen einen konstanten Wert von $Pr_t \approx 0.85$ nahe. Messungen von LUDWIEG

[1949] (zitiert in SCHLICHTING [1979]) zeigen eine (geringe) Änderung der turbulenten Prandtl-Zahl innerhalb des Wandgesetzes ($Pr_t \approx 0.7 \div 0.9$), die mit der Vorstellung eines logarithmischen Wandgesetzes für Temperatur und Geschwindigkeit nicht erklärbar ist.

Aus der Integration von (6.154) folgt das logarithmische Gesetz

$$\frac{\bar{\vartheta} - \vartheta_w}{\vartheta_*} = \frac{1}{\kappa_\vartheta} \ln \frac{y\, u_*}{\nu} + B_\vartheta(Pr) \tag{6.161}$$

für die Temperatur bzw. Konzentration. Die Konstante $B_\vartheta(Pr)$ dient dazu, das logarithmische Gesetz an das lineare Gesetz (6.151) im Sinne unserer Diskussion in Abschnitt 6.2.1 anzupassen und hängt daher von der Prandtl-Zahl ab. Für kleine Prandtl-Zahlen ist die *Leitungsschicht*, in der der Wärmetransport durch Wärmeleitung dominiert, größer als die viskose Unterschicht, und Wärmeleitung, und daher auch die Temperaturleitfähigkeit, spielt noch eine erhebliche Rolle in dem Teil der Leitungsschicht, in der schon voll turbulente Strömung herrscht.

Für große Prandtl-Zahlen ist die Leitungsschicht kleiner als die viskose Unterschicht, und Wärmeübertragung muß außerhalb der Leitungsschicht von der geringen, aber vorhandenen Schwankungsbewegung in der viskosen Unterschicht geleistet werden. Die Funktion $B_\vartheta(Pr)$ hängt daher empfindlich von den Verhältnissen in der Unterschicht und Übergangsschicht ab. Für $Pr = 1$ ist die Dicke der Leitungsschicht und der viskosen Unterschicht gleich, und die dimensionslosen Temperatur- und Geschwindigkeitsverteilungen sind es ebenfalls. Dann müssen die Anpassungskonstanten in (6.23) und (6.161) denselben Wert haben:

$$B = B_\vartheta(Pr = 1) \; . \tag{6.162}$$

Wenn auch noch die turbulente Prandtl-Zahl gleich Eins ist, so folgt aus (6.161) und (6.23) für alle y innerhalb des Wandgesetzes

$$\frac{\bar{u}}{u_*} = \frac{\bar{\vartheta} - \vartheta_w}{\vartheta_*} \tag{6.163}$$

bzw.

$$q_w = -\frac{\tau_w c_p (\bar{\vartheta} - \vartheta_w)}{\bar{u}} \; , \tag{6.164}$$

eine Beziehung, die die *Reynoldssche Analogie* ausdrückt. Nach dieser Annahme folgen Impuls- und Wärmeübertragung nicht nur analogen, sondern identischen Gesetzen. Wie bereits erwähnt, ist aber die turbulente Prandtl-Zahl von Eins verschieden, und die molekulare Prandtl-Zahl kann für tropfbare Flüssigkeiten in weiten Grenzen verschieden sein: Flüssige Metalle haben sehr kleine und synthetische Öle können sehr große

Prandtlsche Zahlen haben. Auch bei Gasen ist die Prandtlsche Zahl von Eins noch verschieden: Für Luft etwa ist $Pr \approx 0.7$.

Beginnend mit PRANDTL [1910] sind eine Reihe von Theorien entstanden für den Einfluß der Prandtl-Zahl auf die additive Konstante B_ϑ bzw. auf den Wärmeübergang. Für eine Bewertung dieser Theorien verweisen wir auf MONIN und YAGLOM [1973] und begnügen uns hier mit der in YAGLOM [1979] zitierten Interpolationsformel

$$B_\vartheta = \left(3.8 Pr^{1/3} - 1\right)^2 - 1 + 2.12 \ln Pr \ . \tag{6.165}$$

Die Berücksichtigung der äußeren Berandung in der Entfernung δ von der Wand führt auf den Zusammenhang

$$\frac{\bar{\vartheta} - \vartheta_w}{\vartheta_*} = \mathrm{fn}\left(\frac{y\,u_*}{\nu}, \frac{u_*\delta}{\nu}, \frac{\nu}{a}\right) \tag{6.166}$$

in Analogie zur Gleichung (6.82), wobei jetzt die Prandtl-Zahl noch zusätzlich auftritt. Es gelten nun hier dieselben Argumente, die auf (6.87) führten, und daher schreiben wir (6.166) auch in der äquivalenten Form

$$\frac{\bar{\vartheta}(\delta) - \bar{\vartheta}}{\vartheta_*} = \mathrm{fn}\left(\frac{y}{\delta}, \frac{u_*\delta}{\nu}, \frac{\nu}{a}\right) \tag{6.167}$$

und weiter, bei genügend großen Reynolds-Zahlen $u_*\delta/\nu$ und bei genügend großen Péclet-Zahlen $u_*\delta/a$, auch in der (6.88) analogen Gestalt

$$\frac{\bar{\vartheta}(\delta) - \bar{\vartheta}}{\vartheta_*} = \mathrm{fn}\left(\frac{y}{\delta}\right) \ . \tag{6.168}$$

Wie vorher postulieren wir die gleichzeitige Gültigkeit der Gleichungen (6.168) und (6.148) in einem Überlappungsgebiet und werden, genau wie in Abschnitt 6.3.1 bzw. Abschnitt 6.4.1, auch auf ein logarithmisches Wandgesetz und auf ein logarithmisches Außengesetz geführt:

$$\frac{\bar{\vartheta}(\delta) - \bar{\vartheta}}{\vartheta_*} = -\frac{1}{\kappa_\vartheta} \ln \frac{y}{\delta} + const \ , \tag{6.169}$$

wobei *const* für verschiedene Strömungsformen andere Werte annehmen kann. Der Einfluß dieser Konstanten ist nicht bedeutend (TOWNSEND [1976]) und YAGLOM [1979] empfiehlt dieselben Werte wie im Außengesetz für die Geschwindigkeitsverteilung, also z. B. $const \approx 2.35$ für die Grenzschicht an der Platte und fast Null für den Kanal, wo wir Gleichung (6.169) dann das Temperatur-Mittengesetz nennen.

Aus der Addition des logarithmischen und des Außengesetzes erhalten wir schon ein Wärmeübergangsgesetz oder, mit den entsprechenden Größen und Deutung von $\bar{\vartheta}$, ein

Stoffübertragungsgesetz. Für die Platte entsteht die Gleichung

$$\frac{\bar{\vartheta}(\delta)-\vartheta_w}{\vartheta_*}=\frac{\Delta\vartheta}{\vartheta_*}=\frac{1}{\kappa_\vartheta}\ln\frac{\delta\, u_*}{\nu}+B_\vartheta+2.35\;, \tag{6.170}$$

die wir in Form der (lokalen) *Stanton-Zahl* St

$$St=\frac{q_w}{\varrho\, c_p U|\Delta\vartheta|}=\frac{j_w}{U|\Delta\vartheta|}\;, \tag{6.171}$$

also mit (6.93)

$$St=\frac{(c_f')^{1/2}/2}{1/(\sqrt{2}\kappa_\vartheta)\,\ln\left(U\,\delta/\nu\,\sqrt{c_f'}\right)+\left(B_\vartheta+2.35-\ln\sqrt{2}/\kappa_\vartheta\right)/\sqrt{2}} \tag{6.172}$$

schreiben. Diese Formel gilt ableitungsgemäß für die Platte, sie muß aber näherungsweise für allgemeine turbulente Grenzschichten gelten, da der Wärmeübergang, wie wir gesehen haben, von den Verhältnissen sehr nahe an der Wand abhängt. Dies äußert sich auch darin, daß die Konstante in (6.169), und damit die Strömung im weiteren Abstand von der Wand, keinen großen Einfluß hat. Für $\kappa_\vartheta=\kappa$ und $B=B_\vartheta$, d. h. $Pr_t=1$ und $Pr=1$, entsteht aus (6.172) die Beziehung

$$St=\frac{c_f'}{2}\;, \tag{6.173}$$

die man schlechthin als die Reynoldssche Analogie bezeichnet. Wegen $Pr=1$ ist $Re=Pe$, und mit dem Zusammenhang

$$St=\frac{Nu}{Pe} \tag{6.174}$$

zwischen Stanton-Zahl und *Nusselt-Zahl* Nu, aus dem man auch die Definition der Nusselt-Zahl gewinnt, erhalten wir für die Reynoldssche Analogie die Darstellung

$$Nu=Re\,\frac{c_f'}{2}\;. \tag{6.175}$$

Die Veränderungen, die sich im Wandgesetz der Temperatur ergeben, wenn die Wand rauh ist, äußern sich wie bei der Geschwindigkeitsverteilung in der additiven Konstanten B_ϑ, die nun zusätzlich von $k\,u_*/\nu$ abhängt, wenn man sich wie in Abschnitt 6.4.5 nur auf dichtstehende Rauhigkeiten beschränkt. Für diese Abhängigkeit sind halbempirische Beziehungen vorgeschlagen worden. Für eine ausführliche Diskussion verweisen wir auf YAGLOM und KADER [1974].

6.4.7 Die turbulente wandnahe Strömung bei Temperaturschichtung

Wir erweitern die Ergebnisse des Abschnittes 6.4.6 auf den Fall, daß die Temperatur keine passive Größe ist, sondern die Dynamik der turbulenten Schwankungsbewegung durch Auftriebseffekte beeinflußt. Aber wie vorher sind die Schubspannung τ_w und der Wärmestrom q über der Schicht konstant. Der Auftrieb kommt ins Spiel, wenn die Dichte ϱ von der Dichte ϱ_0 der stabilen Schichtung abweicht. Entgegen der Konvention wählen wir die y-Achse parallel zu $\vec{g}$ und behalten so das Koordinatensystem des Abschnittes 6.4.6 bei, um die dortigen Ergebnisse übertragen zu können. Die Massenkraft des Auftriebes lautet dann $-g(\varrho - \varrho_0)/\varrho_0\,\vec{e}_y$.

Im folgenden machen wir von der Boussinesq-Näherung Gebrauch, der zufolge Dichteänderungen nur in der Volumenkraft berücksichtigt werden und auch nur als Folge von Temperaturänderungen und nicht als Folge von Druckänderungen. Aus der Zustandsgleichung

$$\varrho = \varrho(\vartheta, p) \tag{6.176}$$

folgt dann

$$\mathrm{d}\varrho = \left(\frac{\partial \varrho}{\partial \vartheta}\right)_p \mathrm{d}\vartheta \tag{6.177}$$

und in linearer Näherung

$$\varrho - \varrho_0 = -\varrho_0 \beta (\vartheta - \vartheta_0)\ , \tag{6.178}$$

wobei

$$\beta = \left\{-\frac{1}{\varrho}\left(\frac{\partial p}{\partial \vartheta}\right)_p\right\}_r \tag{6.179}$$

der thermische Ausdehnungskoeffizient ist und die Ableitung bei einer Referenztemperatur ϑ_r genommen wird. Für thermisch perfektes Gas ist $\beta = 1/\vartheta_r$. In stabiler Schichtung ist die Temperatur eine lineare Funktion der Höhe y: $\vartheta_0 = \vartheta_w - g\,y/c_p$, aber da der letzte Term nur für solche Höhen y vergleichbar mit dem ersten Term wird, die von der Größenordnung $c_p\vartheta_w/g$ ($\approx 30\,000$ m) sind, genügt es oft, die Temperatur ϑ_0 einfach konstant zu setzen. Wegen (6.178) und $\vartheta_r = \vartheta_0$ führt die Auftriebsmassenkraft $(\vartheta - \vartheta_0)g/\vartheta_0$ zusätzlich zu den physikalischen Größen des Abschnittes 6.4.6 die Größe g/ϑ_0 ein. Wir interessieren uns für die Schicht, in der die Impuls- und Wärmeübertragung nur durch die Schwankungsbewegung erfolgt, also für y-Werte, die viel größer sind als die Dicke der viskosen Unterschicht oder der Leitungsschicht oder – bei rauher Wand – größer als die Rauhigkeitserhebungen. Deshalb bleiben die molekulare Viskosität und Temperaturleitfähigkeit außer Betracht, und wir können zur Ermittelung der

Geschwindigkeitsverteilung direkt an Gleichung (6.18) anknüpfen bzw. an Gleichung (6.153) zur Ermittelung der Temperaturverteilung. Allerdings sind die dort auftretenden Konstanten nun keine Konstanten mehr, sondern Funktionen der dimensionslosen Veränderlichen, die durch die physikalische Größe g/ϑ_0 erzeugt wird. Zur Bildung dieses dimensionslosen Produktes stehen neben g/ϑ_0 die bereits aus Abschnitt 6.4.6 bekannten Größen $j = q/(c_p\,\varrho_0)$, u_* und y zur Verfügung, deren Dimensionsformeln die Dimension der Masse nicht enthalten und daher im $[LMT\Theta]$-System ein dimensionsloses Produkt ergeben: y/L (MONIN und OBUCHOW [1954])[1] mit

$$L = -\frac{u_*^3}{\kappa\, j_w\, g/\vartheta_0} \tag{6.180}$$

der *Monin-Obuchow-Länge*, in der die Kármánsche Konstante κ aus Gründen der Bequemlichkeit erscheint. Bei stabiler Schichtung ist der Temperaturstrom negativ, damit ist $L > 0$ (wie auch ϑ_*). Bei instabiler Schichtung (Temperaturstrom von der Wand) ist j_w positiv und daher $L < 0$.

Mit der dimensionslosen Koordinate y/L entsteht statt (6.18) jetzt die Gleichung

$$\frac{y}{u_*}\frac{\mathrm{d}\bar{u}}{\mathrm{d}y} = \frac{1}{\kappa} f_u\left(\frac{y}{L}\right) \tag{6.181}$$

und statt (6.153) in Verbindung mit (6.154) und (6.155) die Gleichung

$$\frac{y}{\vartheta_*}\frac{\mathrm{d}\bar{\vartheta}}{\mathrm{d}y} = \frac{1}{\kappa_\vartheta} f_\vartheta\left(\frac{y}{L}\right) . \tag{6.182}$$

Die Gleichungen (6.181) und (6.182) verallgemeinern die entsprechenden Ergebnisse des Abschnittes 6.4.6. Für $y/L \to 0$, etwa wenn $g/\vartheta_0 \to 0$ geht und daher Auftriebseffekte vernachlässigt sind, müssen wieder die logarithmischen Verteilungen erhalten werden. Die logarithmischen Verteilungen gelten daher weiterhin im Bereich

$$y_0 \ll y \ll L . \tag{6.183}$$

In (6.183) ist y_0 von der Größenordnung der größten der Längen ν/u_*, $\nu/u_*\,Pr^{-1}$ bzw. k. Die Funktionen f_u, f_ϑ genügen daher den Bedingungen

$$\lim_{y/L\to 0} f_u\left(\frac{y}{L}\right) = \lim_{y/L\to 0} f_\vartheta\left(\frac{y}{L}\right) = 1 . \tag{6.184}$$

[1] In der Schreibweise russischer Autorennamen folgen wir den uns vorliegenden Referenzen.

Man zeigt leicht, daß sie für $Pr = 1$ identisch werden. Für genügend kleine y/L gilt

$$f_{u,\vartheta} = 1 + \beta_{u,\vartheta}\frac{y}{L} \tag{6.185}$$

mit positivem β, sowohl für $y/L > 0$ als auch für $y/L < 0$. In der Integration für die Verteilungen erzeugt der erste Term die logarithmische Verteilung und der zweite Term eine Korrektur.

Für die Geschwindigkeitsverteilung erhält man so aus (6.181)

$$\frac{\bar{u}}{u_*} = \frac{1}{\kappa}\left(\ln\frac{y}{y_0} + \beta_u\frac{y}{L}\right) . \tag{6.186}$$

Für instabile Schichtung steigt $\bar{u}$ schwächer an als der Logarithmus von y. Man erwartet für β_u verschiedene Werte, je nachdem $y/L > 0$ oder $y/L < 0$ ist. Für weitere Einzelheiten, die universellen Funktionen f_u und f_ϑ betreffend, verweisen wir auf MONIN und YAGLOM [1973] und für empirische Daten auf PLATE [1971], besprechen hier aber den wichtigen Grenzfall $y/L \to -\infty$, der erreicht wird für $y \gg |L|$ aber auch für $u_* \to 0$ und der sich bis auf eine dimensionslose Konstante allein aus Dimensionsbetrachtungen klären läßt. Im Grenzübergang spielt die mittlere Bewegung $\bar{u}$ für die Dynamik der Schwankungsbewegung keine Rolle mehr: Die Schwankungsbewegung erhält ihre Energie von der Energie der instabilen Schichtung. Da nun u_* aus dem Zusammenhang entfällt, hängt die Temperaturänderung $\mathrm{d}\bar{\vartheta}/\mathrm{d}y$ nur noch von den verbleibenden Größen y, g/ϑ_0 und j_w ab. Im $[LMT\Theta]$-System läßt sich auch hier eine dimensionslose Größe bilden, da der Rang der Dimensionsmatrix 3 ist. Aus

$$\frac{\mathrm{d}\bar{\vartheta}}{\mathrm{d}y} = \mathrm{fn}(y, g/\vartheta_0, j_w) \tag{6.187}$$

folgt

$$j_w^{-2}\frac{g}{\vartheta_0}y^4\left(\frac{\mathrm{d}\bar{\vartheta}}{\mathrm{d}y}\right)^3 = const \tag{6.188}$$

bzw.

$$\frac{\mathrm{d}\bar{\vartheta}}{\mathrm{d}y} = const * j_w^{2/3}\left(\frac{g}{\vartheta_0}\right)^{-1/3} y^{-4/3} . \tag{6.189}$$

Man erhält also für die Temperaturverteilung einer instabilen Schichtung bei Windstille oder für $y \gg |L|$ (MONIN und YAGLOM [1973])

$$\bar{\vartheta}(y) = \vartheta_\infty + const * j_w^{2/3}\left(\frac{g\,y}{\vartheta_0}\right)^{-1/3} .$$

Bereits PRANDTL [1932] hat die Änderung des Temperaturgradienten mit der Potenz $-4/3$ angegeben.

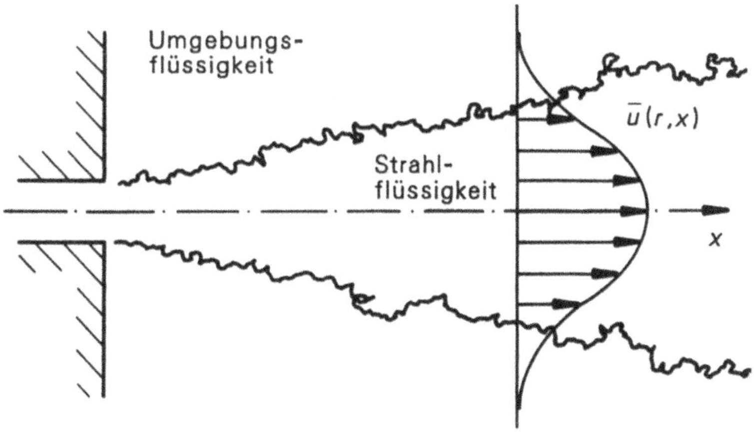

Abb. 6.11. Rotationssymmetrischer Freistrahl

6.5 Freie Scherturbulenz

Turbulente Scherströmungen werden durch den Einfluß der Wand geprägt, die über die Schubspannungen den turbulenten Impulsaustausch aufrechterhält und die das Verschwinden der Schwankungsgeschwindigkeit an der Wand, und damit die viskose Unterschicht, erzwingt. Über die viskose Unterschicht geht in die turbulente Strömung der Einfluß der Viskosität und damit der Reynoldsschen Zahl ein.

Bei freier Turbulenz fehlt dieser Wandeinfluß. Daher klingt i. allg. die Schwankungsbewegung, wie die Bewegung in Strömungsrichtung überhaupt, ab. Da die viskose Unterschicht fehlt, sind diese Strömungen bei großen Reynoldsschen Zahlen von diesen völlig unabhängig. Dies äußert sich schon in den Widerstandsgesetzen: Der Widerstandsbeiwert stumpfer Körper, der ja durch das Verhalten des Nachlaufes bestimmt ist, geht für $Re \to \infty$ gegen eine Konstante, während der einer längs angeströmten hydraulisch glatten Platte nie unabhängig von der Reynolds-Zahl würde. Ein von Null verschiedener Grenzwert existiert bei der hydraulisch glatten Platte nicht.

6.5.1 Der rotationssymmetrische Freistrahl

Wir betrachten nun einen Flüssigkeitsstrahl, der aus einer runden Öffnung in eine umgebende ruhende Flüssigkeit gleichen Materials austritt (Abb. 6.11) und sich durch Impulsaustausch mit ihr mischt. In der unmittelbaren Nachbarschaft der Austrittsöffnung bildet sich zunächst eine laminare Scherschicht aus. Diese Schicht ist instabil. Die Instabilitäten wachsen rasch an und bilden Ringwirbel, die die umgebende rotationsfreie Flüssigkeit in den Strahl und Strahlflüssigkeit in die Umgebung bringen. Die Wirbel werden ihrerseits instabil in Umfangsrichtung und brechen auf (List [1982]). Aus diesen Zwischenstufen entwickelt sich die Trennschicht, die, wie bei der Grenzschicht, die turbulente, rotationsbehaftete Flüssigkeit von der umgebenden rotationsfreien Flüssigkeit trennt. Der Strahl breitet sich in dem Maße aus wie rotationsfreie Flüssigkeit konsumiert wird, so daß der Massen- bzw. Volumenfluß stromabwärts zunimmt. Schließlich wird die Strömung von den Einzelheiten der Vorgänge am Strahlaustritt unabhängig und erinnert sich nur noch an ihren Austrittsimpuls. Wir denken uns den Strahl durch eine Impulsquelle am *virtuellen* Ursprung erzeugt. Von diesem Ursprung aus zählen wir die Koordinate x in Achsenrichtung. Der virtuelle Ursprung muß nicht in der Austrittsebene liegen, aber der Unterschied ist für die folgende Diskussion unerheblich. Wir wählen hier x statt z, um Vergleiche mit der ebenfalls zu behandelnden ebenen freien Scherströmung zu erleichtern. Aus den gleichen Gründen werden u, v für die Geschwindigkeitskomponeten in x, r bzw. x, y Richtung benutzt. Der Impulssatz

$$\iint\limits_{(S)} \varrho\,\vec{u}\,(\vec{u}\cdot\vec{n})\,\mathrm{d}S = \iint\limits_{(S)} \vec{t}\,\mathrm{d}S\,, \tag{6.190}$$

angewandt auf ein Kontrollvolumen, welches durch die Ebenen $x = const$, $x + \mathrm{d}x = const$ und einen Zylinder bei $r \to \infty$ gebildet wird, liefert für die Komponente in x-Richtung die Gleichung

$$2\pi\varrho\left[\int\limits_0^\infty \left(u^2 + \frac{p_\infty}{\varrho} + \frac{p-p_\infty}{\varrho} - \frac{P_{xx}}{\varrho}\right) r\mathrm{d}r\right]_x =$$

$$= 2\pi\,\varrho\left[\int\limits_0^\infty \left(u^2 + \frac{p_\infty}{\varrho} + \frac{p-p_\infty}{\varrho} - \frac{P_{xx}}{\varrho}\right) r\mathrm{d}r\right]_{x+\mathrm{d}x} \,. \tag{6.191}$$

Die Integrale über den Druck p_∞ im Unendlichen heben sich auf. Ferner ist die Strömung bei sehr großen Reynolds-Zahlen von der Viskosität unabhängig, und daher entfallen die viskosen Spannungen P_{xx}. Mit der Aufspaltung $u = \bar{u} + u'$ und $p = \bar{p} + p'$

entsteht nach Mittelung

$$2\pi\,\varrho \int_0^\infty \left(\bar{u}^2 + \overline{u'^2} + \frac{\bar{p} - p_\infty}{\varrho}\right) r\mathrm{d}r = const = I \ , \tag{6.192}$$

d. h. der Wert des Integrals ist an jeder Station x derselbe, der Impuls I ist eine Invariante. Wenn noch die Schwankungsglieder $\overline{u'^2}$ vernachlässigt werden, so kann auch der Druckterm $(\bar{p} - p_\infty)/\varrho$ vernachlässigt werden. Deshalb vereinfacht sich (6.192) zur Gleichung

$$2\pi \int_0^\infty \bar{u}^2(r)\, r\mathrm{d}r = \frac{I}{\varrho} = K \ , \tag{6.193}$$

die noch den *kinematischen Impuls* K einführt. Unter der Voraussetzung, daß die Strömung nur durch den konstanten Impuls geprägt ist, ist der Verlauf der mittleren Geschwindigkeit $\bar{u}$ schon durch K und die Koordinaten x und r festgelegt. Den Zusammenhang

$$\bar{u} = \mathrm{fn}(K, r, x) \tag{6.194}$$

überführen wir in die äquivalente Beziehung

$$\frac{\bar{u}^2 r^2}{K} = f\left(\frac{r}{x}\right) \ , \tag{6.195}$$

die wir aber in die physikalisch angemessenere Gestalt

$$\frac{\bar{u}^2 x^2}{K} = f\left(\frac{r}{x}\right) \tag{6.196}$$

oder

$$\bar{u} = \frac{\sqrt{K}}{x} f\left(\frac{r}{x}\right) \tag{6.197}$$

umschreiben, weil sie unmittelbar darlegt, daß an Stelle $r/x = const$, also insbesondere in der Strahlmitte, die Geschwindigkeit endlich ist und mit wachsendem x wie $1/x$ fällt. Gleichung (6.197) stellt ein *Ähnlichkeitsgesetz* dar: In allen Ebenen $x = const$ sind die Geschwindigkeitsverteilungen ähnlich. Fragen wir nach der Reynoldsschen Spannung, deren wichtigste Komponente $-\varrho\overline{u'v'}$ mit v' als Schwankungsgeschwindigkeit in radialer Richtung ist, so erhalten wir auf demselben Wege

$$\overline{u'v'} = \frac{K}{x^2}\, g\left(\frac{r}{x}\right) \ . \tag{6.198}$$

Die im Übergang von (6.192) und (6.193) vernachlässigte Normalspannung hätte dieselbe Form, ihre Berücksichtigung würde die Ähnlichkeit nicht stören. Als Maß für die Strahlbreite führen wir den Radius b ein, an dem die Geschwindigkeit $\bar{u}(b)$ den Wert $\frac{1}{2}\,\bar{u}_{max}$ annimmt. Dann folgt aus (6.197)

$$\frac{1}{2}\frac{\sqrt{K}}{x}\,f(0) = \frac{\sqrt{K}}{x}\,f\left(\frac{b}{x}\right) \tag{6.199}$$

oder

$$f\left(\frac{b}{x}\right) = \frac{1}{2}\,f(0) \tag{6.200}$$

mit der Lösung

$$b = const * x\ , \tag{6.201}$$

d. h. die Strahlbreite ist proportional zu x. Experimente legen den Wert $b/x = 0.088$ und $f(0) = 7.5$ nahe. Daher kann man die Beziehungen (6.197) und (6.198) auch folgendermaßen darstellen:

$$\bar{u} = \bar{u}_{max}\,f\left(\frac{r}{b}\right)\ , \tag{6.202}$$

$$\overline{u'v'} = \bar{u}^2_{max}\,g\left(\frac{r}{b}\right)\ . \tag{6.203}$$

LIST [1982] zitiert Werte $\overline{u'^2}/\bar{u}^2_{max} = 0.078 \div 0.084$ auf $r = 0$ und $\overline{\vartheta'^2}/\bar{\vartheta}^2_{max} = 0.08$ für die Konzentrationsschwankungen einer passiven Beimischung auf der Achse. Die Funktionen $f\,(r/b)$ und $g\,(r/b)$ sind unbekannt. Sie lassen sich ohne weitere Annahmen nicht ermitteln. Wir werden später aber noch zeigen, wie sich diese Verteilungen aus den Bewegungsgleichungen unter Benutzung eines Turbulenzmodells berechnen lassen.

6.5.2 Der ebene Freistrahl

Wir wenden uns vorher noch dem ebenen Freistrahl und der ebenen Vermischung zu. Für den ebenen Strahl gelten dieselben Überlegungen, die auf (6.193) und (6.194) führten, allerdings ist der Impuls jetzt pro Tiefeneinheit zu nehmen:

$$K = \int\limits_0^\infty \bar{u}(y)^2 \mathrm{d}y\ . \tag{6.204}$$

Die Dimensionsanalyse liefert jetzt die dimensionslosen Produkte

$$\Pi_1 = \frac{K}{\bar{u}^2 x} \tag{6.205}$$

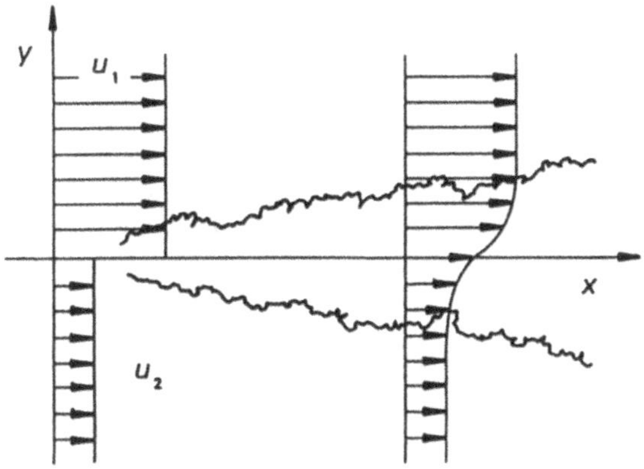

Abb. 6.12. Die ebene Vermischung

und

$$\Pi_2 = \frac{y}{x} \,. \tag{6.206}$$

Wir erhalten statt (6.197)

$$\bar{u} = \sqrt{\frac{K}{x}} f\left(\frac{y}{x}\right) \tag{6.207}$$

und anstatt (6.198)

$$\overline{u'v'} = \frac{K}{x} g\left(\frac{y}{x}\right) \,. \tag{6.208}$$

Gleichung (6.207) zeigt, daß die Geschwindigkeit des ebenen Strahls erheblich langsamer abfällt als die des runden, was aber auch unmittelbar einsichtig ist. Die Strahlbreite nimmt hingegen wie beim runden Strahl proportional mit x zu. Daher schreiben wir (6.207) und (6.208) in der Form

$$\bar{u} = \bar{u}_{max} f\left(\frac{y}{b}\right) \,, \tag{6.209}$$

$$\overline{u'v'} = \bar{u}_{max}^2 g\left(\frac{y}{x}\right) \,. \tag{6.210}$$

Experimente ergeben für diesen Fall die Werte $b/x \approx 0.11$ und $f(0) = 2.48$ (ROTTA [1972]).

6.5.3 Die ebene Vermischung

Auch im Fall der ebenen Vermischung (Abb. 6.12), bei der sich von der Stelle $x = 0$ an zwei Flüssigkeitsströme mit den Geschwindigkeiten u_1 (für $y > 0$) und u_2 (für $y < 0$)

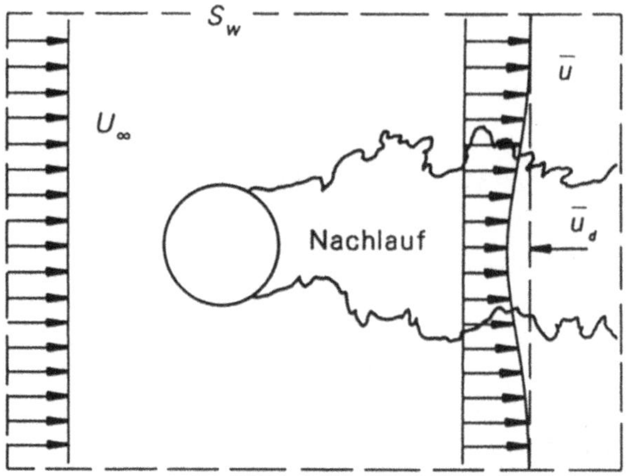

Abb. 6.13. Nachlaufströmung

vermischen, nimmt die Breite der Vermischungszone mit x linear zu. Die Vermischung hängt nur von der Geschwindigkeitsdifferenz $u_1 - u_2$ und den Koordinaten x und y ab. Wir erwarten daher einen Zusammenhang

$$\bar{u} - u_2 = \mathrm{fn}(u_1 - u_2, x, y) \ , \tag{6.211}$$

den wir auf die Form

$$\bar{u} - u_2 = (u_1 - u_2) f\left(\frac{y}{x}\right) \tag{6.212}$$

bringen. Aus (6.212) entnehmen wir, daß $\bar{u}$ auf Linien $y/x = const$ konstant ist, woraus wir schließen, daß die Vermischungsbreite, wie behauptet, mit x linear zunimmt. Diese Bewegung klingt mit wachsendem x nicht ab, was durch die Randbedingungen $f(\infty) = 1$ und $f(-\infty) = 0$ erzwungen wird.

6.5.4 Der dreidimensionale Nachlauf

Zu den Erscheinungsformen der freien Turbulenz gehören auch die *Nachlaufströmungen*, die sich hinter *Widerstandskörpern*, insbesondere bei auftetender Strömungsablösung, ausbilden (Abb. 6.13). Der Impuls im Nachlauf ist hier durch den Widerstand des

Körpers festgelegt. Wendet man den Impulssatz (6.190) auf ein Kontrollvolumen an, welches durch eine Ebene $x = const$ weit vor ($u = U_\infty$), eine weitere Ebene $x = const$ weit hinter dem Körper ($u = \bar{u} + u'$) und einem verbindenden Zylinder S_w gebildet wird, so erhält man

$$-W = -2\pi\varrho \int_0^\infty U_\infty^2 r\,\mathrm{d}r + 2\pi\varrho \int_0^\infty (\bar{u} + u')^2 r\,\mathrm{d}r + \varrho \iint_{(S_w)} U_\infty(\vec{u}\cdot\vec{n})\,\mathrm{d}S\,. \qquad (6.213)$$

Man denkt sich dabei die Kontrollflächen so weit vom Körper entfernt, daß der Druck konstant und dort Reibungskräfte bei den vorausgesetzten großen Reynolds-Zahlen vernachlässigbar sind. Die Kontinuitätsgleichung

$$\iint_{(S)} \varrho(\vec{u}\cdot\vec{n})\,\mathrm{d}S = 0 \qquad (6.214)$$

liefert für obiges Kontrollvolumen wegen $\varrho = const$ die Gleichung

$$\iint_{(S_w)} (\vec{u}\cdot\vec{n})\,\mathrm{d}S = 2\pi \int_0^\infty U_\infty r\,\mathrm{d}r - 2\pi \int_0^\infty (\bar{u} + u')\,r\,\mathrm{d}r\,, \qquad (6.215)$$

die nach Mittelung auf die Gleichung

$$\iint_{(S_w)} (\vec{u}\cdot\vec{n})\,\mathrm{d}S = 2\pi \int_0^\infty (U_\infty - \bar{u})\,r\,\mathrm{d}r \qquad (6.216)$$

führt, die zusammen mit (6.213), ebenfalls nach Mittelung,

$$W = 2\pi\,\varrho \int_0^\infty \bar{u}\,(U_\infty - \bar{u})\,r\,\mathrm{d}r \qquad (6.217)$$

liefert. Die gemittelten Quadrate der Schwankungsgeschwindigkeiten sind vernachlässigt worden. Weit hinter dem Körper ist das *Geschwindigkeitsdefizit* $\bar{u}_d = U_\infty - \bar{u}$ sehr

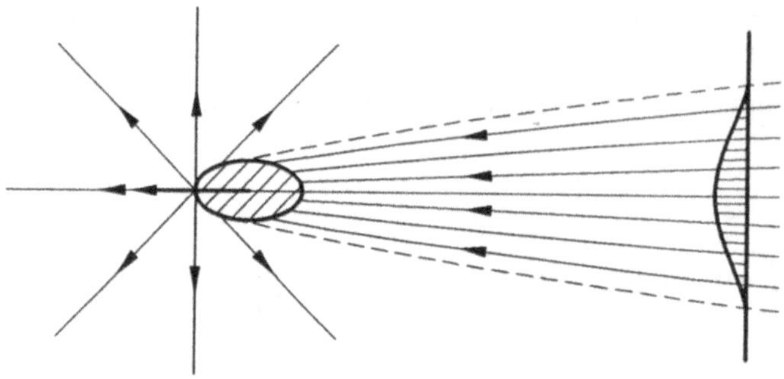

Abb. 6.14. Quellströmung und Nachlauf nach PRANDTL [1965]

klein gegenüber U_∞, und daher gilt für den Integranden von (6.217)

$$\bar{u}\,(U_\infty - \bar{u}) = (U_\infty - \bar{u}_d)\,\bar{u}_d \approx U_\infty \bar{u}_d \ ,$$

so daß der einfachere Ausdruck

$$\frac{W}{\varrho} = 2\pi U_\infty \int\limits_0^\infty \bar{u}_d r \,\mathrm{d}r = U_\infty Q \qquad (6.218)$$

entsteht. Q ist dabei die *Quellstärke* im Nachlauf (*Nachlaufstärke*) in einem Koordinatensystem, in dem die Flüssigkeit ruht und sich der Körper mit U_∞ bewegt. Wir deuten ihn als Flüssigkeitsstrom, der vom Körper als Folge seines Widerstandes in einer Art *Quellströmung* erzeugt wird. Wir fragen nun nach dem Geschwindigkeitsdefizit $\bar{u}_d$ (*Nachlaufgeschwindigkeit*) und bemerken, daß diese neben dem Impulsverlust (6.218) auch von der Geschwindigkeit U_∞ selbst abhängt; dies im Gegensatz zum Freistrahl in ruhender Luft. Daher gilt

$$\bar{u}_d = \bar{u}_d(U_\infty, Q, x, r) \ . \qquad (6.219)$$

Aus den fünf relevanten physikalischen Größen bilden wir die drei dimensionslosen Produkte (da in (6.219) keine Masse auftritt, ist der Rang der Dimensionsmatrix $r = 2$)

$$\Pi_1 = \frac{\bar{u}_d}{U_\infty} \ , \qquad (6.220)$$

$$\Pi_2 = \frac{Q}{x^2 U_\infty} \qquad (6.221)$$

und

$$\Pi_3 = \frac{r}{x} \ , \qquad (6.222)$$

mit denen wir den (6.219) entsprechenden Ausdruck

$$\frac{\bar{u}_d}{U_\infty} = f\left(\frac{Q}{x^2 U_\infty}, \frac{r}{x}\right) \tag{6.223}$$

für die Nachlaufgeschwindigkeit gewinnen. Wir bemerken, daß infolge der erwähnten Abhängigkeit von U_∞ der Zusammenhang (6.223) sehr viel komplizierter ist als der entsprechende Ausdruck beim Freistrahl (6.197). Für $r = 0$ erhält man den Maximalwert der Nachlaufgeschwindigkeit

$$\frac{\bar{u}_{d\,max}}{U_\infty} = f\left(\frac{Q}{x^2 U_\infty}\right) \tag{6.224}$$

und daher für den Abstand b, an dem die Hälfte der Maximalgeschwindigkeit erreicht ist, aus (6.223)

$$\frac{1}{2}\frac{\bar{u}_{d\,max}}{U_\infty} = f\left(\frac{\bar{u}_{d\,max}}{U_\infty}, \frac{b}{x}\right) . \tag{6.225}$$

Für das Nachlaufbreitenmaß b folgt aus der Auflösung von (6.225)

$$\frac{b}{x} = f\left(\frac{\bar{u}_{d\,max}}{U_\infty}\right) \tag{6.226}$$

und daher aus (6.223) zusammen mit (6.224) auch die Darstellung

$$\frac{\bar{u}_d}{U_\infty} = f\left(\frac{\bar{u}_{d\,max}}{U_\infty}, \frac{r}{b}\right) . \tag{6.227}$$

Weiterer Fortschritt verlangt Annahmen, die über Dimensionsbetrachtungen hinausgehen: Für $\bar{u}_{d\,max}/U_\infty \ll 1$, was ja schon (6.218) zugrunde liegt, liefert das erste Glied der Taylor-Reihenentwicklung von (6.226)

$$\frac{b}{x} = \frac{\bar{u}_{d\,max}}{U_\infty}\beta . \tag{6.228}$$

Hier ist $\beta = f'(0)$. Die Bedingung in der Nachlaufmitte $\bar{u}_d = \bar{u}_{d\,max}$ legt es nahe, (6.227) in die speziellere Form

$$\frac{\bar{u}_d}{U_\infty} = \frac{\bar{u}_{d\,max}}{U_\infty} f\left(\frac{r}{b}\right) \tag{6.229}$$

umzuschreiben, was mit (6.218) auf die Widerstandsformel

$$\frac{W}{\varrho U_\infty} = Q = 2\pi\, b^2 \bar{u}_{d\,max} \int\limits_0^\infty \frac{r}{b} f\left(\frac{r}{b}\right)\, \mathrm{d}\left(\frac{r}{b}\right) \tag{6.230}$$

führt. Da das Integral einer Konstanten entspricht, schreiben wir auch

$$Q = const\, b^2 \bar{u}_{d\,max} \tag{6.231}$$

und erhalten mit (6.228) so für die Nachlaufbreite die Beziehung

$$b = const \left(\frac{Q\,x}{U_\infty} \right)^{\frac{1}{3}} \tag{6.232}$$

und für die maximale Nachlaufgeschwindigkeit den Zusammenhang

$$\frac{\bar{u}_{d\,max}}{U_\infty} = const \left(\frac{Q}{U_\infty x^2} \right)^{\frac{1}{3}} , \tag{6.233}$$

wobei *const* allgemein für noch zu bestimmende Konstanten steht. Wir entnehmen (6.232) und (6.233), daß die Breite des runden Nachlaufes wie die dritte Wurzel mit x zunimmt und die Maximalgeschwindigkeit in der *Nachlaufdelle* wie $x^{-\frac{2}{3}}$ abnimmt.

Die mit $\bar{u}_{d\,max}$ und b gebildete örtliche Reynolds-Zahl

$$Re = \frac{\bar{u}_{d\,max}\, b}{\nu} = const\, \frac{U_\infty x^{-\frac{1}{3}}}{\nu} \left(\frac{Q}{U_\infty} \right)^{\frac{2}{3}} \tag{6.234}$$

nimmt mit wachsendem x ab, so daß die Annahmen, insbesondere die Vernachlässigung der viskosen Glieder, die zu (6.232) und (6.233) geführt haben, für sehr große x nicht gültig sind. Schließlich wird sehr weit entfernt vom Körper eine Stelle erreicht, wo der Nachlauf laminar wird. Da andererseits (6.232) und (6.233) nur für genügend große Entfernungen vom Körper gültig sind, ist es experimentell sehr schwierig, die durch (6.232) und (6.233) gegebenen Gesetzmäßigkeiten nachzuweisen. Im Gültigkeitsbereich der gemachten Annahmen folgt noch aus (6.229), (6.232) und (6.233) die Geschwindigkeitsverteilung zu

$$\frac{\bar{u}_d}{U_\infty} = \frac{\bar{u}_{d\,max}}{U_\infty} f\left(\frac{r}{b}\right) = \left(\frac{Q}{U_\infty x^2} \right)^{\frac{1}{3}} f\left[\frac{r}{x} \left(\frac{U_\infty x^2}{Q} \right)^{\frac{1}{3}} \right] . \tag{6.235}$$

6.5.5 Der ebene Nachlauf

Beim *ebenen Nachlauf* gelten dieselben Überlegungen, allerdings ist hier der Widerstand W sowie die Nachlaufstärke Q pro Tiefeneinheit des Widerstandskörpers zu nehmen.

Wir nehmen an, daß auch hier (6.228) gilt, d. h.

$$\frac{b}{x} = \frac{\bar{u}_{d\,max}}{U_\infty}\beta\,,$$

und aus

$$\frac{W}{\varrho U_\infty} = \int_{-\infty}^{\infty} \bar{u}_d\,\mathrm{d}y \tag{6.236}$$

folgt die (6.231) entsprechende Beziehung

$$Q = const * b\,\bar{u}_{d\,max}\,. \tag{6.237}$$

Wegen (6.228) schließen wir auf

$$b = const\left(\frac{Q\,x}{U_\infty}\right)^{\frac{1}{2}} \tag{6.238}$$

und damit auf

$$\frac{\bar{u}_{d\,max}}{U_\infty} = const\left(\frac{Q}{U_\infty\,x}\right)^{\frac{1}{2}}. \tag{6.239}$$

Die örtliche Reynolds-Zahl

$$Re = \frac{\bar{u}_{d\,max}\,b}{\nu} \sim \frac{Q}{\nu} = const \tag{6.240}$$

ist beim ebenen Nachlauf konstant, der Nachlauf bleibt also turbulent.

(Das gleiche gilt übrigens auch für den runden Freistrahl, während die Reynolds-Zahl des ebenen Freistrahls wie $\sqrt{x}$ wächst. Daher schlägt ein ebener, anfangs laminarer Strahl immer in die turbulente Form um.)

Die Geschwindigkeitsverteilung des ebenen Nachlaufes ergibt sich aus einer zu (6.235) analogen Betrachtungsweise zu

$$\frac{\bar{u}_d}{U_\infty} = \frac{\bar{u}_{d\,max}}{U_\infty} f\left(\frac{y}{b}\right) = \left(\frac{Q}{U_\infty x}\right)^{\frac{1}{2}} f\left[\frac{y}{x}\left(\frac{U_\infty x}{Q}\right)^{\frac{1}{2}}\right]. \tag{6.241}$$

Die Frage nach der Reynoldsschen Spannung $-\varrho\,\overline{u'v'}$ führt den Annahmen entsprechend auf folgenden Zusammenhang:

$$\overline{u'v'} = \bar{u}^2_{d\,max}\,g(y/b)\,. \tag{6.242}$$

Die in (6.235), (6.241) und (6.242) auftretenden Funktionen bleiben im Rahmen der Dimensionsanalyse unbestimmt, sie lassen sich wie im Fall des Freistrahls nur über zusätzliche Annahmen bestimmen.

6.5.6 Berechnung der Geschwindigkeitsverteilung

Wir zeigen die Berechnung der noch unbekannten Verteilungen am Beispiel des runden Freistrahls und gehen dabei wieder vom Impulssatz (6.190) aus. Wie vorher wenden wir ihn auf ein Kontrollvolumen an, welches durch die Ebenen $x = const$ und $x+\mathrm{d}x = const$ gebildet wird, verlegen aber diesmal den Zylinder bei endlichem r. Für p schreiben wir wieder $p = p_\infty + p - p_\infty$ und bemerken, daß sich die Integration über p_∞ bei geschlossenem Kontrollvolumen heraushebt. Dann entsteht die Gleichung

$$-\left[2\pi \int\limits_0^r \left(u^2 + \frac{p-p_\infty}{\varrho} - \frac{P_{xx}}{\varrho}\right) r\,\mathrm{d}r\right]_x + \left[2\pi \int\limits_0^r \left(u^2 + \frac{p-p_\infty}{\varrho} - \frac{P_{xx}}{\varrho}\right) r\,\mathrm{d}r\right]_{x+\mathrm{d}x} +$$

$$+\, 2\pi\, r\,\mathrm{d}x \left(u\,v - \frac{P_{rx}}{\varrho}\right) = 0 \,. \tag{6.243}$$

Mit $u = \bar{u} + u'$ und $v = \bar{v} + v'$ erhält man nach Mittelung und Grenzübergang

$$\frac{\partial}{\partial x} \int\limits_0^r \left(\bar{u}^2 + \overline{u'^2} + \frac{\bar{p}-p_\infty}{\varrho} - \frac{P_{xx}}{\varrho}\right) r\,\mathrm{d}r + r\left(\bar{u}\,\bar{v} + \overline{u'v'} - \frac{P_{rx}}{\varrho}\right) = 0 \,. \tag{6.244}$$

Wie vorher vernachlässigen wir die viskosen Spannungen P_{xx}, P_{rx} und die Reynoldsschen Normalspannungen $\varrho\,\overline{u'^2}$, aber nicht die Reynoldssche Schubspannung $-\varrho\,\overline{u'v'}$, die, wie bereits bemerkt, die einzig wichtige Komponente ist. Mit Vernachlässigung der Reynoldsschen Normalspannungen entfällt auch die Druckdifferenz, und (6.244) vereinfacht sich zu

$$\bar{u}\,\bar{v} + \frac{1}{r}\frac{\partial}{\partial x} \int\limits_0^r \bar{u}^2\, r\,\mathrm{d}r + \overline{u'v'} = 0 \,. \tag{6.245}$$

Wir verwenden nun den Ansatz (6.197) für $\bar{u}$ und einen entsprechenden für $\bar{v}$, wobei es nötig wird, durch verschiedene Funktionssymbole die auftretenden Funktionen zu unterscheiden. Mit $\eta = r/x$ ergibt sich also

$$\bar{u} = \frac{\sqrt{K}}{x} U(\eta) \tag{6.246}$$

und

$$\bar{v} = \frac{\sqrt{K}}{x} V(\eta) . \tag{6.247}$$

Den Zusammenhang zwischen U und V stellen wir durch Benutzung der Kontinuitätsgleichung

$$\frac{\partial(\bar{u}\, r)}{\partial x} + \frac{\partial(\bar{v}\, r)}{\partial r} = 0 \tag{6.248}$$

her und erhalten mit (6.246) zunächst den Ausdruck

$$\frac{\partial(\bar{u}\, r)}{\partial x} = -\eta \frac{\sqrt{K}}{x} (\eta\, U)' , \tag{6.249}$$

in dem der Strich die Ableitung nach η bedeutet. Mit (6.247) entsteht aus der Kontinuitätsgleichung der Zusammenhang

$$(\eta\, V)' = \eta(\eta\, U)' \tag{6.250}$$

und weiter durch partielle Integration

$$\eta\, V = \eta^2 U - \int_0^\eta \eta\, U \,\mathrm{d}\eta . \tag{6.251}$$

Wir bezeichnen das Integral mit $f(\eta)$ und erhalten so die Zusammenhänge

$$\bar{u} = \frac{\sqrt{K}}{x} U = \frac{\sqrt{K}}{x} \frac{f'}{\eta} \tag{6.252}$$

und

$$\bar{v} = \frac{\sqrt{K}}{x} V = \frac{\sqrt{K}}{x} \left(f' - \frac{f}{\eta} \right) , \tag{6.253}$$

die man auch durch Einführung einer *Stromfunktion* erhalten hätte. Aus dem Impulssatz (6.245) ergibt sich damit zunächst

$$\frac{K}{x^2} \left(\frac{f'^2}{\eta} - \frac{f' f}{\eta^2} \right) - \frac{K}{x^2} \frac{\partial}{\partial \eta} \int_0^\eta U^2\, \eta \,\mathrm{d}\eta + \overline{u'v'} = 0 \tag{6.254}$$

und dann mit (6.198) schließlich

$$-\frac{f'f}{\eta^2}+g(\eta)=0\ . \tag{6.255}$$

Dies ist nur eine Beziehung zwischen den zwei unbekannten Funkionen f und g, d. h. (6.255) hat unendlich viele Lösungen. Eine eindeutige Lösung verlangt eine zusätzliche Hypothese für die Funktion g, die durch ein Turbulenzmodell ausgedrückt wird. Die Wahl des Turbulenzmodelles beeinflußt somit die Lösung direkt. Ein einfaches Turbulenzmodell ist das *Boussinesqsche Modell*, das der viskosen Schubspannung nachgebildet ist und im voliegenden Fall die Form

$$-\overline{u'v'}=\epsilon_t\frac{\partial u}{\partial r} \tag{6.256}$$

annimmt. Im Gegensatz zur Viskosität ν ist die Wirbelviskosität ϵ_t aber keine Materialkonstante, sondern i. allg. ein Funktional des Geschwindigkeitsfeldes, d. h. ϵ_t hängt von der Strömung ab (Abschnitt 6.4.6). Mit (6.246) bilden wir zunächst den Zusammenhang

$$-\overline{u'v'}=\epsilon_t\cdot\sqrt{K}\,\frac{U'}{x^2}\ , \tag{6.257}$$

und der Vergleich mit (6.198) zeigt, daß

$$-g(\eta)=\frac{\epsilon_t U'}{\sqrt{K}} \tag{6.258}$$

sein muß und ϵ_t daher nur die Form

$$\epsilon_t=\sqrt{K}\epsilon_0(\eta) \tag{6.259}$$

annehmen kann, d. h. ϵ_t hängt insbesondere nicht von x ab. Dieselbe Aussage hätte man aus direkter Anwendung der Dimensionsanalyse auf den Zusammenhang

$$\epsilon_t=\mathrm{fn}(K,r,x) \tag{6.260}$$

erhalten. Weiterer Fortschritt verlangt eine Aussage über die unbekannte Funktion $\epsilon_0(\eta)$, und die einfachste Annahme ist, $\epsilon_0(\eta)$ überhaupt konstant zu setzen. Dann ist bei gegebenem Impuls auch die turbulente kinematische Viskosität im ganzen Strahl konstant. Mit dieser Annahme ist die weitere Rechnung formal dieselbe wie beim laminaren Strahl. Mit (6.258) und (6.259) ergibt sich dann die Differentialgleichung

$$\epsilon_0\eta f''+f'f-\epsilon_0 f'=0 \tag{6.261}$$

oder

$$\epsilon_0(f'\eta)' = 2\epsilon_0 f' - f'f \ . \tag{6.262}$$

Die Lösung dieser Differentialgleichung muß der Symmetriebedingung $\bar{v}(0) = 0$ und der Gleichung (6.193) genügen. Die erste der Bedingungen liefert mit (6.253)

$$\lim_{\eta \to 0} \left(f' - \frac{f}{\eta} \right) = 0 \ , \tag{6.263}$$

d. h.

$$f(0) = 0 \ . \tag{6.264}$$

Die maximale Geschwindigkeit, die wegen der Symmetrie an $r = 0$ erreicht wird, hatten wir bereits mit (6.197) eingeführt

$$\bar{u}_{max} = const \, \frac{\sqrt{K}}{x} \tag{6.265}$$

und mit (6.252) daher

$$\lim_{\eta \to 0} \frac{f'}{\eta} = const \tag{6.266}$$

oder

$$f'(0) = 0 \ , \tag{6.267}$$

wobei wir bemerken, daß wegen der Integralbedingung (6.193) aber keineswegs ein homogenes Problem vorliegt. Mit (6.264) und (6.267) bestimmen wir die sich bei der Integration von (6.262) ergebende Konstante zu Null und gewinnen die Differentialgleichung erster Ordnung

$$\eta f' = 2 \left(f - \frac{1}{4\epsilon_0} f^2 \right) \ , \tag{6.268}$$

deren Lösung sich durch Trennung der Veränderlichen zu

$$f = \frac{4C \, \epsilon_0 \eta^2}{1 + C \, \eta^2} \tag{6.269}$$

ergibt. Zur Bestimmung der Integrationskonstanten C unterwerfen wir (6.269) der Forderung (6.193), die wegen (6.252) der Bedingung

$$2\pi \int_0^\infty \frac{f'^2}{\eta} \, d\eta = 1 \tag{6.270}$$

gleichwertig ist und die für die Integrationskonstante

$$C = \frac{3}{64\pi\,\epsilon_0^2} = \frac{3K}{64\pi\,\epsilon_t^2} \tag{6.271}$$

liefert. Die Geschwindigkeitskomponenten $\bar{u}$ und $\bar{v}$ ergeben sich der Reihe nach zu

$$\bar{u} = \frac{3}{8\pi}\,\frac{K}{\epsilon_t x}\left(1 + C\,\eta^2\right)^{-2} \tag{6.272}$$

und

$$\bar{v} = \frac{3}{16\pi}\,\frac{K}{\epsilon_t x}\,\eta\left(1 - C\,\eta^2\right)\left(1 + C\,\eta^2\right)^{-2}\ . \tag{6.273}$$

Die Formeln gelten unvermindert auch für den laminaren Strahl, wenn statt der turbulenten kinematischen Viskostität ϵ_t die molekulare kinematische Viskosität ν verwendet wird.

Da die Geschwindigkeitsverteilung nun explizit bekannt ist, läßt sich aus dem gemessenen Wert der Strahlbreite ($b = 0.088x$ nach (6.201)) die noch unbekannte Konstante ϵ_0 ermitteln. Man erhält nach kurzer Rechnung

$$\epsilon_0 = \frac{\epsilon_t}{\sqrt{K}} \approx 0.0167\ , \tag{6.274}$$

die eine Geschwindigkeitsverteilung $\bar{u}$ ergibt, die mit Messungen im zentralen Strahlbereich gut übereinstimmt, aber am Rand des Strahls langsamer gegen Null strebt als die gemessenen Verläufe. Wir schließen daraus, daß die Annahme konstanter Viskosität über die Breite des Strahles die Einflüsse der Intermittenz erwartungsgemäß nicht richtig erfaßt. Mit anderen Turbulenzmodellen ergeben sich andere Verläufe, und der bekannte *Prandtlsche Mischungsweg* liefert eine Verteilung, die in den Randgebieten eine bessere, aber im zentralen Bereich eine schlechtere Übereinstimmung ergibt. Angesichts der durchaus fragwürdigen Annahmen, die in die Turbulenzmodelle eingehen, ist es zweckmäßig, eine empirische Verteilung für die in der Dimensionsanalyse unbestimmt gebliebene Funktion zu verwenden. Oft werden Gaußsche Fehlerverteilungen mit zweckmäßig angepaßten Konstanten benutzt.

Die vom Strahl mitgerissene Flüssigkeit muß gleich der Änderung des Volumenflusses $\dot{V}$ im Strahl sein. Der Volumenfluß im Strahl hängt vom kinematischen Impuls und der axialen Station x ab. Aus

$$\dot{V} = f(K, x) \tag{6.275}$$

folgt unmittelbar

$$\frac{\dot{V}}{\sqrt{K}\,x} = const$$

und daher für die Rate, mit der die umgebende Flüssigkeit in den Strahl hineingezogen wird

$$\frac{\partial \dot{V}}{\partial x} = const\,\sqrt{K} = const * \epsilon_t\ . \tag{6.276}$$

Für den turbulenten Strahl nimmt die *Entrainment*-Rate also proportional der Wurzel des kinematischen Impulses bzw. proportional der turbulenten Viskosität zu. Daraus schließen wir, zusammen mit den früheren Bemerkungen, daß beim laminaren Strahl diese Rate nur von der molekularen Viskosität und dort nicht vom Impuls abhängt, ein Ergebnis, welches man leicht durch direktes Ausrechnen bestätigt. Bei großem Impuls ist der laminare Strahl schlank und die Geschwindigkeit groß, bei kleinem Impuls ist der Strahl breit, die Geschwindigkeit klein. Beide Effekte kompensieren sich beim laminaren Strahl. Sowohl der turbulente wie auch der laminare Stahl wirkt auf die äußere Strömung wie eine konstante, halbunendliche Quellverteilung auf der Achse. Die von dieser Quellverteilung induzierte äußere Strömung kann Rückwirkungen auf den Strahl haben, wenn der Strahl, wie in Abb. 6.11 angedeutet, aus einer unendlich ausgedehnten Wand austritt (SCHNEIDER [1991]).

Der Impuls des Strahles ist dann keine Erhaltungsgröße mehr. Aber die Änderung des Impulses wird schon unmittelbar aus einer Dimensionsbetrachtung aufgeklärt. Da die Quellverteilung eine vom Impuls abhängige Größe ist, haben wir für die Änderung des kinematischen Impulses

$$\frac{\mathrm{d}K}{\mathrm{d}x} = f(K, x, C_{\dot{V}})\ , \tag{6.277}$$

wobei $C_{\dot{V}} = const$ die in (6.276) auftretende Konstante ist. Gleichung (6.277) ist äquivalent der Differentialgleichung 1.Ordnung

$$\frac{\mathrm{d}K}{K} = -\frac{\mathrm{d}x}{x} A(C_{\dot{V}})\ , \tag{6.278}$$

deren Integration eine Anfangsbedingung verlangt, etwa $K(x_0) = K_0$, wobei für eine nichttriviale Lösung x_0 ein von Null verschiedener Abstand sein muß. Für die punktförmige Impulsquelle fehlt dieser typische Abstand x_0 bzw. der typische Radius r_0, und wir schließen, daß der angesprochene Effekt von der Abmessung der Austrittsöffnung abhängen muß. SCHNEIDER [1991] gibt die Gleichung

$$\frac{K}{K_0} = \left(\frac{2r_0}{x}\right)^{0.0065} \tag{6.279}$$

an, in der K_0 der Impuls an der Austrittsöffnung mit dem Radius r_0 ist.

Abschließend bemerken wir noch, daß die Überlegungen auf große Reynolds-Zahlen beschränkt bleiben. Für den laminaren Strahl bedeutet dies, daß die angegebene Lösung nur im Rahmen der *Grenzschichttheorie* gilt. Für den laminaren Strahl werden wir in Kapitel 7 eine exakte Lösung der Navier-Stokes-Gleichungen angeben, die für alle Reynolds-Zahlen gültig ist, solange der Strahl laminar bleibt.

6.5.7 Der rotationssymmetrische Auftriebsfreistrahl in homogener Umgebung

Die bisher besprochenen Freistrahlen werden durch den austretenden Impuls „getrieben", der die Erhaltungsgröße ist. Mit diesem eng verwandt sind Freistrahlen, die durch die Wirkung des hydrostatischen Auftriebs getrieben werden, als Folge von Dichte- bzw. Temperaturunterschieden. Solche Auftriebsfreistrahlen können über beheizten Flächen entstehen oder wenn etwa Luft mit höherer als der Umgebungstemperatur aus einem Schornstein austritt oder allgemeiner, wenn räumlich begrenzte Quellen leichterer Gase vorhanden sind. Wir sind hier am asymptotischen Verhalten weit weg von der Austrittsöffnung bzw. den beheizten Flächen interessiert und betrachten den stationären Strahl, wie er von kontinuierlich beheizten Flächen oder sonstigen stationären Wärmequellen erzeugt wird. Da die Strömung erst durch Dichteunterschiede zustande kommt, sind Dichte- bzw. Temperaturverteilung mit der Geschwindigkeitsverteilung untrennbar verbunden. Wir denken uns die Strahlen, die man im angelsächsischen Sprachraum „Plumes" nennt, durch eine punktförmige Auftriebsquelle erzeugt. Der Wert des *Auftriebsflusses* (buoyancy flux) ist, wie wir noch sehen werden, eine Erhaltungsgröße, die bei Auftriebsstrahlen dieselbe Rolle spielt wie der Impuls bei den gewöhnlichen Freistrahlen. Um den Vergleich mit diesen zu erleichtern, wählen wir, entgegen der üblichen Konvention, die x-Achse parallel zum Vektor der Schwerkraft und behalten die Bezeichnungen des vorhergehenden Abschnittes bei. Wir zählen die Koordinate x von der punktförmigen, virtuellen Auftriebsquelle ab, die nicht in der Austrittsöffnung oder auf den beheizten Flächen liegen muß. Um etwas Bestimmtes vor Augen zu haben, denken wir im folgenden an einen Schornstein, aus dem Gas mit niedrigerer Dichte als die Umgebungsdichte austritt. Wenn Q die Quellstärke der Auftriebsquelle ist, so nennen wir

$$B = g(\varrho_0 - \varrho_i)\,\frac{Q}{\varrho_0} \tag{6.280}$$

den Auftriebsfluß der Quelle. In (6.280) ist ϱ_0 die Umgebungsdichte, die wir konstant setzen und ϱ_i die Dichte der Quellflüssigkeit am Austritt. Wir werden auch hier die Boussinesq-Approximation verwenden und können mit der Energiegleichung in der dann gültigen Form

$$\bar{\varrho} c_p \frac{\mathrm{D}\bar{\vartheta}}{\mathrm{D}t} = -\nabla \cdot \vec{q} \tag{6.281}$$

zeigen, daß (6.280) eine Erhaltungsgröße ist. In (6.281) ist $\vec{q}$ nur der turbulente Wärmestrom, d. h. die molekulare Leitung und die dissipierte Energie Φ (pro Zeit und Volumeneinheit) werden in der Energiegleichung der mittleren Strömung vernachlässigt. Die Integralform von (6.281)

$$\iint\limits_{(S)} \left(\bar{\varrho}\, c_p \bar{\vartheta}(\vec{\bar{u}} \cdot \vec{n}) + \vec{q} \cdot \vec{n}\right) \, \mathrm{d}S = 0 \ , \tag{6.282}$$

angewandt auf ein Kontrollvolumen, welches durch die Ebenen $x = const$ und $x + \mathrm{d}x = const$ und einen die Ebenen verbindenden Zylinder außerhalb des Strahles gebildet wird, führt uns auf die Gleichung

$$-\left[2\pi \int_0^r \bar{\varrho} c_p (\bar{\vartheta}\bar{u} + \overline{u'\vartheta'}) r \, \mathrm{d}r\right]_x + \left[2\pi \int_0^r \bar{\varrho} c_p (\bar{\vartheta}\bar{u} - \overline{u'\vartheta'}) r \, \mathrm{d}r\right]_{x+\mathrm{d}x} =$$

$$= 2\pi\, r\, \varrho_0 c_p \vartheta_0 \bar{v} \, \mathrm{d}x \ . \tag{6.283}$$

Die Kontinuitätsgleichung liefert für dasselbe Kontrollvolumen

$$-\left[2\pi \int_0^r \bar{\varrho}\, \bar{u}\, r \, \mathrm{d}r\right]_x + \left[2\pi \int_0^r \bar{\varrho}\, \bar{u}\, r \, \mathrm{d}r\right]_{x+\mathrm{d}x} = 2\pi\, r\, \varrho_0 \bar{v} \, \mathrm{d}x \ , \tag{6.284}$$

was es uns ermöglicht, (6.283) auf die Form

$$2\pi \int_0^r \bar{\varrho} c_p \left[(\bar{\vartheta} - \vartheta_0)\bar{u} + \overline{u'\vartheta'}\right] r \, \mathrm{d}r = const = \dot{H} \tag{6.285}$$

zu bringen. Wir vernachlässigen den turbulenten Temperaturfluß $\overline{u'\vartheta'}$ gegenüber dem mittleren Temperaturfluß $(\bar{\vartheta} - \vartheta_0)\bar{u}$, weisen aber darauf hin, daß jedenfalls beim ebenen Strahl die experimentellen Daten über das Verhältnis beider Größen widersprüchlich sind (Chen und Rodi [1980] und List [1982]).

Im Rahmen der Boussinesq-Approximation ist $(\bar{\varrho} - \varrho_0)/\varrho_0$ eine kleine Größe und daher kann $\bar{\varrho}$ aus dem Integral in (6.285) herausgezogen werden. Dann ist

$$2\pi \int_0^r (\bar{\vartheta} - \vartheta_0)\,\bar{u}\,r\,\mathrm{d}r = \frac{\dot{H}}{\varrho_0 c_p} = const \tag{6.286}$$

und mit

$$\frac{\bar{\vartheta} - \vartheta_0}{\vartheta_0} = \frac{\varrho_0 - \bar{\varrho}}{\varrho_0} \tag{6.287}$$

folgt durch Multiplikation mit g

$$2\pi \int_0^r \frac{\varrho_0 - \bar{\varrho}}{\varrho_0}\, g\,\bar{u}\,r\,\mathrm{d}r = \frac{g\,\dot{H}}{\varrho_0 c_p \vartheta_0}\;. \tag{6.288}$$

Wir werten (6.288) an der Stelle $x = 0$ aus und erhalten mit

$$2\pi \int_0^r \frac{\varrho_0 - \bar{\varrho}}{\varrho_0}\, g\,\bar{u}\,r\,\mathrm{d}r = \frac{(\varrho_0 - \varrho_i) g\, Q}{\varrho_0} = B \tag{6.289}$$

das angekündigte Ergebnis, welches auch die Beziehung zwischen gesamtem Enthalpiefluß $\dot{H}$ zu Auftriebsfluß herstellt

$$B = \frac{g\,\dot{H}}{\varrho_0 c_p \vartheta_0}\;. \tag{6.290}$$

Wir fragen nun nach der mittleren Geschwindigkeit $\bar{u}$ im Strahl. Nach Voraussetzung spielen molekulare Viskosität und Temperaturleitfähigkeit keine Rolle und daher hängt die Geschwindigkeit nur von den Koordinaten r und x sowie dem Auftriebsfluß B ab:

$$\bar{u} = \mathrm{fn}(B, r, x)\;. \tag{6.291}$$

Keine der auftretenden Größen enthält die Dimension der Masse und (6.291) ist

$$\bar{u} = B^{1/3} x^{-1/3} f_u\left(\frac{r}{x}\right) \tag{6.292}$$

äquivalent. Die maximale Geschwindigkeit wird an $r = 0$ und die halbe Maximalgeschwindigkeit an der Strahlbreite $r = b_u$ angetroffen. Daher ist

$$\bar{u}_{max} = \left(\frac{B}{x}\right)^{1/3} f_u(0) \qquad (6.293)$$

und

$$\frac{1}{2} f_u(0) = f_u\left(\frac{b_u}{x}\right) \qquad (6.294)$$

woraus wir auf

$$b_u = const * x \qquad (6.295)$$

schließen. CHEN und RODI [1980] empfehlen $const = 0.11$ und $f_u(0) = 3.5$. Die experimentelle Bestimmung der letztgenannten Größe setzt die Kenntnis von B voraus, und da die experimentell bestimmten Werte von B mit erheblichen Fehlern behaftet sein können, sind es auch die Werte von $f_u(0)$. LIST [1982] zitiert Werte im Bereich $3.5 \div 3.9$.

Mit (6.295) läßt sich auch (6.292) in der Form

$$\bar{u} = \left(\frac{B}{x}\right)^{1/3} f_u\left(\frac{r}{b_u}\right) \qquad (6.296)$$

schreiben. Die Frage nach der Dichte- oder Temperaturverteilung führt auf den Zusammenhang

$$\frac{g(\varrho_0 - \bar{\varrho})}{\varrho_0} = \text{fn}(B, r, x) \ , \qquad (6.297)$$

und die Dimensionsanalyse liefert die äquivalente Beziehung

$$\frac{g(\varrho_0 - \bar{\varrho})}{\varrho_0} = B^{2/3} x^{-5/3} f_\varrho\left(\frac{r}{x}\right) \ . \qquad (6.298)$$

Wie vorher zeigt man, daß der Radius b_ϱ, an dem die Hälfte des maximalen Wertes von (6.298) angetroffen wird, eine lineare Funktion von x ist: $b_\varrho = const * x$, wobei i. allg. die Konstante von jener in (6.295) verschieden ist, was eine von Eins verschiedene turbulente Prandtl-Zahl impliziert. CHEN und RODI [1980] empfehlen $const = 0.1$ und $f_\varrho(0) = 11$.

Die Berechnung der Verteilungen f_ϱ und f_u erfordert, wie schon beim impulsgetriebenen Freistrahl, Turbulenzmodelle und damit weitere Annahmen. Die Verteilungen lassen sich aber gut durch Gaußsche Fehlerverteilungen anpassen:

$$\bar{u} = f_u(0)\, B^{1/3} x^{-1/3} \exp\left(-\frac{K_u r^2}{x^2}\right) \qquad (6.299)$$

$$\frac{g(\varrho_0 - \bar{\varrho})}{\varrho_0} = f_\varrho(0)\, B^{2/3} x^{-5/3} \exp\left(-\frac{K_\varrho r^2}{x^2}\right) , \tag{6.300}$$

wenngleich die in der Literatur angegebenen Werte beträchtlich streuen, K_u im Bereich $48 \div 96$ und K_ϱ im Bereich $65 \div 71$. Für eine kritische Bewertung der experimentellen Ergebnisse verweisen wir auf CHEN und RODI [1980].

Wie bereits bemerkt, ist der Impuls an der Quelle Null und wächst dann mit x. In der Boussinesq-Approximation kann auch die Dichte im Impulsintegral als konstant angenommen werden, und es genügt daher, den kinematischen Impuls (6.193) zu betrachten. Der Impuls ist eine vom Auftriebsfluß B abhängige Größe und die Gleichung

$$K = f(B, x) \tag{6.301}$$

gibt seine Abhängigkeit von x an, die man direkt aus dem (6.301) äquivalenten Zusammenhang

$$K = C_K B^{2/3} x^{4/3} \tag{6.302}$$

abliest oder auch (6.296) und der Definition des kinematischen Impulses entnehmen kann. Für den mitgerissenen Volumenstrom liefert die (6.275) analoge Beziehung

$$\dot{V} = C_{\dot{V}} B^{1/3} x^{5/3} \tag{6.303}$$

die Entrainment-Rate

$$\frac{\partial \dot{V}}{\partial x} = C_{\dot{V}} \frac{5}{3}\, B^{1/3} x^{2/3} \tag{6.304}$$

und mit (6.302) dann

$$\frac{\partial \dot{V}}{\partial x} = \frac{5}{3} \frac{C_{\dot{V}}}{C_K^{1/2}} K^{1/2} \tag{6.305}$$

und damit die wichtige Erkenntnis, daß die Entrainment-Rate für Rundstrahlen nur vom lokalen kinematischen Impuls abhängt.

In den Anwendungen ist bei Auftriebsstrahlen der austretende Impuls häufig nicht mehr zu vernachlässigen, so daß das Strahlverhalten von den zwei Größen K und B geprägt wird. Mit K und B wird eine typische Länge l

$$l = K^{3/4} B^{-1/2} \tag{6.306}$$

eingeführt, die man schon (6.302) entnehmen kann. Mit dieser Länge lassen sich x und r dimensionslos machen, und daher müssen diese Veränderlichen nicht mehr in der Kombination x/r auftreten. Damit ist die Ähnlichkeit in den Geschwindigkeitsprofilen gestört. Da die Geschwindigkeit des Freistrahls wie x^{-1} abklingt (siehe (6.197)) und die des Auftriebsstrahles wie $x^{-1/3}$, wird der kombinierte Strahl immer als Freistrahl beginnen und asymptotisch in den Auftriebsstrahl übergehen. Der Übergang wird bei einer Höhe x stattfinden, die von der Größenordnung der typischen Länge ist.

In Fällen, wo der Impuls nicht mehr vernachlässigbar ist, werden für die Strahlberechnung oft Integralmethoden verwendet, die auf den oben angegebenen Bilanzgleichungen in integraler Form beruhen. Die Ergebnisse einer solchen Rechnung sind nicht sehr empfindlich von der Form der Verteilung, wie etwa die Gaußverteilung in (6.299) und (6.300), abhängig und „Kastenprofile" sind oft schon ausreichend. Eine Annahme über die Entrainment-Rate schließt das Gleichungssystem, indem es die noch unbekannte radiale Zuströmgeschwindigkeit außerhalb des Strahles festlegt. Man erhält so ein einfaches Differentialgleichungssystem. In diesen Modellen kann auch eine mit der Höhe veränderliche Dichte berücksichtigt werden. Wir verweisen auf die grundlegende Arbeit von MORTON et al. [1955], die auch den instationären Fall einer plötzlich freigesetzten Wärmemenge behandelt, ferner auf MORTON [1959].

Die Entrainment-Annahme ist kein gutes Modell für den tatsächlichen Vermischungsprozeß, aber es liefert gerade bei Auftriebstrahlen brauchbare Ergebnisse. Andere Modelle lassen sich im Rahmen von Integralmethoden anwenden. Siehe hierzu SCHNEIDER [1991] und dort enthaltene Referenzen.

7 Ähnlichkeitslösungen

Die Diskussion der Scherströmungen, insbesondere der freien Scherströmung, hat gezeigt, wie die Dimensionsanalyse Ansätze für *Ähnlichkeitslösungen* liefern kann. Das sind Lösungen, die sich dadurch auszeichnen, daß die (primitiven) unabhängig Veränderlichen, z. B. x und r, sich zu nur einer neuen Veränderlichen $\eta = x/r$ kombinieren, von der die noch unbekannt gebliebenen Funktionen allein abhängen (siehe z. B. (6.246), (6.247)). Man spricht allgemein von Ähnlichkeitslösungen, wenn sich bei mehreren unabhängig Veränderlichen eine Reduktion der unabhängig Veränderlichen ergibt. Bei nur zwei primitiven, unabhängig Veränderlichen hat diese Reduktion zur Folge, daß das Problem durch gewöhnliche Differentialgleichungen beschrieben werden kann. Um diese Reduktion zu erreichen, sind oft Überlegungen notwendig, die über die Dimensionsanalyse hinausgehen und Symmetrie oder, allgemeiner, Invarianzeigenschaften der Differentialgleichungen und der Randbedingungen einbeziehen. Wir betrachten zunächst die reibungsfreien Strömungen und beschränken uns hier auf die Fälle, die sich durch Dimensionsbetrachtungen alleine reduzieren lassen. Bei den später zu besprechenden reibungsbehafteten Strömungen werden dimensionsanalytische Aussagen schon deswegen unschärfer ausfallen müssen, weil als zusätzliche dimensionsbehafte Größe die Viskosität auftritt, so daß dann weitere Erwägungen in Betracht kommen.

7.1 Stationäre reibungsfreie Potentialströmung

Ausgangspunkt ist die Potentialgleichung für stationäre Strömung

$$\frac{1}{a^2}\frac{\partial\Phi}{\partial x_i}\frac{\partial\Phi}{\partial x_j}\frac{\partial^2\Phi}{\partial x_i\partial x_j} = \frac{\partial^2\Phi}{\partial x_i\partial x_i} \tag{7.1}$$

mit der aus der Energiegleichung folgenden Beziehung

$$a^2 = a_t^2 - \frac{\gamma - 1}{2} \frac{\partial \Phi}{\partial x_i} \frac{\partial \Phi}{\partial x_i} \tag{7.2}$$

für die Schallgeschwindigkeit des kalorisch perfekten Gases, auf das wir uns beschränken wollen (a_t ist dabei die Schallgeschwindigkeit der Flüssigkeit in Ruhe).

Aus der Lösung von (7.1) für angemessene Randbedingungen folgt dann die Strömungsgeschwindigkeit:

$$u_i = \frac{\partial \Phi}{\partial x_i} \, . \tag{7.3}$$

Die Druckfunktion

$$P(p) = \int \frac{1}{\varrho(p)} \, \mathrm{d}p \tag{7.4}$$

berechnet man aus der Bernoullischen Gleichung

$$\frac{1}{2} \frac{\partial \Phi}{\partial x_i} \frac{\partial \Phi}{\partial x_i} + P = const \, , \tag{7.5}$$

in der wir Volumenkräfte nicht berücksichtigt haben. Mit $P(p)$ ist der Druck p und mit $\varrho(p)$ auch die Dichte bekannt.

Wir betrachten nun den Grenzfall $a \to \infty$, d. h. inkompressible Strömung. Dann folgt aus (7.1) die *Laplacesche Gleichung*

$$\frac{\partial^2 \Phi}{\partial x_i \partial x_i} = 0 \tag{7.6}$$

und aus (7.5), da ϱ dann keine Funktion des Druckes ist,

$$\frac{1}{2} \frac{\partial \Phi}{\partial x_i} \frac{\partial \Phi}{\partial x_i} + \frac{p}{\varrho} = const \, . \tag{7.7}$$

Die Laplace-Gleichung (7.6) ist unter der Randbedingung zu lösen, daß an festen Wänden (Normalenvektor n_i) die Normalkomponente der Geschwindigkeit verschwinden muß, da Wände nicht durchströmt werden:

$$\frac{\partial \Phi}{\partial x_i} n_i = \frac{\partial \Phi}{\partial n} = 0 \quad \text{(an der Wand)} \, . \tag{7.8}$$

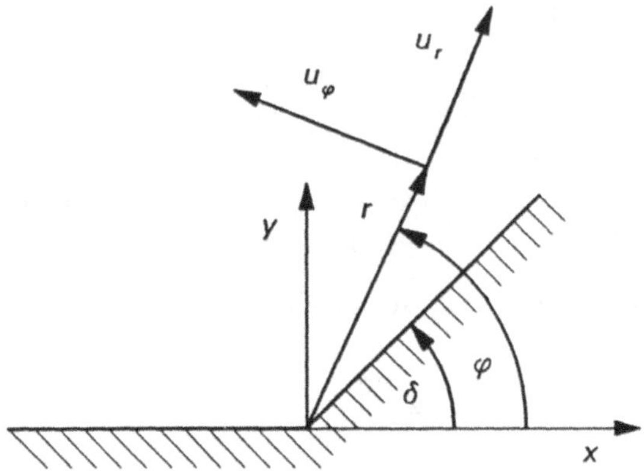

Abb. 7.1. Konkave Ecke

7.1.1 Inkompressible Eckenströmung

Wir behandeln nun die ebene Strömung um eine Ecke, die mit der x-Achse den Winkel δ bildet (Abb. 7.1). Wir verwenden Polarkoordinaten r, φ und suchen eine Lösung im Bereich $\delta < \varphi < \pi$. Offensichtlich ist eine Lösung des Problems in der Form

$$\mathrm{Fn}(\Phi, r, \varphi, \delta) = 0 \tag{7.9}$$

aus Dimensionsgründen nicht möglich, da sich aus den angegebenen Größen keine dimensionslosen Produkte bilden lassen. In dieses Problem muß wenigstens eine dimensionsbehaftete Konstante eingehen, und es scheint zunächst naheliegend, eine ungestörte Anströmgeschwindigkeit U_∞ einzuführen, so daß (7.9) dann die Form

$$\mathrm{Fn}(\Phi, U_\infty, r, \varphi, \delta) = 0 \tag{7.10}$$

annimmt. Der Rang der Dimensionsmatrix ist $r = 2$, und aus dem Zusammenhang zwischen den 5 physikalischen Größen entsteht eine Beziehung zwischen 3 dimensionslosen Produkten, die wir in der Form

$$\Phi = U_\infty \, r \, f(\delta, \varphi) \tag{7.11}$$

schreiben. Wir werden sehen, daß die „Lösung" (7.11) nicht existieren kann, was darauf zurückzuführen ist, daß der betrachtete Bereich ins Unendliche reicht und bei dem hier betrachteten elliptischen Problem keine ungestörte Anströmgeschwindigkeit existiert.

Aus der Laplaceschen Gleichung in Polarkoordinaten

$$\frac{\partial^2\Phi}{\partial r^2} + \frac{1}{r}\frac{\partial\Phi}{\partial r} + \frac{1}{r^2}\frac{\partial^2\Phi}{\partial\varphi^2} = 0 \tag{7.12}$$

folgt nämlich mit dem Ansatz (7.11)

$$\frac{1}{r}f + \frac{1}{r}f'' = 0 \tag{7.13}$$

oder, für $1/r \neq 0$,

$$f'' + f = 0 \tag{7.14}$$

und daraus als Lösung für Φ:

$$\Phi = U_\infty r[A_1\sin(\varphi) + A_2\cos(\varphi)]\ . \tag{7.15}$$

Wir passen (7.15) der Randbedingung (7.8) an, die in Polarkoordinaten

$$\frac{1}{r}\frac{\partial\Phi}{\partial\varphi}\bigg|_{\varphi=\pi} = 0 \tag{7.16}$$

und

$$\frac{1}{r}\frac{\partial\Phi}{\partial\varphi}\bigg|_{\varphi=\delta} = 0 \tag{7.17}$$

lautet. Aus (7.16) schließen wir auf $A_1 = 0$ und dann aus (7.17) auf $A_2 = 0$; damit verschwindet die Lösung (7.15) mit Ausnahme von $\delta = 0$ identisch, wobei der Fall $\delta = 0$ die ungestörte Parallelströmung, d. h. der triviale Fall, ist.

Die aus Dimensionsgründen zu fordernde Konstante, die wir mit A bezeichnen, kann daher nicht die Dimension L/T einer Geschwindigkeit haben, sondern muß die allgemeine Form

$$[A] = L^c/T\ ,\ c \neq 1 \tag{7.18}$$

besitzen. Der Zusammenhang

$$\mathrm{Fn}(\Phi, A, r, \delta, \varphi) = 0 \tag{7.19}$$

läßt sich dimensionsanalytisch auf die Form

$$\Phi = A\,r^n f(\varphi) \tag{7.20}$$

mit $n = 2 - c$ bringen, wobei wir das für die weitere Rechnung unerhebliche Argument δ weggelassen haben. Durch Einsetzen von (7.20) in die Laplacesche Gleichung (7.12) gewinnen wir die Differentialgleichung

$$f'' + n^2 f = 0 \ . \tag{7.21}$$

Die allgemeine Lösung von (7.21) lautet

$$f = A_1 \cos(n\varphi + \varphi_0) \ , \tag{7.22}$$

so daß sich

$$\Phi = A\, r^n \cos(n\varphi + \varphi_0) \tag{7.23}$$

ergibt, wobei wir die dimensionslose Konstante A_1 in A gezogen haben. Die Randbedingung (7.16) liefert

$$\frac{1}{r}\frac{\partial \Phi}{\partial \varphi}\bigg|_{\varphi=\pi} = -A\, n\, r^{n-1} \sin(n\pi + \varphi_0) = 0 \ , \tag{7.24}$$

also

$$n\pi + \varphi_0 = k_1 \pi \quad (k_1 = 0, \pm 1, \pm 2, \ldots) \ , \tag{7.25}$$

während die Randbedingung (7.17)

$$\frac{1}{r}\frac{\partial \Phi}{\partial \varphi}\bigg|_{\varphi=\delta} = -A\, n\, r^{n-1} \sin(n\delta + \varphi_0) = 0 \tag{7.26}$$

erfordert, also

$$n\delta + \varphi_0 = k_2 \pi \quad (k_2 = 0, \pm 1, \pm 2, \ldots) \ . \tag{7.27}$$

Die Bedingungen (7.25) und (7.27) lassen sich für beliebige δ mit

$$n\,\delta = -\varphi_0 \tag{7.28}$$

und

$$n\,\pi - n\,\delta = \pi \tag{7.29}$$

erfüllen. Damit lautet die Lösung der Eckenströmung

$$\Phi = A\, r^{\pi/(\pi-\delta)} \cos\left(\frac{\pi}{\pi - \delta}(\varphi - \delta)\right) \ . \tag{7.30}$$

Bekannte Beispiele ergeben sich für $\delta = \pi/2$ oder $n = 2$ (Staupunktströmung) und für $\delta = 0$ oder $n = 1$ (Parallelströmung). Im Exponentenbereich $1 < n < 2$ erhält man inkompressible Strömungen um Keile verschiedener Öffnungswinkel. Für negative Werte von δ erhält man Strömungen um konvexe Ecken. Der bekannteste Fall ist hier $\delta = -\pi/2$ oder $n = 2/3$, der die Strömung um eine rechtwinklige Ecke darstellt, bei der die Geschwindigkeit an der Ecke wie $r^{1/3}$ gegen Unendlich strebt. Die Lösungen gelten nur lokal, was man schon aus dem Verhalten der Geschwindigkeit für $r \to \infty$ erkennt, und daher bleibt auch der Wert der Konstanten A unbestimmt. Er kann aus der Lösung der Umströmung eines Körpers ermittelt werden, dessen Vorderkante als Ecke ausgebildet ist.

Wir weisen darauf hin, daß sich die Lösung (7.30) nicht als Grenzfall eines Lösungsansatzes um einen endlichen Keil der Länge L ergibt. Hier tritt nämlich eine konstante Geschwindigkeit im Unendlichen auf und der Ansatz hat die Form (7.11) mit dem zusätzlichen dimensionslosen Produkt r/L, d. h.

$$\Phi = U_\infty r\, f(\varphi, \delta, r/L) \ , \tag{7.31}$$

aus der man nicht (7.30) gewinnt, indem man das Argument r/L einfach Null setzt. In diesem Beispiel existiert der Grenzwert von (7.31) für $r/L = 0$ nicht. Bei anderen Gelegenheiten hatten wir oft die Existenz eines solchen Grenzwertes vorausgesetzt oder aus der physikalischen Problemstellung erschlossen. Im vorliegenden Problem sind aber die Gründe einsichtig geworden, warum er hier nicht existiert. Natürlich ließe sich die lokale Lösung durch Entwicklung der Lösung für den endlichen Körper am Staupunkt für kleine r/L gewinnen und damit der unbekannt gebliebene Wert von A bestimmen. Fälle, in denen der Grenzwert in obigem Sinne nicht existiert, treten in den Anwendungen öfter auf. Sie sind nicht mehr mit Methoden der Dimensionsanalyse allein zu lösen. Wenn man den Ansatz in der Form

$$\Phi = \Pi_{n-r}^{\alpha} \phi(\Pi_1 \ldots \Pi_{n-r-1}, \Pi_{n-r} = 0) \tag{7.32}$$

schreiben kann, also hier bei der Lösung um den endlichen Keil in der Form[1]

$$\Phi = \left(\frac{r}{L}\right)^{n-1} U_\infty r f(\varphi, \delta, r/L = 0) \tag{7.33}$$

bzw.

$$\Phi = r^n U_\infty L^{1-n} f(\varphi, \delta) \ , \tag{7.34}$$

[1]Wir benutzen hier den Buchstaben n für den Exponenten, um den Zusammenhang zu (7.20) herzustellen. Der Index n in (7.32) kennzeichnet, wie bisher, die Zahl der physikalischen Größen.

so spricht man von einer *Ähnlichkeit zweiter Art* (BARENBLATT und ZEL'DOVICH [1972], BARENBLATT [1979]). Der Exponent n kann nicht aus der Dimensionsanalyse gewonnen werden, sondern ergibt sich, wie bei (7.30), als Eigenwert eines i. allg. nichtlinearen Eigenwertproblems. Wir verweisen auf BARENBLATT [1979], siehe auch die Bemerkungen im Abschnitt 7.2.2.

7.1.2 Kompressible Eckenströmung

Wir wenden uns nun der kompressiblen Strömung um Ecken zu und verwenden weiterhin die dem Problem angepaßten Polarkoordinaten. Wir gehen von der Potentialgleichung (7.1) in symbolischer Schreibweise

$$\frac{1}{a^2}\nabla\Phi\cdot\nabla\left(\frac{\nabla\Phi\cdot\nabla\Phi}{2}\right)=\Delta\Phi \tag{7.35}$$

aus, setzen darin Nabla- und Laplace-Operator in Polarkoordinaten ein und erhalten die jetzt nichtlineare Potentialgleichung

$$\left[1-\frac{1}{a^2}\left(\frac{\partial\Phi}{\partial r}\right)^2\right]\frac{\partial^2\Phi}{\partial r^2}+\left[1-\frac{1}{a^2}\left(\frac{1}{r}\frac{\partial\Phi}{\partial\varphi}\right)^2\right]\frac{1}{r^2}\frac{\partial^2\Phi}{\partial\varphi^2}+$$
$$-\frac{2}{a^2}\frac{\partial\Phi}{\partial r}\frac{1}{r}\frac{\partial\Phi}{\partial\varphi}\frac{1}{r}\frac{\partial^2\Phi}{\partial\varphi\partial r}+\left[1+\frac{1}{a^2}\left(\frac{1}{r}\frac{\partial\Phi}{\partial\varphi}\right)^2\right]\frac{1}{r}\frac{\partial\Phi}{\partial r}=0\,. \tag{7.36}$$

Entsprechend erhält man durch Einsetzen des Nabla-Operators in die symbolische Form von (7.2) für die Schallgeschwindigkeit

$$a^2=a_t^2-\frac{\gamma-1}{2}\left[\left(\frac{\partial\Phi}{\partial r}\right)^2+\left(\frac{1}{r}\frac{\partial\Phi}{\partial\varphi}\right)^2\right]\,. \tag{7.37}$$

Im Gegensatz zum Fall der inkompressiblen Potentialströmung tritt hier explizit eine Konstante (a_t) mit der Dimension einer Geschwindigkeit auf. Der Zusammenhang

$$\mathrm{Fn}(\Phi,a_t,r,\varphi,\delta)=0 \tag{7.38}$$

läßt sich daher in der Form

$$\Phi=a_t\,r\,f(\varphi) \tag{7.39}$$

schreiben, wo auch hier δ als Argument nicht weiter aufgeführt wird. Der Ansatz (7.39) führt mit (7.36) zunächst auf die Differentialgleichung

$$\frac{f''}{r}\left(1-\frac{a_t^2}{a^2}f'^2\right)-2\frac{a_t^2}{a^2}\frac{f'^2 f}{r}+\frac{f}{r}\left(1+\frac{a_t^2}{a^2}f'^2\right)=0\ , \tag{7.40}$$

die wir weiter zu

$$\left(\frac{a^2}{a_t^2}-f'^2\right)(f''+f)=0 \tag{7.41}$$

vereinfachen. Gleichung (7.41) ist erfüllt für

$$\frac{a^2}{a_t^2}-f'^2=0 \tag{7.42}$$

oder

$$f''+f=0\ . \tag{7.43}$$

Die Lösung von (7.43) führt uns auf eine Parallelströmung. Bei Unterschallströmung ist aber eine Parallelströmung für das Eckenproblem nicht möglich, wie die Diskussion der inkompressiblen Lösung gezeigt hat, die ja eine Unterschallströmung ist. Genau wie in Abschnitt 7.1.1 muß auch bei der kompressiblen Unterschallströmung eine zusätzliche dimensionsbehaftete Konstante auftreten.

Wir stellen diesen Fall zurück und wenden uns der Überschallströmung zu, wo Bereiche auftreten, in denen entweder (7.43) gilt (d. h. die Strömung ist dort eine Parallelströmung) oder in denen (7.42) gilt, d. h. Geschwindigkeit und andere Strömungsgrößen nicht konstant sind. Zunächst gewinnen wir mit dem Ansatz (7.39) den Zusammenhang

$$\frac{a^2}{a_t^2}=1-\frac{\gamma-1}{2}\left(f^2+f'^2\right)\ , \tag{7.44}$$

den wir in (7.42) einsetzen:

$$1-\frac{\gamma-1}{2}f^2-\frac{\gamma+1}{2}f'^2=0\ . \tag{7.45}$$

Durch Trennung der Veränderlichen

$$\frac{\mathrm{d}f}{\sqrt{\frac{2}{\gamma-1}-f^2}}=-\sqrt{\frac{\gamma-1}{\gamma+1}}\mathrm{d}\varphi \tag{7.46}$$

und Integration gewinnen wir die Lösung

$$\arcsin\left(\sqrt{\frac{\gamma-1}{2}}f\right)=-\sqrt{\frac{\gamma-1}{\gamma+1}}\varphi+const\ , \tag{7.47}$$

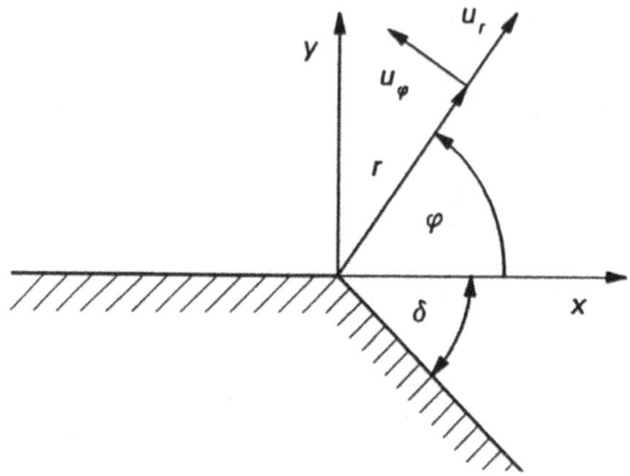

Abb. 7.2. Konvexe Ecke

wobei wir beim Übergang von (7.45) auf (7.46) das negative Vorzeichen gewählt haben, weil bei Strömung von links nach rechts das Potential mit wachsendem φ abnimmt. Statt (7.47) schreiben wir auch

$$f = -\sqrt{\frac{2}{\gamma - 1}} \sin\left(\sqrt{\frac{\gamma - 1}{\gamma + 1}}(\varphi + \varphi_0)\right) \tag{7.48}$$

und damit für das Potential

$$\Phi = -a_t r \sqrt{\frac{2}{\gamma - 1}} \sin\left(\sqrt{\frac{\gamma - 1}{\gamma + 1}}(\varphi + \varphi_0)\right) . \tag{7.49}$$

Wir betrachten zunächst die konvexe Ecke der Abb. 7.2 mit der Zuströmmachzahl

$$M_1^2 = \frac{1}{a_1^2}(u_r^2 + u_\varphi^2) = 1 , \quad (x \leq 0) . \tag{7.50}$$

Im Gegensatz zur Unterschallströmung, und insbesondere zur inkompressiblen Strömung, ist dies möglich, da sich die Ecke nicht stromaufwärts bemerkbar machen kann. Ein Signal, welches die von der Ecke verursachte Störung meldet, würde in ruhender Luft mit Schallgeschwindigkeit auch nach links wandern, wird aber bei Mach-Zahl 1 gerade mit der Schallgeschwindigkeit nach rechts mitgetragen, so daß die Ecke im Bereich $x \leq 0$ nicht „gespürt" wird. Für $\varphi \geq \pi/2$ herrscht daher die ungestörte Parallelströmung. Insbesondere ist die Geschwindigkeitskomponente in radialer Richtung u_r an $\varphi = \pi/2$ Null. Aus dieser Bedingung bestimmen wir mit

$$u_r = \frac{\partial \Phi}{\partial r} = -a_t \sqrt{\frac{2}{\gamma - 1}} \sin\left(\sqrt{\frac{\gamma - 1}{\gamma + 1}}(\varphi + \varphi_0)\right) \tag{7.51}$$

die Konstante φ_0 zu

$$\varphi_0 = -\frac{\pi}{2} \tag{7.52}$$

und schreiben für (7.49)

$$\Phi = a_t r \sqrt{\frac{2}{\gamma - 1}} \sin\left(\sqrt{\frac{\gamma - 1}{\gamma + 1}}(\frac{\pi}{2} - \varphi)\right) . \tag{7.53}$$

Aus (7.53) erhalten wir auch die Geschwindigkeit in φ-Richtung zu

$$u_\varphi = \frac{1}{r}\frac{\partial\Phi}{\partial\varphi} = -a_t \sqrt{\frac{2}{\gamma + 1}} \cos\left(\sqrt{\frac{\gamma - 1}{\gamma + 1}}(\frac{\pi}{2} - \varphi)\right) . \tag{7.54}$$

Die Energiegleichung (7.37) zeigt, daß die Geschwindigkeitskomponente u_φ gleich der (negativen) lokalen Schallgeschwindigkeit a ist, denn sie lautet mit (7.51) und (7.54)

$$a^2 = a_t^2 - a_t^2 \sin^2\left(\sqrt{\frac{\gamma - 1}{\gamma + 1}}(\frac{\pi}{2} - \varphi)\right) - a_t^2 \frac{\gamma - 1}{\gamma + 1} \cos^2\left(\sqrt{\frac{\gamma - 1}{\gamma + 1}}(\frac{\pi}{2} - \varphi)\right) , \tag{7.55}$$

die nach einfacher Umformung die Gestalt von (7.54) annimmt:

$$a^2 = a_t^2 \frac{2}{\gamma + 1} \cos^2\left(\sqrt{\frac{\gamma - 1}{\gamma + 1}}(\frac{\pi}{2} - \varphi)\right) = u_\varphi^2 . \tag{7.56}$$

Da $u_\varphi < 0$, folgt

$$a = -u_\varphi . \tag{7.57}$$

Der Winkel zwischen dem Geschwindigkeitsvektor $\vec{u}$ und der r-Richtung (Abb. 7.3) ist daher gleich dem Machschen Winkel

$$\mu = \arcsin\left(\frac{1}{M}\right) . \tag{7.58}$$

Allgemein ist dies der Winkel, den der Geschwindigkeitsvektor mit den *Machschen Linien*, die *Charakteristiken* sind, einschließt. Offensichtlich ist in den Gebieten, in denen die Mach-Zahl konstant ist, dieser Winkel ebenfalls konstant. Die Ablenkung des Geschwindigkeitsvektors von der ungestörten Anströmrichtung ist

$$\nu = \mu - \varphi . \tag{7.59}$$

Wegen (7.58) ist dort, wo (7.51) und (7.54) gelten, $\nu = \nu(\varphi)$. Wenn $\nu = \delta$ erreicht ist, verläuft der Geschwindigkeitsvektor parallel zur Wand, d. h. die Randbedingung (7.8)

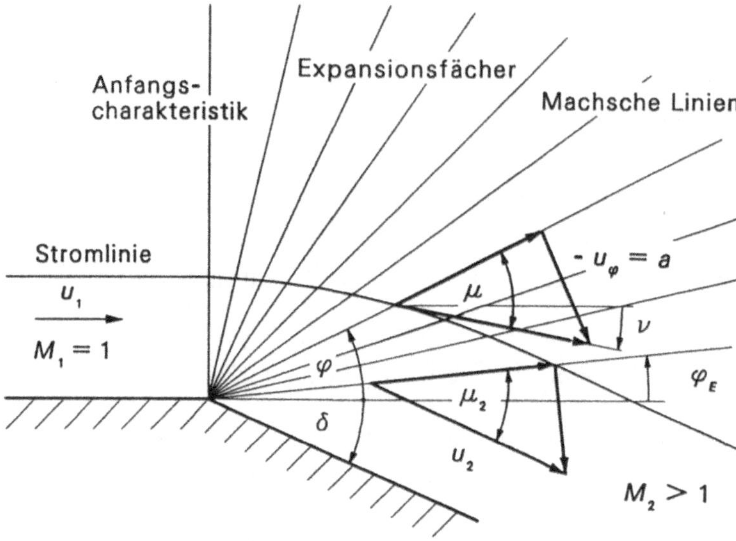

Abb. 7.3. PRANDTL-MEYER-Strömung

ist erfüllt. Daher ist ab einer bestimmten Charakteristik mit dem Endwinkel

$$\varphi_E = \mu_2 - \delta \tag{7.60}$$

der Geschwindigkeitsvektor für alle $\varphi \leq \varphi_E$ wandparallel und konstant, d. h. die Strömung ist wieder eine Translationsströmung und (7.43) kommt zum Tragen. Die Strömungsgrößen ändern sich also nur in dem fächerartigen Bereich $\pi/2 \geq \varphi \geq \varphi_E$, den man *Expansionsfächer* nennt. Wegen

$$M^2 = \frac{1}{a^2}(u_r^2 + u_\varphi^2) \tag{7.61}$$

läßt sich zusammen mit (7.51) und (7.54) die Mach-Zahl als Funktion von φ darstellen. Aus $\sin\mu = \sin(\nu + \varphi)$ erhält man nach einigen Umformungen den als *Prandtl-Meyer-Funktion* bekannten Zusammenhang $\nu = \nu(M)$:

$$\nu = \sqrt{\frac{\gamma+1}{\gamma-1}}\arctan\left(\sqrt{\frac{\gamma-1}{\gamma+1}(M^2-1)}\right) - \arctan\left(\sqrt{M^2-1}\right) \ . \tag{7.62}$$

Für einen vorgegebenen Ablenkwinkel ν von der Anströmung mit $M = 1$ läßt sich so aus einer tabellarischen Darstellung von (7.62) die Machsche Zahl $M(\nu)$, dann mit

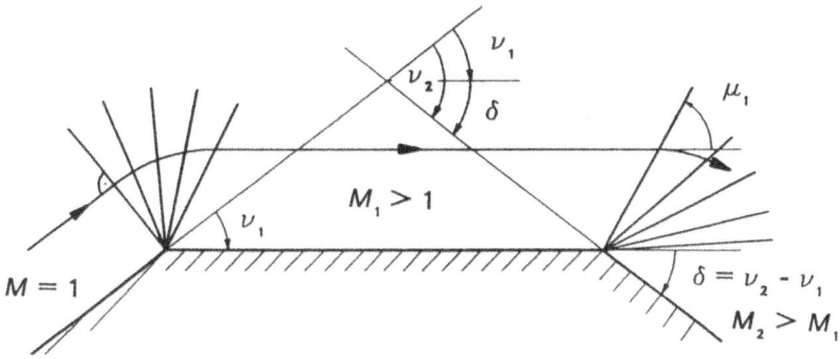

Abb. 7.4. PRANDTL-MEYER-Strömung mit beliebiger Anström-Machzahl

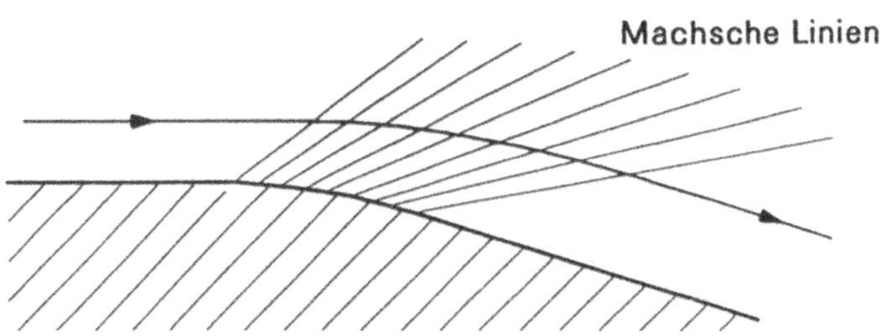

Abb. 7.5. Stetige Expansion

(7.58) der Machsche Winkel μ und mit (7.59) der zugehörige Winkel φ bestimmen. Den allgemeineren Fall für beliebige Anström-Mach-Zahl $M > 1$ gewinnt man nach Abb. 7.4, indem man sich eine Ecke mit der Ablenkung $\delta_1 = \nu(M_1)$ vorgeschaltet denkt.

Die angegebenen Formeln gelten auch, wenn die Umlenkung, wie in Abb. 7.5 und Abb. 7.6 dargestellt, stetig erfolgt. Da die Störungen nicht stromaufwärts gelangen können, ist dies unmittelbar einsichtig. Aus mathematischer Sicht liegt es am hyperbolischen Charakter der Differentialgleichung (7.36) für $M > 1$, was sich auch darin äußert, daß die Differentialgleichung (7.42) erster Ordnung in f ist, also nur eine Randbedingung (bei $\varphi = \pi/2$) gebraucht wird. Besonderer Erläuterung bedarf der Fall der stetig gekrümmten konkaven Wand: In einiger Entfernung von der Wand schneiden sich die Machschen Linien; die Charakteristiken bilden eine Enveloppe. Im Gebiet, das alle Schnittpunkte der Charakteristiken beinhaltet, ist die Strömung aber nicht mehr eindeutig, da auf jeder Charakteristik die Mach-Zahl einen anderen Wert hat, was aber

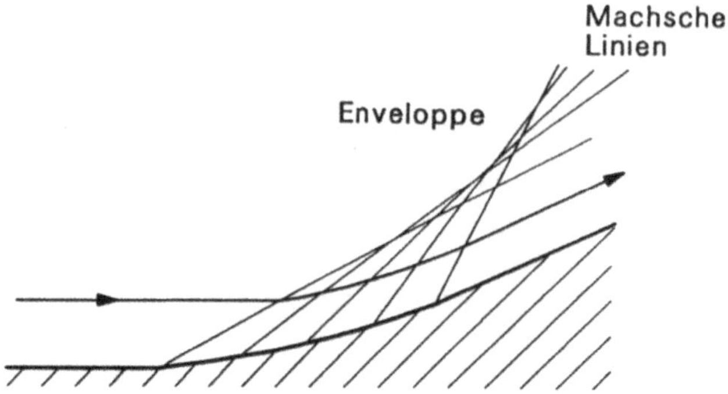

Abb. 7.6. Stetige Kompression

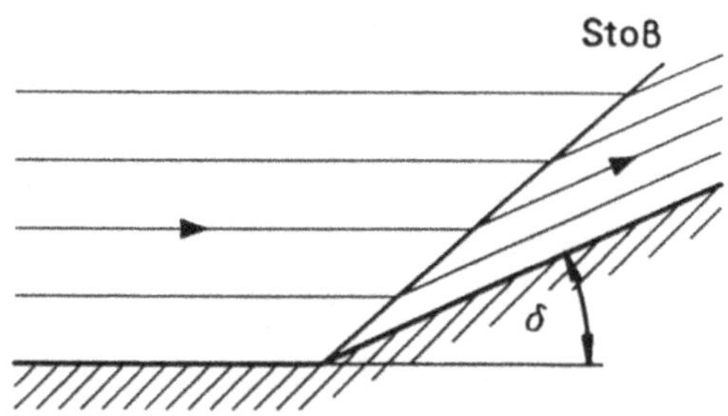

Abb. 7.7. Kompressible Strömung in der konkaven Ecke

physikalisch unmöglich ist. Man beobachtet experimentell, daß eine unstetige Änderung von der Spitze der Enveloppe ausgeht, die man als *Verdichtungsstoß* bezeichnet. Erfolgt die Umlenkung unstetig in einer konkaven Ecke, so schneiden sich die Charakteristiken direkt in der Ecke (Abb. 7.7). Für Umlenkwinkel δ, die kleiner sind als ein Grenzwinkel $\delta_{max}(M)$, der für kalorisch perfektes zweiatomiges Gas und unendlich große Mach-Zahl $\delta_{max}(M \to \infty) \approx 45°$ ist, bildet sich von der Ecke ausgehend ein gerader Verdichtungsstoß aus, der die Strömung um den Winkel δ umlenkt. Die Strömungen vor und hinter dem Verdichtungsstoß sind reine Translationsströmungen. Für Umlenkwinkel größer als δ_{max} sind reibungsfreie Potentialströmungen physikalisch nicht zu realisieren.

Auch Potentialströmungen um konvexe Ecken, die weit weg von der Ecke Unterschallströmungen sind, sind physikalisch nicht im ganzen Feld realisierbar. Bei Annäherung an die Ecke nimmt die Geschwindigkeit und die Mach-Zahl zu; die Mach-Zahl 1 wird auf einer bestimmten Stromlinie überschritten, so daß man es dort mit Überschallströmungen zu tun hat. Mit wachsendem Abstand von der Ecke nimmt die Strömungsgeschwindigkeit ab, geht also vom Überschall wieder in den Unterschall über. In der Nähe der Ecke kommt es zur Durchkreuzung von Charakteristiken derselben Familie, wie es

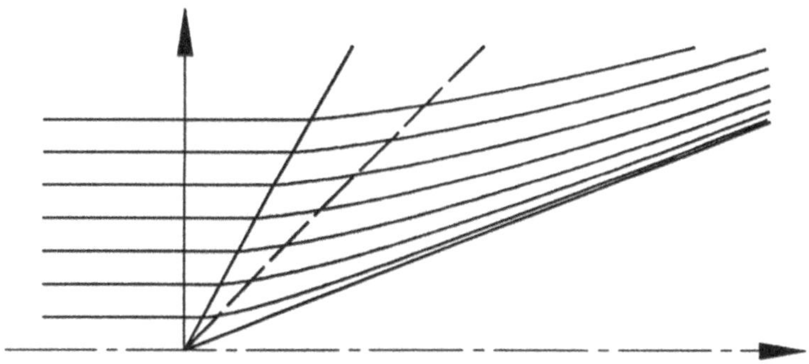

Abb. 7.8. Kegelströmung

oben im Fall der konkaven Ecke geschildert wurde. Die Enveloppen stellen Grenzlinien dar, innerhalb derer die Strömung nicht mehr eindeutig ist, also physikalisch nicht realisiert wird. Bekannte Strömungen sind die Ringleb-Lösung (Strömung um 180°-Ecke) und die kompressible Eckenströmung um die konvexe 90°-Ecke.

Wählt man als unabhängige Veränderliche den Betrag der Geschwindigkeit und den Polwinkel ϑ des Geschwindigkeitsvektors (*Hodographenmethode*), so erhält man eine lineare Gleichung für das Potential und die Stromfunktion. Die Gleichung für die Stromfunktion ist einfacher und kann durch Separation der Veränderlichen gelöst werden. Ohne auf die Lösung einzugehen, bemerken wir, daß neben der dimensionsbehafteten Konstanten a_t eine weitere dimensionsbehaftete Konstante in der Lösung auftritt, was wir aber aufgrund der Diskussion des inkompressiblen Falles auch erwarten.

7.1.3 Kompressible Kegelströmung

Mit der besprochenen ebenen Keilströmung im Überschall ist die rotationssymmetrische Überschallströmung um einen Kegel verwandt (Abb. 7.8).

Der Kegel werde parallel zu seiner Achse mit der Überschallgeschwindigkeit $U_\infty > a_\infty$ angeströmt. Bei homogener Zuströmung und nicht zu großem Kegelöffnungswinkel geht von der Spitze eine kegelförmige gerade Stoßfläche aus. Im Gegensatz zur ebenen Überschallkeilströmung ist die Strömung hinter dem Stoß aber keine Translationsströmung. Die Stromlinien sind gekrümmt, und daher tritt eine zusätzliche Kompression, und damit eine Verkleinerung der Machzahl, auf, die bis zur Unterschallströmung führen kann. Diese Strömung ist dann ein Beispiel für den stetigen Übergang von Überschall- zu Unterschallströmung.

Wir wählen Kugelkoordinaten r, ϑ, φ und betrachten die x-Achse als Polachse. Die Lösung der Potentialgleichung erwarten wir in der Form

$$\Phi = \mathrm{fn}(r, \vartheta, \vartheta_0) \ , \tag{7.63}$$

da die Abhängigkeit von φ wegen der Rotationssymmetrie entfällt. Den Stoßwinkel σ haben wir nicht aufgelistet, da er von ϑ_0 abhängig ist. Aus Dimensionsgründen muß in den Zusammenhang (7.63) aber wenigstens eine dimensionsbehaftete Konstante eingehen. Wie vorher wählen wir die Ruheschallgeschwindigkeit a_t, schreiben für (7.63)

$$\Phi = a_t \, r \, f(\vartheta) \tag{7.64}$$

und schließen aus

$$u_r = \frac{\partial \Phi}{\partial r} = a_t f \tag{7.65}$$

und

$$u_\vartheta = \frac{1}{r} \frac{\partial \Phi}{\partial \vartheta} = a_t f' \tag{7.66}$$

auf

$$\frac{\mathrm{d} u_r}{\mathrm{d} \vartheta} = u_\vartheta \ . \tag{7.67}$$

Wir verzichten im folgenden darauf, mit der Potentialgleichung zu arbeiten und gehen wegen (7.65) und (7.66) mit

$$u_r = u_r(\vartheta) \ , \ u_\vartheta = u_\vartheta(\vartheta) \tag{7.68}$$

direkt in die Bewegungsgleichungen, wobei wir ab sofort zur Abkürzung unter u_r und u_ϑ die mit a_t dimensionslos gemachten Geschwindigkeitskomponenten verstehen. Für die Kontinuitätsgleichung

$$\nabla \cdot (\varrho \, \vec{u}) = 0 \tag{7.69}$$

folgt dann zunächst

$$\frac{1}{r^2} \frac{\partial (\varrho \, r^2 u_r)}{\partial r} + \frac{1}{r \sin \vartheta} \frac{\partial (\varrho \, u_\vartheta \sin \vartheta)}{\partial \vartheta} = 0 \ . \tag{7.70}$$

Wegen der Energiegleichung (7.2)

$$u_r^2 + u_\vartheta^2 = \frac{2}{\gamma - 1} \left[1 - \left(\frac{a}{a_t} \right)^2 \right] \tag{7.71}$$

schließen wir auf $a = a(\vartheta)$. Mit

$$a^2 = \gamma \frac{p}{\varrho} \tag{7.72}$$

und der für stationäre Potentialströmung gültigen Annahme der homentropen Strömung

$$p = p(\varrho) \tag{7.73}$$

folgen die Aussagen

$$p = p(\vartheta) \tag{7.74}$$

und

$$\varrho = \varrho(\vartheta) \; . \tag{7.75}$$

Daher reduziert sich die Kontinuitätsgleichung (7.70) auf

$$-\frac{1}{\varrho} u_\vartheta \frac{\mathrm{d}\varrho}{\mathrm{d}\vartheta} = 2\, u_r + \frac{\mathrm{d}u_\vartheta}{\mathrm{d}\vartheta} + u_\vartheta \cot\vartheta \; . \tag{7.76}$$

Im folgenden dreht es sich darum, die Dichte aus dieser Beziehung zu eliminieren. Aus der Energiegleichung (7.71) folgt zunächst die Beziehung

$$u_r \frac{\mathrm{d}u_r}{\mathrm{d}\vartheta} + u_\vartheta \frac{\mathrm{d}u_\vartheta}{\mathrm{d}\vartheta} + \frac{2}{\gamma - 1} \frac{a}{a_t^2} \frac{\mathrm{d}a}{\mathrm{d}\vartheta} = 0 \; , \tag{7.77}$$

die wir mit der Isentropenbeziehung

$$\left(\frac{a}{a_t}\right)^2 = \left(\frac{\varrho}{\varrho_t}\right)^{\gamma - 1} \tag{7.78}$$

bzw.

$$\frac{1}{a} \frac{\mathrm{d}a}{\mathrm{d}\vartheta} = \frac{\gamma - 1}{2} \frac{1}{\varrho} \frac{\mathrm{d}\varrho}{\mathrm{d}\vartheta} \tag{7.79}$$

in

$$u_r \frac{\mathrm{d}u_r}{\mathrm{d}\vartheta} + u_\vartheta \frac{\mathrm{d}u_\vartheta}{\mathrm{d}\vartheta} + \frac{a^2}{a_t^2} \frac{1}{\varrho} \frac{\mathrm{d}\varrho}{\mathrm{d}\vartheta} = 0 \tag{7.80}$$

umschreiben. Mit (7.67) gewinnen wir so schließlich die Gleichung

$$\frac{a_t^2}{a^2} u_\vartheta \left(u_r + \frac{\mathrm{d}u_\vartheta}{\mathrm{d}\vartheta} \right) = -\frac{1}{\varrho} \frac{\mathrm{d}\varrho}{\mathrm{d}\vartheta} \; . \tag{7.81}$$

Damit läßt sich dann die Kontinuitätsgleichung (7.76) ebenfalls umschreiben:

$$u_r \left(1 - \frac{a_t^2}{a^2} u_\vartheta^2 \right) + \frac{\mathrm{d}u_\vartheta}{\mathrm{d}\vartheta} \left(1 - \frac{a_t^2}{a^2} u_\vartheta^2 \right) + u_r + u_\vartheta \cot\vartheta = 0 \tag{7.82}$$

oder

$$\frac{du_\vartheta}{d\vartheta} + u_r = -\frac{u_r + u_\vartheta \cot\vartheta}{1 - (a_t^2/a^2)u_\vartheta^2} \, . \tag{7.83}$$

Die Gleichungen (7.67) und (7.83) stellen ein Differentialgleichungssystem aus zwei gekoppelten gewöhnlichen Differentialgleichungen für die Unbekannten u_r, u_ϑ und a dar. Die fehlende dritte Gleichung ist die Energiegleichung (7.71).

Zur praktischen Berechnung geht man zweckmäßigerweise vom indirekten Problem aus, d. h. man gibt sich den Winkel σ der Stoßfläche vor, berechnet aus der Ruheschallgeschwindigkeit a_t, den Stoßbeziehungen und der Mach-Zahl M_∞ vor dem Stoß alle Größen hinter dem Stoß. Mit den Anfangswerten u_r, u_ϑ, a behandelt man dann das Problem als Anfangswertaufgabe. Der Körper ist erreicht, wenn $u_\vartheta = 0$ ist. Entspricht der dann gefundene Kegelwinkel nicht dem gewünschten ϑ_0, so wiederholt man die Rechung mit einem verbesserten Wert für den Stoßwinkel σ.

7.2 Instationäre reibungsfreie kompressible Strömungen

Wir beschränken uns im folgenden auf ebene, zylindrische und kugelsymmetrische instationäre, eindimensionale Strömungen. Eine ebene eindimensionale Strömung liegt vor, wenn man ein kartesisches Koordinatensystem finden kann, in dem nur die x-Komponente u der Geschwindigkeit von Null verschieden ist und zusätzlich u nur von der Koordinate x (und t) abhängt. Um eine einheitliche Darstellung mit den zylindrischen und kugelsymmetrischen eindimensionalen Strömungen zu erhalten, bezeichnen wir die Ortskoordinate in allen drei Fällen mit r und die einzige nicht verschwindende und nur von r abhängende Geschwindigkeitskomponente mit u. Bei der zylindrisch eindimensionalen Strömung verschwindet also die Abhängigkeit von φ und z in Zylinderkoordinaten, bei der kugelsymmetrisch eindimensionalen Strömung hängt u nicht von Polwinkel ϑ und Azimuthwinkel φ ab.

Die einzige nicht verschwindende Komponente der Eulerschen Bewegungsgleichungen lautet dann für alle drei Koordinatensysteme gleich:

$$\frac{\partial u}{\partial t} + u\frac{\partial u}{\partial r} = -\frac{1}{\varrho}\frac{\partial p}{\partial r} \, . \tag{7.84}$$

Die Kontinuitätsgleichung können wir bei Verwendung eines Faktors j auf eine, für alle drei Fälle, einheitliche Form

$$\frac{\partial \varrho}{\partial t} + \frac{\partial(\varrho u)}{\partial r} + j\frac{\varrho u}{r} = 0 \tag{7.85}$$

bringen. Der Faktor j muß dann, je nach Raumdimension, einen der folgenden Werte annehmen:

$$\left.\begin{array}{lll} j & = & 0 \quad \text{ebene} \\ j & = & 1 \quad \text{zylindersymmetrische} \\ j & = & 2 \quad \text{kugelsymmetrische} \end{array}\right\} \text{eindimensionale Strömung} . \tag{7.86}$$

Statt der Energiegleichung verwenden wir die Entropiegleichung, die in reibungsfreier adiabater Strömung

$$\frac{\mathrm{D}s}{\mathrm{D}t} = \frac{\partial s}{\partial t} + u\frac{\partial s}{\partial r} = 0 \tag{7.87}$$

lautet und wieder für alle drei Strömungsformen gültig ist. Die Gleichung (7.87) drückt die Konstanz der Entropie längs der Bahnlinie aus. Für kalorisch perfekte Gase läßt sich (7.87) auf die Form

$$\frac{\mathrm{D}(p\,\varrho^{-\gamma})}{\mathrm{D}t} = 0 \tag{7.88}$$

oder

$$p = C\,\varrho^{\gamma}$$

bringen, wobei die Konstante C von Bahnlinie zu Bahnlinie verschieden sein kann. Die Lösung der drei nichtlinearen, gekoppelten, partiellen Differentialgleichungen (7.84), (7.85) und (7.87) erwarten wir in der Form

$$u = u(r,t,\gamma)\ ,\ p = p(r,t,\gamma)\ ,\ \varrho = \varrho(r,t,\gamma)\ . \tag{7.89}$$

Die Lösungen (7.89) müssen schon aus Dimensionsgründen dimensionsbehaftete Konstanten enthalten, die über Rand- und Anfangsbedingungen in das Problem kommen.

Wir besprechen, zunächst so allgemein wie hier möglich, die Bedingungen, unter denen Ähnlichkeitslösungen existieren. Im Fall, daß zwei Veränderliche erhalten bleiben, also keine Ähnlichkeit vorhanden ist, treten eine typische Länge r_0 und eine typische Zeit t_0 auf, die entweder unmittelbar erkennbar sind, oder sie müssen sich aus den auftretenden Größen bilden lassen. An r_0 und t_0 sind aus der Dimensionsanalyse nur die Forderungen zu stellen, daß sie die Dimension einer Länge bzw. Zeit haben. Insbesondere kann r_0 von der primitiven Veränderlichen t abhängen oder t_0 von r. Aus

Dimensonsgründen muß aber wenigstens noch eine dimensionsbehaftete Konstante B auftreten, deren Dimensionsformel die Masse enthält:

$$[B] = L^n M T^m \, . \tag{7.90}$$

Die Lösung ist deshalb von der Form

$$\left.\begin{array}{rcl} u &=& u(B,r,t,t_0,r_0,\gamma) \\ p &=& p(B,r,t,t_0,r_0,\gamma) \\ \varrho &=& \varrho(B,r,t,t_0,r_0,\gamma) \end{array}\right\} . \tag{7.91}$$

Eine Dimensionsanalyse liefert dann auf bekanntem Wege die dimensionslosen Produkte

$$U = \frac{u\,t}{r} \, , \tag{7.92}$$

$$P = \frac{p\,r^{n+1} t^{m+2}}{B} \tag{7.93}$$

und

$$R = \frac{\varrho\,r^{n+3} t^{m}}{B} \tag{7.94}$$

für die abhängig Veränderlichen und r/r_0, t/t_0 für die unabhängig Veränderlichen. Anstelle von (7.91) erhalten wir so

$$\left.\begin{array}{rcl} U &=& U(r/r_0, t/t_0) \\ P &=& P(r/r_0, t/t_0) \\ R &=& R(r/r_0, t/t_0) \end{array}\right\} , \tag{7.95}$$

wobei wir hier und im folgenden die Abhängigkeit von der dimensionslosen Größe γ nicht explizit angeben.

Offensichtlich erhalten wir aus (7.95) Ähnlichkeitslösungen, wenn eine der dimensionslosen Veränderlichen verschwindet. Es gibt eine große Anzahl von Ähnlichkeitslösungen der Gleichungen (7.84), (7.85) und (7.87), die grundsätzliche Bedeutung in der Gasdynamik bis hin zu Anwendungen in der Astrophysik haben (SEDOV [1959], ZEL'DOVICH und RAIZER [1967]). Die ersten Ähnlichkeitslösungen stammen von BECHERT [1941] und GUDERLEY [1942]. Eine Literaturübersicht findet man u. a. in HAYES und PROBSTEIN [1966].

Wir betrachten hier nur zwei Anwendungsfälle und verweisen für eine ausführliche Behandlung anderer Ähnlichkeitslösungen auf SEDOV [1959].

7.2.1 Die starke Explosion

Wir idealisieren die starke kugelsymmetrische Explosion auf eine Freisetzung der Energie E am Ort $r = 0$ zur Zeit $t = 0$ in einer Umgebung, die durch die Größen p_0 und ϱ_0 beschrieben ist. Jede der Größen enthält die Masse in der Dimensionsformel und kann die Rolle der Konstanten B übernehmen. Wir wählen die Dichte ϱ_0, also $n = -3$ und $m = 0$.

Die Gleichungen (7.92) bis (7.94) lauten

$$U = \frac{u\,t}{r}\,, \tag{7.96}$$

$$P = \frac{p\,t^2}{\varrho_0 r^2} \tag{7.97}$$

und

$$R = \frac{\varrho}{\varrho_0}\,. \tag{7.98}$$

Weder eine typische Zeit noch eine typische Länge treten unmittelbar auf, sind also aus dimensionsbehafteten Größen abzuleiten. Die fünf Größen p_0, E, ϱ_0, r und t lassen sich auf bekanntem Wege auf zwei unabhängige dimensionslose Produkte reduzieren, und man kann (7.95) in der Form

$$P = P\left(\frac{\varrho_0 r^5}{Et^2}, \frac{p_0 t^2}{\varrho_0 r^2}\right) \tag{7.99}$$

mit entsprechenden Ausdrücken für U und R schreiben. Wir entnehmen (7.99) die typische Zeit

$$t_0 = \left(\frac{\varrho_0\, r^2}{p_0}\right)^{\frac{1}{2}}$$

und die typische Länge

$$r_0 = \left(\frac{Et^2}{\varrho_0}\right)^{\frac{1}{5}}\,.$$

Man hätte natürlich auch andere dimensionslose Produkte wählen können, etwa $p_0 r^3/E$ und $p_0 t^2/(\varrho_0 r^2)$, und eine andere typische Länge, etwa $(E/p_0)^{1/3}$, und als typische Zeit $r/(p_0/\varrho_0)^{1/2}$. Sie sind dimensionsanalytisch völlig äquivalent, und die Lösung (7.99) könnte ebensogut in diesen Veränderlichen dargestellt werden. Um eine Ähnlichkeitslösung zu erhalten, muß aber eine der dimensionslosen Veränderlichen verschwinden. In dem Grenzfall, in dem das Verschwinden erreicht wird, muß die verbleibende dimensionslose Veränderliche aber das Problem noch in den interessierenden Aspekten beschreiben können. Das gewünschte Ergebnis läßt sich i. allg. nur bei einem speziellen, von unendlich vielen dimensionsanalytisch möglichen Sätzen dimensionsloser Produkte erreichen. Die Situation hier ist völlig jener analog, wie wir sie schon früher in Kapitel 4 und Kapitel 6 kennengelernt haben.

Erfahrungsgemäß breitet sich vom Explosionsherd eine sphärische Stoßwelle aus, deren Geschwindigkeit bei sehr großer Energie ebenfalls sehr groß ist im Vergleich zur ungestörten Schallgeschwindigkeit. Die Stoßbeziehungen (s. unten) zeigen dann, daß der Druck hinter der Stoßwelle sehr viel größer ist als der ungestörte Druck p_0 und es liegt nahe, den Grenzfall $p_0 \to 0$ ins Auge zu fassen, also das Produkt

$$\frac{p_0 t^2}{\varrho_0 r^2} \to 0 \, ,$$

d. h. $t_0 \to \infty$, zu setzen. Hätte man den Grenzübergang in den Produkten $p_0 t^2/(\varrho_0 r^2)$ und $p_0 r^3/E$ vollzogen, so wären beide unabhängig Veränderlichen aus dem Problem verschwunden.

Bei Vernachlässigung des Druckes p_0 treten im Problem nur die zwei dimensionsbehafteten Größen E und ϱ_0 auf. An die Stelle des allgemeinen Zusammenhangs (7.99) tritt dann die Gleichung

$$P = P\left(\frac{\varrho_0 r^5}{Et^2}\right) \tag{7.100}$$

mit den entsprechenden Beziehungen für U und R oder

$$\left.\begin{array}{lcl} U & = & U(\lambda) \\ P & = & P(\lambda) \\ R & = & R(\lambda) \end{array}\right\} \, , \ \lambda = r\left(\frac{Et^2}{\varrho_0}\right)^{-\frac{1}{5}} \, . \tag{7.101}$$

Der vorliegende Fall erlaubt es schon, die Bedingungen für die Existenz von Ähnlichkeitslösungen schärfer zu fassen: Wenn neben den unabhängig Veränderlichen r und t nur zwei dimensionsbehaftete Konstanten B und A, hier $B = \varrho_0$, $A = (E/\varrho_0)^{-1/5}$, mit unabhängigen Dimensionen auftreten, so existiert eine Ähnlichkeitslösung. Der Beweis ist einfach: Da A und B unabhängige Dimensionen haben, schreiben wir die Dimension von A ohne Einschränkung der Allgemeinheit

$$[A] = L^{-1}T^k \tag{7.102}$$

und übernehmen die Dimensionsformel für B von (7.90), die in offensichtlicher Weise von (7.102) unabhängig ist. Eine abhängig Veränderliche, etwa p, genügt der Gleichung

$$p = p(A, B, r, t) \, .$$

Im $[LMT]$-System ist der Rang der Dimensionsmatrix wegen (7.102) und (7.90) $r = 3$. Daher erhalten wir zwei dimensionslose Produkte, von denen das eine durch (7.93) schon bekannt ist und das andere die einzige dimensionslose Veränderliche, nämlich die Ähnlichkeitskoordinate

$$\lambda = \frac{A\,r}{t^k}\,, \tag{7.103}$$

liefert. Die partiellen Differentialgleichungen (7.84), (7.85) und (7.87) lassen sich daher auf gewöhnliche Differentialgleichungen reduzieren, deren Lösung im Fall der starken Explosion sogar in exakter analytischer Form angegeben werden kann, in der Regel aber durch numerische Integration gewonnen wird.
Der Exponent k in (7.103) ist oft aus der Dimensionsanalyse bestimmbar. Er tritt dann als rationale Zahl auf. Wenn er über Randbedingungen bestimmt wird, muß er keine rationale Zahl sein. Auf jeden Fall ist der Exponent im voraus ermittelbar. Man nennt solche Ähnlichkeitslösungen *Ähnlichkeitslösungen der ersten Art* (ZEL'DOVICH und RAIZER [1967]). In *Ähnlichkeitslösungen der zweiten Art* ist der Exponent unbekannt und muß zusammen mit der Lösung ermittelt werden, etwa dadurch, daß die Integralkurve durch einen singulären Punkt der Differentialgleichung geht, um die Randbedingungen zu erfüllen (siehe z. B. GUDERLEY [1942]). Es scheint, daß Ähnlichkeitslösungen der zweiten Art dann auftreten, wenn die dimensionsbehaftete Konstante A durch die Daten nicht festgelegt ist. Diesen Fall haben wir bereits bei der Eckenströmung Abschnitt 7.1.1 kennengelernt. (Die Konstante A hat dort die Dimensionsformel L^cT^{-1}, die aber offensichtlich (7.102) gleichwertig ist.) Die Konstante kann bei lokalen Lösungen erst bestimmt werden, wenn die gesamte (schwierigere) Lösung bekannt ist.

Die Ansätze (7.101) gestatten es, die Lösungen in dem Bereich zu berechnen, in dem sich die Strömungsgrößen stetig ändern. Dieser Bereich wird eingeschlossen durch die sphärische Stoßfläche, die sich vom Explosionsherd ausbreitet. Die Verhältnisse hinter der Stoßfront dienen als Randbedingungen für die Lösung im eingeschlossenen Gebiet. Bevor wir auf die Lösungen eingehen, stellen wir die Randbedingungen zusammen, die sich mit den Stoßbeziehungen aus den Bedingungen vor dem Stoß ergeben. Zunächst erfordert die Ähnlichkeit, daß auch der Stoß eine Linie

$$\lambda = const = \lambda_S = r_S \left(\frac{E t^2}{\varrho_0}\right)^{-\frac{1}{5}} \tag{7.104}$$

ist, woraus wir die Abhängigkeit des Halbmessers r_S der sphärischen Stoßfront von der Zeit, der freigesetzten Energie E und der Dichte ϱ_0 ablesen. Die Stoßausbreitung ist also, bis auf eine dimensionslose Konstante λ_S, auch ohne Integration der Gleichungen (7.84), (7.85) und (7.87) bereits bekannt. Mit Kenntnis der Stoßbeziehungen hat man dann, ebenfalls bis auf einen dimensionslosen Faktor, die Größen unmittelbar hinter der Stoßfront. Unter der Annahme, daß die Stoßgeschwindigkeit $\dot{r}_S = \mathrm{d}r_S/\mathrm{d}t$ sehr viel größer als die Schallgeschwindigkeit a_0 ist, gilt für das Dichteverhältnis

$$\frac{\varrho_0}{\varrho_S} = \frac{\gamma - 1}{\gamma + 1} = \frac{R_0}{R_S} , \tag{7.105}$$

und mit der Kontinuitätsgleichung im stoßfesten Bezugssytem

$$\varrho_0 \dot{r}_S = \varrho_S (\dot{r}_S - u_S) \tag{7.106}$$

folgt für die Geschwindigkeit u_S unmittelbar hinter dem Stoß im ortsfesten System

$$u_S = \frac{2}{\gamma + 1} \dot{r}_S \tag{7.107}$$

oder mit (7.96)

$$U_S = \frac{2}{\gamma + 1} \frac{\dot{r}_S}{r_S} t = \frac{2}{\gamma + 1} \frac{2}{5} . \tag{7.108}$$

Im allgemeinen haben wir mit (7.103) statt (7.104)

$$U_S = \frac{2}{\gamma + 1} k . \tag{7.109}$$

Aus dem Impulssatz

$$p_S - p_0 = \varrho_0 \dot{r}_S^2 \left(1 - \frac{\varrho_0}{\varrho_S}\right) \tag{7.110}$$

ergibt sich schließlich mit $p_0 \approx 0$

$$p_S = \varrho_0 \frac{2}{\gamma + 1} \dot{r}_S^2 , \tag{7.111}$$

bzw.

$$P_S = \frac{2}{\gamma + 1} \left(\frac{2}{5}\right)^2 \tag{7.112}$$

und i. allg.

$$P_S = \frac{2}{\gamma + 1} k^2 . \tag{7.113}$$

Aus (7.105) und (7.111) läßt sich mit der thermischen Zustandsgleichung auch die Temperatur ermitteln.

Wir können diese Ergebnisse auch auf zylinderförmig oder flächenhaft verteilte, zum

Zeitpunkt $t = 0$ schlagartig freigesetzte Energien übertragen. Dazu verallgemeinern wir einfach die Dimensionsformel der Energie auf alle drei Fälle durch

$$[E] = M\,L^j T^{-2} \ , \tag{7.114}$$

mit j nach (7.86) und erhalten daher für die Dimension der zweiten dimensionsbehafteten Konstanten A

$$\left[\frac{E}{\varrho_0}\right]^{-1/(j+3)} = L^{-1}\,T^{2/(j+3)} \ . \tag{7.115}$$

Entsprechend lautet die Änlichkeitsveränderliche λ dann

$$\lambda = r\left(\frac{Et^2}{\varrho_0}\right)^{-\frac{1}{j+3}} \ , \tag{7.116}$$

woraus sich Stoßradius und Stoßgeschwindigkeit ermitteln lassen.

Wir wenden uns der Berechnung der Strömungsgrößen im Gebiet hinter der Stoßfront zu und bewahren den noch allgemeinen Fall, wenn wir die Ansätze $P = P(\lambda)$, $R = R(\lambda)$ und $U = U(\lambda)$ in die Gleichungen (7.84), (7.85) und (7.88) einsetzen und so drei gewöhnliche gekoppelte Differentialgleichungen erhalten:

$$\lambda\left(U'(U-k) + \frac{P'}{R}\right) = -U(U-1) + (n+1)\frac{P}{R} \ , \tag{7.117}$$

$$\lambda\left(U' + (U-k)\frac{R'}{R}\right) = m + (n+2-j)U \tag{7.118}$$

und

$$\lambda(U-k)\left(\frac{P'}{P} - \gamma\frac{R'}{R}\right) = m(1-\gamma) + 2 + [n(1-\gamma) + 1 - 3\gamma]U \ , \tag{7.119}$$

in denen der Strich die Ableitung nach λ bedeutet. Diese Differentialgleichungen gelten allgemein für ähnliche Probleme der eindimensionalen instationären Gasdynamik. Speziell für die kugelsymmetrische Explosion ist $j = 2$ und bei unserer Wahl von $\varrho_0 = B$, $n = -3$ und $m = 0$. Es ist bemerkenswert, daß sich für die starke Explosion das Gleichungssystem durch Quadraturen lösen läßt. In diesem Fall findet man ein erstes Integral der Energiegleichung, das die geschlossene Lösung möglich macht. Die Lösung enthält noch die unbestimmte Konstante λ_S, was die Tatsache widerspiegelt, daß die Stoßlage r_S nicht gegeben, sondern als Teil der Lösung zu finden ist. Zu ihrer Ermittelung muß neben den Stoßbeziehungen und den Differentialgleichungen eine zusätzliche

Bedingung erfüllt werden. Bei der starken Explosion ist dies die Forderung, daß die gesamte Energie innerhalb der Stoßfläche

$$E = 4\pi \int_{0}^{r_S} \left(\frac{u^2}{2} + h\right) \varrho r^2 \mathrm{d}r \tag{7.120}$$

eine Erhaltungsgröße ist. Einsetzen der Lösung in (7.120) ergibt dann die Konstante λ_S, die für $\gamma = 1.4$ den Wert $\lambda_S = 1.033$ annimmt, also einen Wert, der fast Eins ist. Die angesprochene Lösung, die eine recht komplizierte Form hat, findet sich u. a. bei SEDOV [1959], HAYES und PROBSTEIN [1966] und LANDAU und LIFSHITZ [1987]

7.2.2 Das Kolbenproblem

Zur Klasse der Ähnlichkeitslösungen in der instationären eindimensionalen Gasdynamik zählen auch Strömungen, die durch einen ebenen, zylindrischen oder sphärischen Kolben erzeugt werden.

Wir betrachten einen zur Zeit $t = 0$ ruckartig auf die Geschwindigkeit $u_K = U_0$ gebrachten Kolben. Die Anfangsdichte und der Anfangsdruck seien ϱ_0 bzw. p_0. Wir wählen für die Konstante B wieder die Dichte ϱ_0 und für A die Geschwindigkeit U_0. Dann gelten weiterhin die Ansätze (7.96), (7.97) und (7.98).

Aus den fünf physikalischen Größen U_0, ϱ_0, p_0, r, t bilden wir zwei unabhängige dimensionslose Veränderliche und schreiben

$$P = P\left[\frac{p_0}{\varrho_0}\left(\frac{t}{r}\right)^2, \frac{U_0 t}{r}\right] \tag{7.121}$$

mit entsprechenden Beziehungen für U und R. Offensichtlich ist aber der Zusammenhang

$$P = P\left[\frac{p_0}{\varrho_0 U_0^2}, \frac{U_0 t}{r}\right] \tag{7.122}$$

der Gleichung (7.121) vollkommen ebenbürtig. In diesem besonderen Fall ist eine der unabhängigen dimensionslosen Veränderlichen aber eine absolute Konstante; daher läßt das vorliegende Problem eine Ähnlichkeitslösung sogar ohne Vernachlässigung eines dimensionslosen Produktes zu.

Dies ist nicht mehr der Fall bei veränderlicher Kolbengeschwindigkeit. Wenn die Kolbengeschwindigkeit eine dimensionsbehaftete Konstante A einführt mit der Dimensionsformel (7.102), so sind zwar wieder Ähnlichkeitslösungen möglich, jedoch nur wenn ein dimensionsloses Produkt vernachlässigt wird. Damit sind wir auf Kolbengeschwindigkeiten der Form

$$u_K \sim \frac{t^{k-1}}{A} \tag{7.123}$$

festgelegt. Aus den fünf physikalischen Größen A, ϱ_0, p_0, r und t bilden wir auf bekannte Weise die zwei unabhängig Veränderlichen $A\,r/t^k$ und $t/(A\sqrt{p_0/\varrho_0})^{1/(k-1)}$, und daher gilt z. B. für den Druck

$$P = P\left(\frac{A\,r}{t^k}, \left(A\sqrt{\frac{p_0}{\varrho_0}}\right)^{-1/(k-1)} t\right) . \tag{7.124}$$

Eine Ähnlichkeitslösung existiert nur, wenn eine der drei dimensionsbehafteten Größen A, ϱ_0 oder p_0 aus dem Problem verschwindet. Physikalisch sinnvoll ist es wieder, Lösungen für $p_0 \to 0$ zu verfolgen. Wir werden dann wieder auf die Ansätze (7.101) geführt, wobei jetzt die Ähnlichkeitsvariable durch

$$\lambda = A\,r\,t^{-k} \tag{7.125}$$

gegeben ist. Die gesuchten Funktionen U, P und R erfüllen die allgemeinen Differentialgleichungen (7.117) bis (7.119), wobei j weiterhin die Dimensionalität des Raumes angibt und der Exponent k aus der Kolbenbewegung bekannt ist. Wie vorher schon ist $n = -3$ und $m = 0$. Auch hier breitet sich eine Stoßfront aus, die von der Kolbenbewegung getrieben wird. Die Differentialgleichungen beschreiben die Bewegung zwischen Stoß und Kolben. Die Stoßbahn muß eine Ähnlichkeitslinie sein, d. h.

$$\lambda_S = A\,r_S t^{-k} . \tag{7.126}$$

Für zulässige Werte von j und k müssen die Gleichungen numerisch integriert werden (mit Ausnahme von $k = 1$ und $j = 0$, der der ebenen eindimensionalen Stoßbewegung mit konstanter Stoßgeschwindigkeit entspricht, in dem die Größen zwischen Stoß und Kolben konstant sind und schon aus den Stoßbeziehungen folgen. Nach (7.122) kann man hier die Forderung $p_0 \to 0$ fallen lassen). Die Rechnung kann im inversen Problem so erfolgen, daß man $\lambda_S = 1$ vorgibt und die Gleichungen als Anfangswertproblem numerisch integriert mit den Größen hinter dem Stoß (7.105), (7.109) und (7.113) als Anfangswerte. Der Kolben ist bei dem Wert $\lambda = \lambda_K$ erreicht, an dem die Gasgeschwindigkeit u gleich der Kolbengeschwindigkeit $\dot{r}_K$ ist. Die kinematische Randbedingung

$$\dot{r}_K = u(r_K) = U_K \frac{r_K}{t} \tag{7.127}$$

gibt für die Gasgeschwindigkeit U_K mit

$$r_K = \lambda_K A^{-1} t^k \tag{7.128}$$

bzw.

$$\dot{r}_K = k \frac{r_K}{t} \tag{7.129}$$

den Wert

$$U_K = k \ . \tag{7.130}$$

Die Differentialgleichungen lassen Lösungen für positive λ_K nur unter Einschränkungen zu, die wir anführen, ohne darauf einzugehen:

$$k^{-1} < \frac{3}{2} + \frac{j}{2} \ . \tag{7.131}$$

Die Lösungen finden auch Anwendungen in der Theorie der stationären Hyperschallströmungen. Nach dem *Hayesschen Äquivalenzprinzip* besteht Äquivalenz zwischen der stationären Hyperschallströmung um schlanke Körper und der instationären Strömung in einer um Eins verringerten Raumdimension: Dem instationären Problem mit der zylindrischen Kolbenbahn ($j = 1$, (7.128)) entspricht die Strömung um einen achsensymmetrischen Körper mit der Körperkontur

$$r_K = \lambda_K A^{-1} x^k U_\infty^{-k} \ , \tag{7.132}$$

der mit U_∞ in Achsenrichtung angeströmt wird. Die Lösungen und die Berandungen der Strömung werden übertragen, wenn t durch x/U_∞ ersetzt wird. Für $j = 0$ wird in der Äquivalenz die Strömung um ebene Profile mit der Kontur (7.132) erzeugt. Werte $k < 1$, die der Ungleichung (7.131) genügen, stellen konvexe *Potenz-Gesetz*-Körper dar. Man kann leicht eine Lösung nahe der Körperkontur finden, die zeigt, daß der Druck an der Körperkontur endlich ist und die Dichte gegen Null strebt, d. h. praktisch die gesamte Masse ist unmittelbar hinter der Stoßfläche angehäuft. Werte von $k > 1$ stellen konkave Potenz-Gesetz-Körper dar, die vorne spitz sind. Hier ist die Dichte am Körper sehr hoch, wo sich jetzt praktisch die gesamte Masse befindet. Für $k = 1$ werden Keile bzw. Kegel erzeugt. Hier ist nach Gleichung (7.122) Ähnlichkeit bei nicht verschwindendem Druck möglich. Die zylindrische und ebene starke Explosion entspricht in der Äquivalenz Strömungen um, in Achsenrichtung angeströmte, vorn abgestumpfte Zylinder bzw. Platten. Die in der Explosion freigesetzte Energie E kann unmittelbar mit dem Widerstand in Beziehung gebracht werden. Wegen der Bedeutung der Lösungen in hypersonischer Strömung sind die meisten numerischen Rechnungen für

$j = 0$ und $j = 1$ ausgeführt worden. Graphische Darstellungen der Ergebnisse finden sich in HAYES und PROBSTEIN [1966]. Siehe auch diese Referenz für eine ausführliche Diskussion der Lösungen und für weitere Literaturangaben.

7.3 Exakte Lösungen der Navier-Stokesschen Gleichungen

Unter den exakten Lösungen der Navier-Stokesschen Gleichungen nehmen diejenigen den größten Raum ein, bei denen die nichtlinearen Glieder aufgrund kinematischer Einschränkungen verschwinden. Darunter fallen die stationären Schichtenströmungen, die auf gewöhnliche lineare Differentialgleichungen führen.

Die instationären Schichtenströmungen werden durch lineare partielle Differentialgleichungen beschrieben. Oft lassen sich diese Differentialgleichungen auf gewöhnliche lineare Differentialgleichungen zurückführen, so daß wieder Ähnlichkeitslösungen enstehen.

Wenn die Nichtlinearität der Navier-Stokesschen Gleichungen nicht verschwindet, gelingt nur in seltenen Fällen die Reduktion auf gewöhnliche Differentialgleichungen. In der Regel lassen sich dann keine geschlossenen Lösungen mehr angeben. Man spricht aber auch dann noch von „exakten" Lösungen, wenn gewöhnliche Differentialgleichungen numerisch integriert werden müssen.

Die Dimensionsanalyse leistet wertvolle Dienste bei der Lösungsfindung, wenngleich in den meisten Fällen noch Betrachtungen nötig werden, die über die Dimensionsanalyse hinausgehen und die Differentialgleichungen sowie Randbedingungen einbeziehen.

7.3.1 Instationäre Schichtenströmungen

Als Beispiel für diese Klasse von Strömungen betrachten wir die plötzlich in ihrer eigenen Ebene in Gang gesetzte, unendlich ausgedehnte Wand. Die Strömung sei eben, die Wand falle mit der Ebene $y = 0$ zusammen und werde bei $t = 0$ ruckartig in einer Flüssigkeit, die für $t < 0$ in Ruhe ist, auf die Geschwindigkeit U gebracht.

Offensichtlich läßt sich der Ursprung des x, y-Koordinatensystems auf der x-Achse verschieben, ohne daß die Formulierung der Aufgabe zu ändern wäre. Daher sind alle Größen von x unabhängig, so daß wir aus der Kontinuitätsgleichung für inkompressible Strömung

$$\frac{\partial u}{\partial x} + \frac{\partial v}{\partial y} = 0 \tag{7.133}$$

zunächst auf

$$v = const \tag{7.134}$$

schließen und aus der Randbedingung $v(y = 0) = 0$ dann, daß v überall verschwindet. Die Bewegungsgleichung in x-Richtung

$$\frac{\partial u}{\partial t} + u\frac{\partial u}{\partial x} + v\frac{\partial u}{\partial y} = -\frac{1}{\varrho}\frac{\partial p}{\partial x} + \nu\left(\frac{\partial^2 u}{\partial x^2} + \frac{\partial^2 u}{\partial y^2}\right) \tag{7.135}$$

vereinfacht sich daher zu

$$\frac{\partial u}{\partial t} = \nu\frac{\partial^2 u}{\partial y^2} \tag{7.136}$$

und die Bewegungsgleichung in y-Richtung

$$\frac{\partial v}{\partial t} + u\frac{\partial v}{\partial x} + v\frac{\partial v}{\partial y} = -\frac{1}{\varrho}\frac{\partial p}{\partial y} + \nu\left(\frac{\partial^2 v}{\partial x^2} + \frac{\partial^2 v}{\partial y^2}\right) \tag{7.137}$$

zu

$$\frac{\partial p}{\partial y} = 0 \qquad \text{oder} \qquad p = const\ . \tag{7.138}$$

Die Lösung von (7.136) mit den Randbedingungen ($t > 0$)

$$u(y = 0, t) = U, \qquad u(y \to \infty, t) = 0 \tag{7.139}$$

und der Anfangsbedingung

$$u(y, t = 0) = 0 \tag{7.140}$$

hat die Gestalt

$$u = \mathrm{fn}(U, y, t, \nu)\ . \tag{7.141}$$

Die Dimensionsmatrix der fünf physikalischen Größen hat den Rang $r = 2$, und daher ist (7.141) äquivalent zu einer Beziehung der Form

$$\frac{u}{U} = \mathrm{fn}\left(\frac{U\,t}{y}, \frac{y}{\sqrt{\nu t}}\right)\ , \tag{7.142}$$

der man insofern keinen Fortschritt entnimmt, als die Zahl der – im mathematischen Sinne – unabhängig Veränderlichen gleich geblieben ist, obwohl natürlich eine Reduktion der Veränderlichen im Sinne der Dimensionsanalyse eingetreten ist.

Die Erkenntnis aber, daß das Problem (7.136), (7.139), (7.140) ein lineares Problem ist, in dem als Folge der Randbedingung (7.139) die Geschwindigkeit U nur linear auftreten kann, bringt (7.142) in die Gestalt[2]

$$\frac{u}{U} = f\left(\frac{y}{2\sqrt{\nu t}}\right) = f(\eta)\ , \tag{7.143}$$

[2]In diesem Abschnitt bezeichnet η die Ähnlichkeitsveränderliche.

wobei der Faktor 2 eingeführt wurde, um die folgenden Formeln etwas einfacher zu gestalten.

Mit (7.143) entsteht aus (7.136) die gewöhnliche Differentialgleichung

$$-2\eta f' = f'' , \tag{7.144}$$

die unmittelbar auf

$$f' = C_1 \, \mathrm{e}^{-\eta^2} \tag{7.145}$$

führt.

Bevor wir die Integration fortsetzen, bemerken wir, daß die nicht verschwindende Komponente des Wirbelvektors $\operatorname{rot}\vec{u} = 2\omega\,\vec{e}_z$

$$2\omega = -\frac{\partial u}{\partial y} = -\frac{U}{2\sqrt{\nu t}} f'$$

also

$$\omega = -\frac{U}{4\sqrt{\nu t}} C_1 \exp(-\eta^2) \tag{7.146}$$

ist, die damit ihr Maximum bei festem t an der Stelle $y = 0$ annimmt, wo für $t = 0$ der Wert $|\omega| \to \infty$ angetroffen wird, während dann für $y > 0$ $\omega = 0$ ist. Die Rotation, d. h. die Winkelgeschwindigkeit der materiellen Teilchen, breitet sich nach (7.146) aus. Man spricht von der „Diffusion der Rotation", denn das Problem ist mathematisch völlig analog zum instationären Wärmeleitungsproblem in einem halbunendlichen Körper, dessen Oberfläche plötzlich mit der Temperatur T_0 beaufschlagt wird. Der Rotation entspricht dort die nicht verschwindende Komponente des Wärmestromvektors.

Aus der nochmaligen Integration der Gleichung (7.145) gewinnen wir die allgemeine Lösung

$$f = C_1 \int\limits_0^{\eta} \mathrm{e}^{-\eta^2} \mathrm{d}\eta + C_2 , \tag{7.147}$$

die wir den sich aus (7.139) ergebenden Randbedingungen

$$f(0) = 1 , \qquad f(\infty) = 0 \tag{7.148}$$

anpassen. Aus der ersten Gleichung in (7.148) folgt $C_2 = 1$ und aus der zweiten

$$\frac{1}{C_1} = -\int_0^\infty e^{-\eta^2} d\eta = -\frac{\sqrt{\pi}}{2} ,$$

so daß die Lösung lautet:

$$u/U = 1 - \mathrm{erf}(\eta) , \qquad t \geq 0 , \tag{7.149}$$

wobei das *Gaußsche Fehlerintegral* (Fehlerfunktion)

$$\mathrm{erf}(\eta) = \frac{2}{\sqrt{\pi}} \int_0^\eta e^{-\eta^2} d\eta \tag{7.150}$$

verwendet wurde.

Die allgemeine Lösung (7.147) erlaubt es auch, die Auflösung einer tangentialen Unstetigkeitsfläche in der Geschwindigkeit zu berechnen. Wenn die x-Achse mit der Unstetigkeitsfläche zur Zeit $t \leq 0$ zusammenfällt und die Geschwindigkeiten dann U für $y > 0$ und $-U$ für $y < 0$ sind, so lauten die entsprechenden Bedingungen an f

$$f(+\infty) = 1 , \qquad f(-\infty) = -1 , \tag{7.151}$$

und man gewinnt damit aus (7.147) die Lösung

$$\frac{u}{U} = \mathrm{erf}(\eta) . \tag{7.152}$$

7.3.2 Ebene Staupunktströmung

Wir betrachten die Strömung gegen eine unendlich ausgedehnte ebene Wand, die durch die x-Achse dargestellt wird. Das Potential dieser Strömung ist aus Abschnitt 7.1 bekannt und lautet

$$\Phi = Ar^2 \cos[2(\varphi - \pi/2)] \tag{7.153}$$

oder in kartesischen Koordinaten in einem um 90^0 in negativer Richtung gedrehten

System

$$\Phi = \frac{a}{2}(x^2 - y^2) , \tag{7.154}$$

wobei wir die Konstante A durch $a/2$ ersetzt haben.

Da nach den Ausführungen des vorigen Abschnitts die Rotation von der Wand ins Innere der Strömung diffundiert, müssen weit entfernt von der Wand die Geschwindigkeitskomponenten, berechnet aus (7.154), d. h.

$$y \to \infty : \qquad u = ax \ , \qquad v = -ay \tag{7.155}$$

angetroffen werden.

Im allgemeinen bestehen für die Geschwindigkeitskomponenten die Zusammenhänge

$$u = \mathrm{fn}(\nu, a, x, y) \tag{7.156}$$

und

$$v = \mathrm{fn}(\nu, a, x, y) \tag{7.157}$$

und für den Druck p

$$\frac{p_0 - p}{\varrho} = \mathrm{fn}(\nu, a, x, y). \tag{7.158}$$

Diese sind äquivalent den Beziehungen

$$\frac{u}{ax} = U\left(x\sqrt{a/\nu},\, y\sqrt{a/\nu}\right) \tag{7.159}$$

und

$$\frac{v}{ay} = V\left(x\sqrt{a/\nu},\, y\sqrt{a/\nu}\right) \tag{7.160}$$

sowie

$$\frac{p_0 - p}{\varrho} = a\nu P\left(x\sqrt{a/\nu},\, y\sqrt{a/\nu}\right) \ . \tag{7.161}$$

Obwohl jeweils eine Reduktion der Veränderlichen um den Rang der Dimensionsmatrix stattgefunden hat, sind die – im mathematischen Sinne – unabhängigen Veränderlichen gleichgeblieben.

Weitere Reduktion ist aber möglich, wenn über die Dimensionsanalyse hinausgehende Erkenntnisse hinzutreten: Sowohl die asymptotische Bedingung (7.155) als auch die Randbedingungen

$$u(x, y = 0) = v(x, y = 0) = 0 \tag{7.162}$$

lassen sich nämlich auch erfüllen, wenn die Abhängigkeit von x in den Funktionen U und V verschwindet, und es wird auch kein wesentlicher Parameter entfernt. Wir erhalten dann aus (7.159), (7.160) und der Kontinuitätsgleichung den Zusammenhang

$$U = -(\eta V)' = f'(\eta) \ , \tag{7.163}$$

in dem

$$\eta = y\sqrt{a/\nu}$$

bedeutet und der (7.159) und (7.160) in die Ansätze

$$u = a\,x\,f' \ , \qquad v = -\sqrt{a\nu}\,f \tag{7.164}$$

überführt, die sich auch durch Einführung der Stromfunktion

$$\Psi = \sqrt{a\,\nu}\,x\,f$$

hätten gewinnen lassen. Mit (7.164) entsteht aus der Bewegungsgleichung (7.135) für stationäre Strömung die Gleichung

$$f'^2 - f\,f'' = \frac{1}{a^2 x}\left(-\frac{1}{\varrho}\frac{\partial p}{\partial x}\right) + f''' \ , \tag{7.165}$$

aus der wir im Hinblick auf die Druckverteilung in der Potentialströmung

$$\frac{p_0 - p}{\varrho} = \frac{1}{2}a^2 x^2 + \frac{1}{2}\eta^2 \nu a \tag{7.166}$$

zunächst auf den Ansatz

$$\frac{p_0 - p}{\varrho} = \frac{1}{2}a^2 x^2 + F(\eta, \nu a) \tag{7.167}$$

und daher auf

$$f'^2 - f\,f'' = 1 + f''' \tag{7.168}$$

schließen. Diese nichtlineare gewöhnliche Differentialgleichung dritter Ordnung zusammen mit den Randbedingungen - berechnet aus (7.162) -

$$f(0) = f'(0) = 0 \tag{7.169}$$

und der asymptotischen Bedingung aus (7.155)

$$f'(\infty) = 1 \tag{7.170}$$

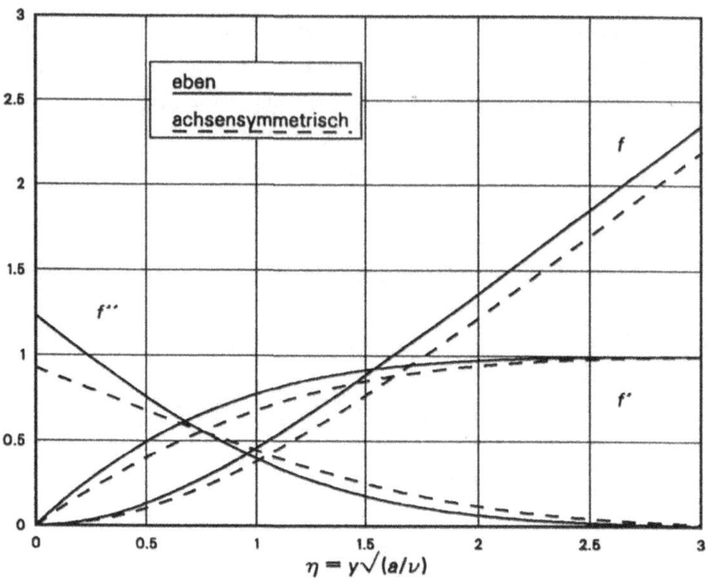

Abb. 7.9. Lösung der reibungsbehafteten Staupunktströmung

stellt ein Randwertproblem dar, das numerisch gelöst werden muß. Man kann es ebenfalls als Anfangswertproblem lösen, indem man etwa $f''(0) = \alpha$ zusätzlich zu (7.169) vorschreibt und α so lange variiert bis (7.170) erfüllt ist. Die numerische Lösung ist in Abb. 7.9 dargestellt, der man – im Einklang mit (7.155) – auch das asymptotische Verhalten

$$f(\eta \to \infty) \sim \eta \tag{7.171}$$

entnimmt. Für $\eta \approx 3$ ist $f' \approx 1$, d. h. praktisch sind die Geschwindigkeiten der Potentialströmung an dieser Stelle erreicht, die dem Abstand

$$y = 3\sqrt{\nu/a} = \delta$$

entspricht. Der Abstand ist hier von x unabhängig und strebt für $\nu \to 0$ gegen Null.

Die noch unbekannte Funktion $F(\eta)$ berechnen wir unter Benutzung der Bewegungsgleichung in y-Richtung (7.137), die mit den Ansätzen (7.164) die Form

$$a\sqrt{a\nu}\, f f' = -\frac{1}{\varrho}\frac{\partial p}{\partial y} - a\sqrt{a\nu}\, f'' \tag{7.172}$$

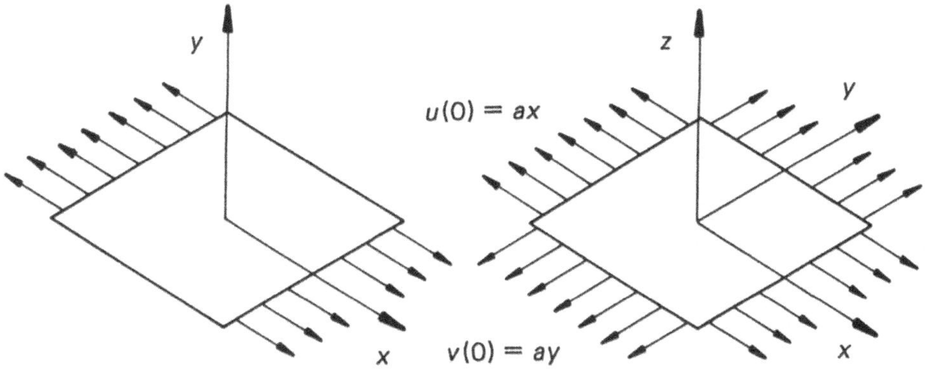

Abb. 7.10. Dehnung einer Folie

annimmt, aus der wir unter Beachtung von (7.167) die Beziehung

$$-\frac{1}{\varrho}\frac{\partial p}{\partial y} = F'\sqrt{\frac{a}{\nu}} = a\sqrt{a\nu}\,(ff' + f'') \tag{7.173}$$

gewinnen, die unmittelbar auf die Gleichung

$$F = a\nu\left(\frac{f^2}{2} + f'\right) \tag{7.174}$$

führt. Daher ergibt sich der Druck zu der aus der Dimensionsanalyse vorgeschriebenen Form

$$\frac{p_0 - p}{\varrho} = \frac{a\nu}{2}\left[\left(x\sqrt{\frac{a}{\nu}}\right)^2 + f^2(\eta) + 2f'(\eta)\right], \tag{7.175}$$

die zeigt, daß p_0 der Druck am Staupunkt ($x = y = 0$) ist.

Die angegebene Lösung wird in der Nähe der Staustromlinie von Flügelprofilen mit stumpfer Profilnase in einem Bereich angetroffen, in dem x bzw. y noch klein im Vergleich zum Nasenradius ist.

Eine interessante Anwendung der bisherigen Ergebnisse entsteht, wenn eine Folie unter dem Einfluß von Zugspannungen gedehnt wird (siehe Abb. 7.10). Bei konstanter Dehnrate nimmt die lokale Foliengeschwindigkeit $u(x)$ wie ax zu, wenn x der Abstand von der Symmetrielinie ist. Durch die Haftbedingung wird die umgebende Flüssigkeit mitgerissen, und es bildet sich eine Strömung aus, die weiterhin von der Gestalt (7.159), (7.160) sein muß. Die x-Komponente der Geschwindigkeit verschwindet weit entfernt von der Folie:

$$u(y \to \infty) = 0 \ , \tag{7.176}$$

während an der Folie die Haftbedingung

$$u(y = 0) = ax \ , \qquad v(y = 0) = 0 \tag{7.177}$$

gilt. Das asymptotische Verhalten der y-Komponente ergibt sich aus der Lösung. Gleichung (7.165) besteht weiterhin, da aber der Druck im Unendlichen keine Funktion von x ist, was aus der dort überall gültigen Bernoullischen Gleichung in Verbindung mit der asymptotischen Randbedingung folgt, setzen wir $\partial p/\partial x = 0$ und erhalten die homogene Form der Gleichung (7.168) (CRANE [1970])

$$f'^2 - f f'' = f''' \ . \tag{7.178}$$

Die Randbedingungen an f lauten nach (7.177) nun

$$f'(0) = 1 \ , \qquad f(0) = 0 \tag{7.179}$$

und die asymptotische Bedingung

$$f'(\infty) = 0 \ . \tag{7.180}$$

Die überraschend einfache Lösung der nichtlinearen Navier-Stokesschen Gleichungen für diesen Fall lautet

$$f = 1 - \mathrm{e}^{-\eta} \ . \tag{7.181}$$

Für den Druck haben wir mit (7.167)

$$\frac{p_0 - p}{\varrho} = F(\eta) \ , \tag{7.182}$$

und wenn wir $F(\eta)$ aus (7.174) übernehmen, auch

$$\frac{p_0 - p}{\varrho} = a\nu \left(\frac{f^2}{2} + f' \right) \tag{7.183}$$

und identifizieren damit p_0 als den Gesamtdruck in großer Entfernung von der Wand. Wenn wir statt p_0 den Druck an der Wand p_w als Referenzdruck wählen, erhalten wir

$$\frac{p_w - p}{\varrho} = a\nu \left(\frac{f^2}{2} + f' - 1 \right) \ . \tag{7.184}$$

7.3.3 Achsensymmetrische Staupunktströmung

Die bisherigen Ergebnisse lassen sich ohne Schwierigkeiten auf die achsensymmetrische Staupunktströmung erweitern, deren Potential

$$\Phi = \frac{a}{2}(x^2 + y^2 - 2z^2) \tag{7.185}$$

lautet, wenn die Zuströmung zur Platte jetzt aus der z-Richtung und die Ebene $z = 0$ die Wand bildet. Weit entfernt von der Wand muß aus den bereits erwähnten Gründen die reibungsbehaftete Strömung in die Potentialströmung übergehen, deren Geschwindigkeitskomponenten in die x-, y- und z-Richtung wir aus (7.185) der Reihe nach zu

$$u = ax\ , \qquad v = ay\ , \qquad w = -2az \tag{7.186}$$

berechnen. Dieselben Überlegungen, die zu (7.164) führten, begründen dann den Ansatz

$$\frac{u}{ax} = U\left(z\sqrt{\frac{a}{\nu}}\right) \tag{7.187}$$

und

$$\frac{v}{ay} = V\left(z\sqrt{\frac{a}{\nu}}\right) \tag{7.188}$$

sowie

$$\frac{w}{2az} = -W\left(z\sqrt{\frac{a}{\nu}}\right)\ , \tag{7.189}$$

wobei aus Symmetriegründen die Funktionen U und V identisch sind.

Aus der Kontinuitätsgleichung

$$\frac{\partial u}{\partial x} + \frac{\partial v}{\partial y} + \frac{\partial w}{\partial z} = 0 \tag{7.190}$$

gewinnen wir den Zusammenhang

$$U = (\eta W)' = f'(\eta)\ , \tag{7.191}$$

wobei die Ähnlichkeitsvariable nunmehr

$$\eta = z\sqrt{\frac{a}{\nu}} \tag{7.192}$$

ist. Aus (7.191) folgen die Ansätze

$$u = axf'(\eta)\ , \qquad v = ayf'(\eta)\ , \qquad w = -2\sqrt{a\nu}f(\eta)\ , \tag{7.193}$$

die wir in die Navier-Stokesschen Gleichungen

$$\begin{aligned} u\frac{\partial u}{\partial x} + v\frac{\partial u}{\partial y} + w\frac{\partial u}{\partial z} &= -\frac{1}{\varrho}\frac{\partial p}{\partial x} + \nu\,\Delta u\ , \\ u\frac{\partial v}{\partial x} + v\frac{\partial v}{\partial y} + w\frac{\partial v}{\partial z} &= -\frac{1}{\varrho}\frac{\partial p}{\partial y} + \nu\,\Delta v\ , \\ u\frac{\partial w}{\partial x} + v\frac{\partial w}{\partial y} + w\frac{\partial w}{\partial z} &= -\frac{1}{\varrho}\frac{\partial p}{\partial z} + \nu\,\Delta w\ , \end{aligned} \tag{7.194}$$

einsetzen (in denen Δ der Laplace-Operator ist) und erhalten aus der Bewegungsgleichung in x-Richtung

$$f'^2 - 2f\,f'' = 1 + f''', \tag{7.195}$$

wobei offensichtlich wieder

$$-\frac{1}{\varrho}\frac{\partial p}{\partial x} = a^2 x \tag{7.196}$$

sein muß. Die Differentialgleichung (7.195) ist mit den Randbedingungen

$$f'(0) = 0\ , \qquad f(0) = 0\ , \qquad f'(\infty) = 1 \tag{7.197}$$

zu integrieren. Bis auf den Faktor 2 im zweiten Term der Differentialgleichung ist dies dasselbe Problem wie (7.168) in Verbindung mit (7.169) und (7.170). Die Lösung ist ebenfalls in Abb. 7.9 eingetragen und unterscheidet sich auch quantitativ nicht sehr.

Aus Symmetriegründen ist

$$-\frac{1}{\varrho}\frac{\partial p}{\partial y} = a^2 y \tag{7.198}$$

und die Bewegungsgleichung in y-Richtung führt uns wieder auf (7.195). Aus (7.196) und (7.198) folgt

$$\frac{p_0 - p}{\varrho} = \frac{1}{2}a^2x^2 + \frac{1}{2}a^2y^2 + F(\eta, a\nu) \tag{7.199}$$

und aus der Bewegungsgleichung in z-Richtung

$$F = 2a\,\nu\,(f^2 + f')\ . \tag{7.200}$$

Es liegt auf der Hand, daß sich die Lösung auf den Fall der in x- und y-Richtung gedehnten Membran übertragen läßt (WANG [1984]). Die Geschwindigkeitskomponenten u und v nehmen an der Wand wie ax und ay zu und verschwinden weit weg von der Wand. Daher hängt auch der Druck nicht von x und y ab, und für f ist wieder die homogene Form der Gleichung (7.195)

$$f'^2 - 2f\,f'' = f''' \tag{7.201}$$

mit den Randbedingungen

$$f'(0) = 1\ , \qquad f(0) = 0\ , \qquad f'(\infty) = 0 \tag{7.202}$$

zu integrieren. Der Faktor 2 aber verhindert in diesem Fall eine geschlossene Lösung, so daß die Integration numerisch erfolgen muß.

Da die Strömungen achsensymmetrisch sind, lassen sich aus den Geschwindigkeitskomponenten u, v und w in kartesischen Koordinaten natürlich zwei Geschwindigkeitskomponenten u_r und u_z in Zylinderkoordinaten (r,φ,z) bilden:

$$u_r = \sqrt{u^2+v^2} = arf'(\eta)\ , \qquad u_z = -2\sqrt{a\nu}f(\eta)\ . \tag{7.203}$$

7.3.4 Strömung in der Nähe einer rotierenden Scheibe

So wie eine gedehnte Membran durch die Haftbedingung in der umgebenden Flüssigkeit ein Geschwindigkeitsfeld induziert, so wird auch die Flüssigkeit in der Nähe einer rotierenden Scheibe in Bewegung gesetzt. Die Scheibe sei unendlich, falle mit der Ebene $z = 0$ zusammen und drehe sich um die z-Achse.

Die „treibende Kraft" der Strömung ist die Umfangsgeschwindigkeit Ωr der Scheibe. Mitgeschleppte Flüssigkeitsteilchen werden durch Zentrifugalkräfte nach außen getrieben und deren Platz wird von Teilchen eingenommen, die aus axialer Richtung zuströmen.

Anstelle von a im vorangegangenen Abschnitt tritt hier die Winkelgeschwindigkeit Ω der Scheibe, und sinngemäß können die Ergebnisse dieses Abschnitts übernommen werden. Für die Geschwindigkeitskomponenten u_r, u_φ und u_z in Zylinderkoordinaten (r,φ,z) erhalten wir dann die Zusammenhänge

$$\begin{aligned} u_r &= \mathrm{fn}(r,z,\nu,\Omega)\ , \\ u_\varphi &= \mathrm{fn}(r,z,\nu,\Omega)\ , \\ u_z &= \mathrm{fn}(r,z,\nu,\Omega) \end{aligned} \tag{7.204}$$

während für den Druck

$$\frac{p_0 - p}{\varrho} = \mathrm{fn}(r, z, \nu, \Omega) \tag{7.205}$$

gilt. In bekannter Weise entstehen daraus die Beziehungen

$$\begin{aligned} \frac{u_r}{\Omega r} &= U\left(z\sqrt{\frac{\Omega}{\nu}}, r\sqrt{\frac{\Omega}{\nu}}\right) , \\ \frac{u_\varphi}{\Omega r} &= \Phi\left(z\sqrt{\frac{\Omega}{\nu}}, r\sqrt{\frac{\Omega}{\nu}}\right) , \\ \frac{u_z}{\Omega z} &= Z\left(z\sqrt{\frac{\Omega}{\nu}}, r\sqrt{\frac{\Omega}{\nu}}\right) \end{aligned} \tag{7.206}$$

und

$$\frac{p_0 - p}{\varrho\,\Omega\,\nu} = P\left(z\sqrt{\frac{\Omega}{\nu}}, r\sqrt{\frac{\Omega}{\nu}}\right) . \tag{7.207}$$

Da aber die Bedingungen weit entfernt von der rotierenden Scheibe

$$u_r(z \to \infty) = 0 \ , \qquad u_\varphi(z \to \infty) = 0 \tag{7.208}$$

und die Haftbedingungen an der Scheibe

$$u_r(z = 0) = 0 \ , \qquad u_\varphi(z = 0) = \Omega\, r \ , \qquad u_z(z = 0) = 0 \tag{7.209}$$

sich auch ohne die Abhängigkeit von $r\,\sqrt{\Omega/\nu}$ erfüllen lassen, gelangen wir zu der – über die reine Dimensionsanalyse hinausgehenden – Vereinfachung für die Geschwindigkeitskomponenten

$$\begin{aligned} u_r &= \Omega\, r\, U(\eta) \ , \\ u_\varphi &= \Omega\, r\, \Phi(\eta) \ , \\ u_z &= \Omega\, z\, Z(\eta) \end{aligned} \tag{7.210}$$

mit

$$\eta = z\sqrt{\frac{\Omega}{\nu}} \ . \tag{7.211}$$

Als asymptotische Bedingung für u_z läßt sich nur fordern

$$u_z(z \to \infty) = const \ , \tag{7.212}$$

da die unendlich ausgedehnte Scheibe schließlich einen unendlich großen Volumenstrom radial nach außen fördert, der durch einen entsprechend großen Zufluß axial zur Scheibe hin gedeckt werden muß. Wegen dieser Bedingung und der Randbedingung an u_z ist die Bezugslänge für u_z in (7.206) z und nicht r. Diese Wahl ist natürlich auch durch die Analogie mit (7.189) nahegelegt.

Wie vorher stellt die Kontinuitätsgleichung eine Beziehung zwischen U und Z her. Für die achsensymmetrische Strömung verschwinden dabei Ableitungen bezüglich φ, so daß die Kontinuitätsgleichung sich auf

$$\frac{\partial(u_r\, r)}{\partial r} + \frac{\partial(u_z\, r)}{\partial z} = 0 \tag{7.213}$$

reduziert und mit den Ansätzen (7.210) die Beziehung

$$U = -\frac{1}{2}(\eta\, Z)' = f' \tag{7.214}$$

liefert, so daß wir (7.210) in der Form schreiben:

$$\begin{aligned} u_r &= \Omega\, r\, f'(\eta)\;, \\ u_\varphi &= \Omega\, r\, \Phi(\eta)\;, \\ u_z &= -2\sqrt{\Omega\nu}\, f(\eta)\;. \end{aligned} \tag{7.215}$$

Die Komponente der Bewegungsgleichungen in r-Richtung lautet

$$u_r\frac{\partial u_r}{\partial r} + u_z\frac{\partial u_r}{\partial z} - \frac{u_\varphi^2}{r} = -\frac{1}{\varrho}\frac{\partial p}{\partial r} + \nu\left(\frac{\partial^2 u_r}{\partial r^2} + \frac{1}{r}\frac{\partial u_r}{\partial r} + \frac{\partial^2 u_r}{\partial z^2} - \frac{u_r}{r^2}\right)\,, \tag{7.216}$$

in φ-Richtung

$$u_r\frac{\partial u_\varphi}{\partial r} + u_z\frac{\partial u_\varphi}{\partial z} + \frac{u_r\, u_\varphi}{r} = \nu\left(\frac{\partial^2 u_\varphi}{\partial r^2} + \frac{1}{r}\frac{\partial u_\varphi}{\partial r} + \frac{\partial^2 u_\varphi}{\partial z^2} - \frac{u_\varphi}{r^2}\right) \tag{7.217}$$

und in z-Richtung

$$u_r\frac{\partial u_z}{\partial r} + u_z\frac{\partial u_z}{\partial z} = -\frac{1}{\varrho}\frac{\partial p}{\partial z} + \nu\left(\frac{\partial^2 u_z}{\partial r^2} + \frac{1}{r}\frac{\partial u_z}{\partial r} + \frac{\partial^2 u_z}{\partial z^2}\right)\,. \tag{7.218}$$

Da der Druck als Folge der asymptotischen Bedingung keine Funktion von r ist, setzen wir

$$\frac{p_0 - p}{\varrho} = \Omega\, \nu\, P(\eta) \tag{7.219}$$

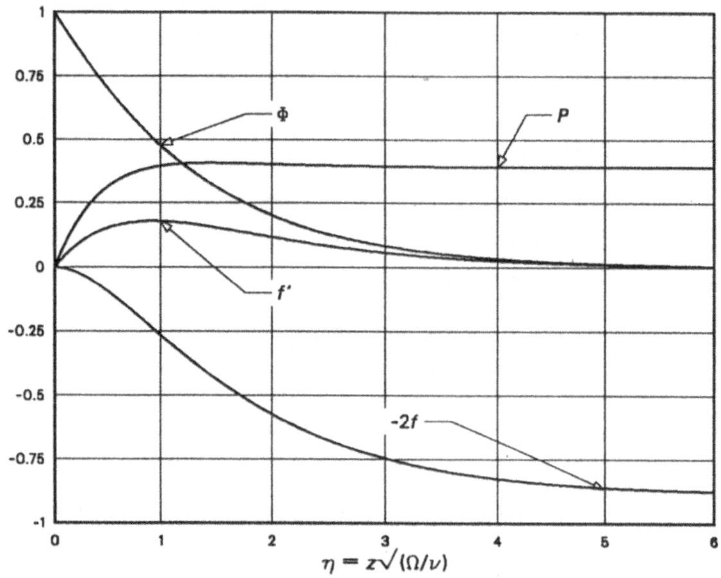

Abb. 7.11. Lösung für die rotierende Scheibe

und erhalten zusammen mit (7.215) aus den Bewegungsgleichungen schließlich die gewöhnlichen Differentialgleichungen

$$\begin{aligned} f'^2 - 2f\,f'' - \Phi^2 &= f''' \, , \\ 2(f'\,\Phi - f\Phi') &= \Phi'' \, , \\ 4f\,f' &= P' - 2f'' \, . \end{aligned} \tag{7.220}$$

Die ersten beiden Differentialgleichungen müssen simultan mit den sich aus (7.208) und (7.209) ergebenden Bedingungen

$$f'(\infty) = 0 \, , \quad \Phi(\infty) = 0 \tag{7.221}$$

und

$$f'(0) = 0 \, , \quad f(0) = 0 \, , \quad \Phi(0) = 1 \tag{7.222}$$

gelöst werden. Danach kann die dritte Differentialgleichung in (7.220) für P (etwa mit $P(0) = 0$) integriert werden. Die Lösungen sind in Abb. 7.11 aufgetragen.

Die Struktur der Ansätze (7.215) und (7.203) legt es nahe, beide Lösungen durch die

Ansätze

$$\begin{aligned} u_r &= K\, r\, f'(\eta)\ , \\ u_\varphi &= \Omega\, r\, \Phi(\eta)\ , \\ u_z &= -2\sqrt{K\nu}\, f(\eta) \end{aligned} \tag{7.223}$$

zu kombinieren, in denen

$$\eta = z\sqrt{\frac{K}{\nu}}\ , \qquad K = \sqrt{a^2 + \Omega^2} \tag{7.224}$$

ist. Aus den partiellen Differentialgleichungen (7.216) bis (7.218) gewinnen wir der Reihe nach die gewöhnlichen Differentialgleichungen

$$f'^2 - 2ff'' - \frac{\Omega^2}{K^2}\Phi^2 = \kappa + f'''\ , \tag{7.225}$$

$$2(f'\Phi - f\Phi') = \Phi'' \tag{7.226}$$

und

$$\frac{p_0 - p}{\varrho} = 2K\nu(f^2 + f') + \mathrm{fn}(r)\ , \tag{7.227}$$

wobei

$$-\frac{1}{\varrho}\frac{\partial p}{\partial r} = \kappa K^2 r \tag{7.228}$$

mit der noch unbekannten Konstanten κ verwendet wurde. Wegen (7.228) ist also die Druckverteilung

$$\frac{p_0 - p}{\varrho} = \frac{1}{2}\kappa K^2 r^2 + 2K\nu(f^2 + f')\ , \tag{7.229}$$

und wir bestimmen κ aus der Erkenntnis, daß der r-Anteil der Druckverteilung im Unendlichen durch den Anteil der Staupunktströmung gegeben sein muß. Damit ist die Konstante κ bestimmt:

$$\kappa = \frac{a^2}{K^2} = \frac{a^2}{a^2 + \Omega^2}\ . \tag{7.230}$$

Wir erhalten somit die Staupunktströmung um eine rotierende Scheibe, wenn wir (7.225) im Unendlichen den Bedingungen der reinen Staupunktströmung unterwerfen, also

$$f'(\infty) = \frac{a}{K}\ , \qquad \Phi(\infty) = 0 \tag{7.231}$$

und an der Scheibe die Bedingungen der reinen Scheibenströmung:

$$f'(0) = 0 \,, \qquad f(0) = 0 \,, \qquad \Phi(0) = 1 \,. \tag{7.232}$$

7.3.5 Hamel-Jeffery-Strömung

Ein anderes Beispiel einer exakten Lösung der Navier-Stokesschen Gleichungen, das viel Einsicht in die Wirkung der Reibung vermittelt, ist von JEFFERY [1915] angegeben worden.

Das uns hier interessierende Problem ist die Strömung zwischen zwei Wänden, die von einer Quelle (bzw. Senke) „getrieben" wird, die sich im Schnittpunkt der die Wände darstellenden Geraden befindet. Sie ist ein Sonderfall einer Klasse von ebenen Strömungen, deren Stromlinien mit den Stromlinien von Potentialströmungen zusammenfallen (HAMEL [1916]).

Der Strömung sind Polarkoordinaten r und φ angepaßt, und da die Geschwindigkeitskomponente in φ-Richtung u_φ an den Wänden verschwinden muß, setzen wir $u_\varphi \equiv 0$, was schon auf ein nichttriviales Problem führt. Mit der Quellstärke Q pro Tiefeneinheit, der kinematischen Viskosität ν und dem (halben) Öffnungswinkel α des Kanals erhalten wir den Zusammenhang

$$u_r = \text{fn}(\alpha, Q, \nu, \varphi, r) \tag{7.233}$$

für die Radialkomponente der Geschwindigkeit, mit der Dichte ϱ den Zusammenhang

$$\frac{p - p_0}{\varrho} = \text{fn}(\alpha, Q, \nu, \varphi, r) \tag{7.234}$$

für den Druck, die wir mit bekannten Methoden in die äquivalenten Formen

$$\frac{u_r\, r}{Q} = \text{fn}\left(\frac{Q}{\nu}, \varphi, \alpha\right) \tag{7.235}$$

und

$$\frac{(p - p_0)\, r^2}{\varrho\, Q^2} = \text{fn}\left(\frac{Q}{\nu}, \varphi, \alpha\right) \tag{7.236}$$

bringen.

Offensichtlich ist p_0 hier der Druck für $r \to \infty$. Die Formen (7.235) und (7.236) zeigen, daß hier allein durch Dimensionsbetrachtungen das Ziel erreicht wurde, die Zahl der im mathematischen Sinne unabhängigen Veränderlichen zu reduzieren.

Der Volumenstrom ist gleich der Quellstärke

$$Q = 2\bar{U}\,h = 2\bar{U}\,\alpha\,r\ ,$$

wenn $\bar{U}$ die mittlere Geschwindigkeit am Ort r und h dort die (halbe) Höhe des Kanals ist. Die Größen auf der linken Seite von (7.235) und (7.236) werden von der Größenordnung O(1), wenn wir – dimensionsanalytisch völlig äquivalent – jetzt

$$u_r = \frac{Q}{\alpha\,r}\,U\left(\eta, \frac{Q}{\nu}, \alpha\right) \tag{7.237}$$

und

$$\frac{p - p_0}{\varrho} = \frac{Q^2}{\alpha^2\,r^2}\,P\left(\eta, \frac{Q}{\nu}, \alpha\right) \tag{7.238}$$

schreiben, wobei aus zweckmäßigen Gründen statt φ die Veränderliche $\eta = \varphi/\alpha$ benutzt wird, die rechte Seite aber auch dann von α abhängt.

Aus der Kontinuitätsgleichung in Polarkoordinaten

$$\frac{1}{r}\frac{\partial}{\partial r}(u_r\,r) + \frac{1}{r}\frac{\partial}{\partial\varphi}(u_\varphi) = 0 \tag{7.239}$$

folgt daher

$$u_\varphi = const$$

und mit der Randbedingung

$$u_\varphi(\eta = \pm 1) = 0$$

damit

$$u_\varphi \equiv 0\ ,$$

in Übereinstimmung mit unserer Annahme.

Aus der Bewegungsgleichung in r-Richtung

$$u_r\frac{\partial u_r}{\partial r} = -\frac{1}{\varrho}\frac{\partial p}{\partial r} + \nu\left(\frac{\partial^2 u_r}{\partial r^2} + \frac{1}{r}\frac{\partial u_r}{\partial r} + \frac{1}{r^2}\frac{\partial^2 u_r}{\partial\varphi^2} - \frac{u_r}{r^2}\right) \tag{7.240}$$

gewinnen wir mit den Ansätzen (7.237) und (7.238) die Gleichung

$$-\,U^2 = 2P + \frac{\nu}{\alpha\,Q}\,U'' \tag{7.241}$$

und aus der Bewegungsgleichung in φ-Richtung

$$0 = -\frac{1}{\varrho}\frac{1}{r}\frac{\partial p}{\partial \varphi} + \nu\left(\frac{2}{r^2}\frac{\partial u_r}{\partial \varphi}\right) \tag{7.242}$$

entsprechend

$$0 = P' - \frac{2\nu\alpha}{Q}U' \, . \tag{7.243}$$

Die Integration der letzten Gleichung führt zunächst auf

$$P = \frac{2\nu\alpha}{Q}U + c_1 \tag{7.244}$$

und mit (7.241) schließlich

$$U'' + \frac{\alpha Q}{\nu}U^2 + 4\alpha^2 U + C_1 = 0 \, . \tag{7.245}$$

Diese Gleichung läßt sich durch Multiplikation mit U' nochmals zu

$$U'^2 = -\frac{2}{3}\frac{\alpha Q}{\nu}U^3 - 4\alpha^2 U^2 - 2C_1 U + C_2 \tag{7.246}$$

integrieren. Bei Fortführung der Integration – die wir aber noch zurückstellen – kommt eine weitere Integrationskonstante ins Spiel. Wegen der Gestalt von (7.237) hängen diese Integrationskonstanten C_1 und C_2 i. allg. von Q/ν und α ab. Ihre Bestimmung muß so erfolgen, daß den Randbedingungen

$$U(\pm 1) = 0 \tag{7.247}$$

und der Integralbedingung

$$Q = \int\limits_{-\alpha}^{+\alpha} u_r \, r \, \mathrm{d}\varphi \tag{7.248}$$

oder gleichbedeutend

$$\int\limits_{-1}^{+1} U(\eta) \, \mathrm{d}\eta = 1 \tag{7.249}$$

Genüge getan wird. Wenn wir uns im folgenden auf symmetrische Strömungen beschränken, so läßt sich die letzte Bedingung auch dadurch ersetzen, daß man die Geschwindigkeit in der Kanalmitte vorschreibt, d. h.:

$$U(0) = U_0 \, . \tag{7.250}$$

Im Prinzip läßt sich die Differentialgleichung (7.245) durch Trennung der Veränderlichen integrieren und die Lösung in elliptischen Funktionen darstellen. Aber selbst mit der vereinfachten Bedingung (7.250) lassen sich die Konstanten nicht auf direktem Wege so bestimmen, daß die angesprochenen Bedingungen erfüllt sind. Wir ziehen daher eine Lösung durch direkte numerische Integration vor.

Die Lösung wird zeigen, daß sich bei großen Reynolds-Zahlen $U_0|Q|/\nu$ ganz verschiedene Strömungsformen ausbilden, je nachdem ob Aus- oder Einströmen vorliegt. Schließlich ist symmetrisches Ausströmen nur bis zu einer bestimmten größtmöglichen Reynolds-Zahl möglich. Für kleine Reynolds-Zahlen hingegen sind die Geschwindigkeitsprofile bis auf das Vorzeichen dieselben.

Wir wollen zunächst das Verhalten bei kleinen Reynolds-Zahlen untersuchen, also auch i. allg. den Fall $\alpha|Q|/\nu \ll 1$. Wir gehen dabei von (7.245) aus, die dann eine lineare Differentialgleichung ist:

$$U'' + 4\alpha^2 U + C_1 = 0 \, , \tag{7.251}$$

deren allgemeine Lösung

$$U = -\frac{C_1}{4\alpha^2} + A\cos(2\alpha\eta) + B\sin(2\alpha\eta) \tag{7.252}$$

wir den Randbedingungen (7.247) unterwerfen. Der Koeffizient B der ungeraden Funktion in (7.253) muß deshalb verschwinden, und es folgt

$$A = \frac{C_1}{4\alpha^2}\,\frac{1}{\cos 2\alpha} \, , \tag{7.253}$$

während (7.249) den Zusammenhang

$$-\frac{C_1}{2\alpha^2} + \frac{A}{\alpha}\sin 2\alpha = 1 \tag{7.254}$$

ergibt, so daß wir

$$u_r = \frac{Q}{r}\,\frac{\cos 2\alpha\eta - \cos 2\alpha}{\sin 2\alpha - 2\alpha\cos 2\alpha} \tag{7.255}$$

für die Geschwindigkeitsverteilung erhalten. Hier tritt der Volumenstrom nur als Koeffizient auf und – wie angekündigt – ist die Verteilung bis auf das Vorzeichen von Q dieselbe beim Ein- und Ausströmen.

Setzt man zusätzlich zu $\alpha|Q|/\nu \ll 1$ auch noch $\alpha \ll 1$ voraus – was dann nicht mehr $|Q|/\nu \ll 1$ erfordert – so sind genau die Annahmen der Theorie der hydrodynamischen Schmierung formuliert (siehe Kapitel 5). Aus der Entwicklung für kleine α gewinnen wir aus (7.255) die Beziehung

$$u_r = \frac{Q}{r\,2\alpha}\,\frac{3}{2}(1-\eta^2) = \frac{3}{2}\bar{U}\,(1-\eta^2), \tag{7.256}$$

also – wie zu erwarten – lokal eine Poiseuille-Strömung.

Wir kehren nun zur nichtlinearen Gleichung (7.246) zurück und bestimmen die Konstante C_1 aus der Symmetriebedingung $U(0) = U_0$, und da deshalb auch $U'(0) = 0$ ist, folgt

$$U'^2 = -\frac{2}{3}\,\frac{\alpha Q}{\nu}\,(U^3 - U_0^2 U) - 4\alpha^2(U^2 - UU_0) + C_2(1 - U/U_0)\ , \tag{7.257}$$

deren numerische Integration erleichtert wird, wenn wir U noch auf U_0 beziehen. Wenn wir $\tilde{U} = U/U_0$ schreiben, so überführen wir (7.257) in die Fassung

$$\tilde{U}'^2 = (1-\tilde{U})\left(\frac{2}{3}\frac{\alpha\,Q\,U_0}{\nu}(\tilde{U}^2 + \tilde{U}) + 4\alpha^2\tilde{U} + \tilde{C}_2\right)\ . \tag{7.258}$$

In der numerischen Integration als Anfangswertproblem mit der Anfangsbedingung $\tilde{U}(-1) = 0$ variiert man den Wert von $\tilde{C}_2 = \tilde{U}'^2(-1)$ bei gegebenem $\alpha Q U_0/\nu$ und α bis $\tilde{U}(0) = 1$ erreicht ist. Den Wert U_0 berechnet man aus (7.249) zu

$$\frac{1}{U_0} = \int\limits_{-1}^{+1} \tilde{U}\,\mathrm{d}\eta \tag{7.259}$$

und erhält damit schließlich den Geschwindigkeitsverlauf

$$U = \frac{u_r\,r\,\alpha}{Q} = \tilde{U}U_0\ , \tag{7.260}$$

der in Abb. 7.12 für Einströmen ($Q < 0$) und Ausströmen ($Q > 0$) aufgetragen ist und das angekündigte Verhalten deutlich erkennen läßt.

Für $Q < 0$ wird mit wachsendem $\alpha|Q|/\nu$ das Profil völliger; bei $Q > 0$ wird mit wachsendem $\alpha|Q|/\nu$ das Profil dünner, die Flüssigkeit strömt am schnellsten in der Mitte und wird an den Wänden retardiert, bis der Geschwindigkeitsgradient an der Wand gleich Null wird ($\sqrt{\tilde{C}_2} = 0$). Die numerisch gefundenen Werte von $\tilde{C}_2 = U'^2(-1)$

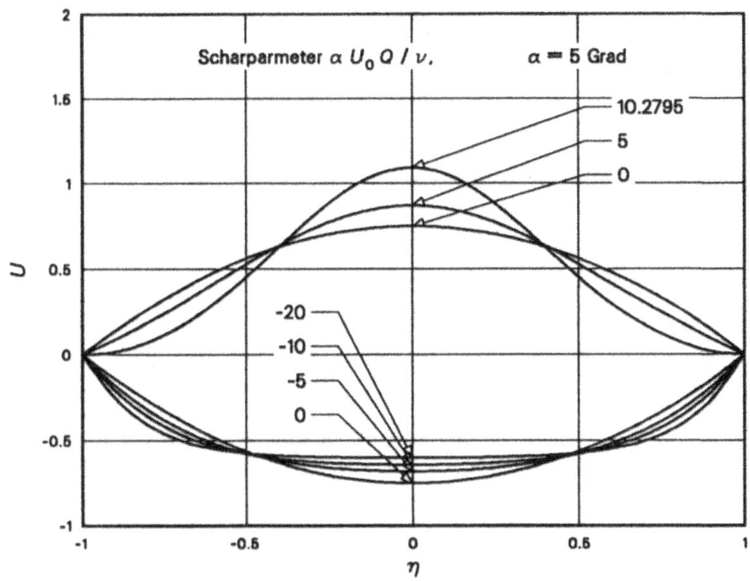

Abb. 7.12. Geschwindigkeitsprofile der HAMEL-JEFFERY-Strömung

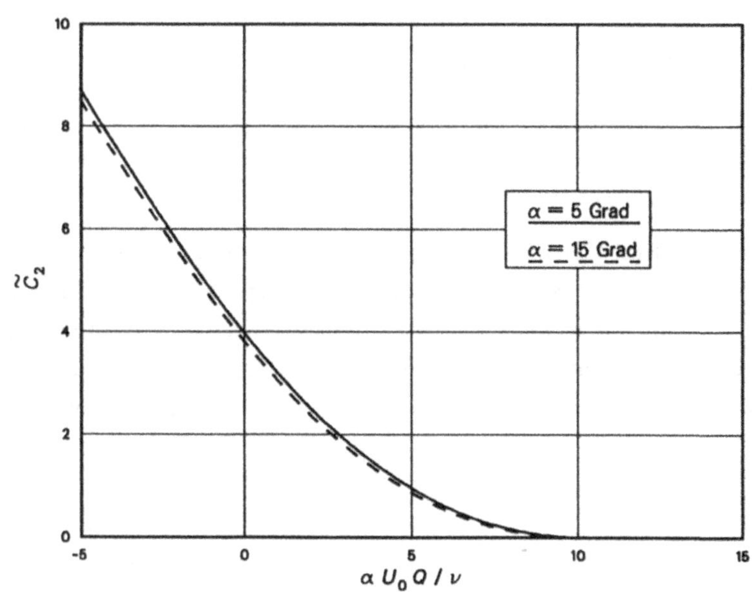

Abb. 7.13. Konstante der HAMEL-JEFFERY-Strömung

sind in Abb. 7.13 aufgetragen, und man erkennt, daß ab einem von α abhängigen Grenzwert $\alpha|Q|/\nu$ keine (symmetrische) Lösung mehr möglich ist, da $\tilde{C}_2 \geq 0$ sein muß.

7.3.6 Laminarer Strahl einer Impulsquelle

Die Strömung im ebenen Kanal des letzten Abschnitts legt es nahe, auch nach der Strömung in einem kegeligen Kanal zu fragen, die durch einen Volumenstrom Q getrieben wird. Diesem Problem sind Kugelkoordinaten r, ϑ, φ mit den Geschwindigkeitskomponenten u_r, u_ϑ, u_φ angepaßt. Die azimuthale Komponente u_φ setzen wir Null. Ebenfalls zu Null setzen wir die Komponente u_ϑ, zum einen, weil dadurch eine Randbedingung an u_ϑ erfüllt ist, zum anderen ist damit bereits ein nichttriviales Problem gestellt.

Für u_r und p gelten dann dieselben Zusammenhänge wie in (7.233) und (7.234) aufgestellt. In der äquivalenten dimensionslosen Form erhalten wir aber z. B. für die Geschwindigkeit u_r den Zusammenhang

$$\frac{u_r\, r}{\nu} = \mathrm{fn}\left(\vartheta, \frac{Q}{\nu\, r}, \alpha\right) \tag{7.261}$$

und erkennen, daß keine Reduktion der mathematisch unabhängigen Veränderlichen eingetreten ist. Der Volumenstrom hat hier die Dimension $L^3\, T^{-1}$ und kann mit der kinematischen Viskosität ν allein noch nicht dimensionslos gemacht werden. Hierzu ist eine weitere Länge – nämlich r – erforderlich, und damit tritt neben ϑ auch r im Argument der gesuchten Funktion auf.

Nach den bisherigen Erfahrungen liegt es nahe, eine Lösung zu suchen, die nur von einer Veränderlichen abhängt. Nimmt man Unabhängigkeit vom Produkt $Q/(\nu\, r)$ an, welches r enthält, verschwindet auch die „treibende Kraft“ Q der Strömung aus dem Zusammenhang. Nimmt man aber ϑ heraus, so läßt sich die Haftbedingung nicht mehr erfüllen. Zwar führt dies auf eine Lösung, es ist aber die reibungsfreie Potentialströmung

$$\frac{u_r\, r}{\nu} = \frac{Q}{\nu\, r}\mathrm{fn}(\alpha) \tag{7.262}$$

oder

$$u_r = \frac{Q}{r^2}\,\frac{1}{2\pi(1-\cos\alpha)}\,, \tag{7.263}$$

wobei $2\pi(1-\cos\alpha)$ der Raumwinkel des Kegels mit dem halben Öffnungswinkel α ist.

Man überzeugt sich leicht, daß auch die Form

$$\frac{u_r\,r^2}{Q} = \mathrm{fn}\left(\vartheta,\ \frac{Q}{\nu\,r}, \alpha\right) \tag{7.264}$$

nicht auf eine Ähnlichkeitslösung führt, wir schließen daher die Existenz einer Ähnlichkeitslösung aus.

Im folgenden werden wir zeigen, daß eine Ähnlichkeitslösung möglich ist, wenn die Strömung durch einen kinematischen Impuls K (siehe Abschnitt 6.5) getrieben wird (LANDAU und LIFSHITZ [1987], SQUIRE [1951]). Den Impuls können wir uns durch einen Ausfluß aus einem sehr dünnen Röhrchen erzeugt denken, und zwar derart, daß der kinematische Impuls $K \sim u^2\,\mathrm{d}A$ für $\mathrm{d}A \to 0$ nicht verschwindet, wohl aber der Volumenstrom $Q \sim u\,\mathrm{d}A$: Wir haben also wieder eine Impulsquelle (Abschnitt 6.5.1). Natürlich ist an dem imaginären Röhrchen nicht die Haftbedingung zu fordern, was in der Tat die zu besprechende Ähnlichkeitslösung zerstören würde.

Wie vorher betrachten wir eine Strömung ohne Drall ($u_\varphi = 0$), lassen aber die Komponente u_ϑ zu und erhalten dann die Zusammenhänge

$$u_r = \mathrm{fn}(r, \vartheta, K, \nu)\ , \tag{7.265}$$

$$u_\vartheta = \mathrm{fn}(r, \vartheta, K, \nu)\ , \tag{7.266}$$

$$p = \mathrm{fn}(r, \vartheta, K, \nu)\ , \tag{7.267}$$

die wir auf bekannte Weise in die Form

$$u_r = \frac{\nu}{r}\,R(\vartheta, K/\nu^2)\ , \tag{7.268}$$

$$u_\vartheta = \frac{\nu}{r}\,\Theta(\vartheta, K/\nu^2)\ , \tag{7.269}$$

$$\frac{p - p_0}{\varrho} = \frac{\nu^2}{r^2}\,P(\vartheta, K/\nu^2) \tag{7.270}$$

bringen, welche die gewünschte Reduktion auf eine unabhängige Veränderliche darlegt.

Die Kontinuitätsgleichung für die rotationssymmetrische Strömung in Kugelkoordinaten

$$\frac{\partial}{\partial r}\left(r^2 \sin\vartheta\, u_r\right) + \frac{\partial}{\partial \vartheta}\left(r \sin\vartheta\, u_\vartheta\right) = 0 \tag{7.271}$$

führt uns auf den Zusammenhang

$$\sin\vartheta\, R = -(\sin\vartheta\, \Theta)' = f' , \tag{7.272}$$

in dem der Strich jetzt die Ableitung nach ϑ bedeutet und mit dem wir aus (7.268) und (7.269) die Darstellung

$$u_r = \frac{\nu}{r\,\sin\vartheta} f'(\vartheta) , \tag{7.273}$$

$$u_\vartheta = -\frac{\nu}{r\,\sin\vartheta} f(\vartheta) \tag{7.274}$$

gewinnen, die sich auch unter Benutzung einer Stromfunktion $\Psi = r\,\nu\, f(\vartheta)$ ergibt. Für den späteren Gebrauch lesen wir aus (7.273) und (7.274) die Formeln

$$\frac{\partial u_r}{\partial r} = -\frac{u_r}{r} , \qquad \frac{\partial u_\vartheta}{\partial r} = -\frac{u_\vartheta}{r} \tag{7.275}$$

ab. Unter den bisherigen Vereinfachungen ist die Bewegungsgleichung in r-Richtung

$$u_r\frac{\partial u_r}{\partial r} + \frac{1}{r}u_\vartheta\frac{\partial u_r}{\partial\vartheta} - \frac{u_\vartheta^2}{r} = -\frac{1}{\varrho}\frac{\partial p}{\partial r} + \nu\left[\Delta u_r - \frac{2}{r^2}\left(u_r + \frac{\partial u_\vartheta}{\partial\vartheta} + u_\vartheta\cot\vartheta\right)\right] , \tag{7.276}$$

wobei als Folge der Ansätze (7.273) und (7.274) noch die Summe in der runden Klammer verschwindet und das Symbol Δ wieder für den Laplace-Operator steht. Dieser und auch die linke Seite der obigen Gleichung vereinfachen sich mit den Hilfsformeln (7.275) weiter, so daß aus (7.276) die Gleichung

$$-\frac{u_r^2 + u_\vartheta^2}{r} + \frac{u_\vartheta}{r}\frac{\partial u_r}{\partial\vartheta} = -\frac{1}{\varrho}\frac{\partial p}{\partial r} + \frac{\nu}{r^2\sin\vartheta}\frac{\partial}{\partial\vartheta}\left(\sin\vartheta\frac{\partial u_r}{\partial\vartheta}\right) \tag{7.277}$$

hervorgeht. Auf dieselbe Weise entsteht aus der Bewegungsgleichung in ϑ-Richtung

$$u_r\frac{\partial u_\vartheta}{\partial r} + \frac{1}{r}u_\vartheta\frac{\partial u_\vartheta}{\partial\vartheta} + \frac{u_r\,u_\vartheta}{r} = -\frac{1}{r}\frac{1}{\varrho}\frac{\partial p}{\partial\vartheta} + \nu\left[\Delta u_\vartheta + \frac{2}{r^2}\frac{\partial u_r}{\partial\vartheta} - \frac{u_\vartheta}{r^2\sin^2\vartheta}\right] \tag{7.278}$$

die Gleichung

$$\frac{1}{r}\frac{\partial}{\partial\vartheta}\left(\frac{u_\vartheta^2}{2}\right) = -\frac{1}{r}\frac{1}{\varrho}\frac{\partial p}{\partial\vartheta} + \nu\left[\frac{1}{r^2\sin\vartheta}\frac{\partial}{\partial\vartheta}\left(\sin\vartheta\frac{\partial u_\vartheta}{\partial\vartheta}\right) + \frac{2}{r^2}\frac{\partial u_r}{\partial\vartheta} - \frac{u_\vartheta}{r^2\sin^2\vartheta}\right] . \tag{7.279}$$

Es vereinfacht die weiteren Gleichungen, wenn die Substitution

$$x = \cos\vartheta \tag{7.280}$$

verwendet wird. Mit

$$\frac{\mathrm{d}}{\mathrm{d}\vartheta} = -\sin\vartheta \frac{\mathrm{d}}{\mathrm{d}x} = -\sqrt{1-x^2}\frac{\mathrm{d}}{\mathrm{d}x} \tag{7.281}$$

folgt daher aus (7.273) und (7.274)

$$u_r = -\frac{\nu}{r}\dot{f} \tag{7.282}$$

und

$$u_\vartheta = -\frac{\nu}{r}\frac{f}{\sqrt{1-x^2}}\,, \tag{7.283}$$

in denen der Punkt für die Ableitung nach x steht. Aus (7.277) und (7.270) gewinnen wir den Zusammenhang

$$P = -\frac{1}{2}\frac{f^2}{(1-x^2)} - \frac{1}{2}\frac{\mathrm{d}}{\mathrm{d}x}\left[f\dot{f} - (1-x^2)\ddot{f}\right] \tag{7.284}$$

sowie aus (7.279) und (7.270) zunächst die Beziehung

$$-\frac{\mathrm{d}}{\mathrm{d}x}\left(\frac{f^2}{2(1-x^2)}\right) = \dot{P} - \frac{1}{\sqrt{1-x^2}}\frac{\mathrm{d}}{\mathrm{d}x}\left[(1-x^2)\frac{\mathrm{d}}{\mathrm{d}x}\left(\frac{f}{\sqrt{1-x^2}}\right)\right] + 2\ddot{f} + \frac{f}{(1-x^2)^2}\,, \tag{7.285}$$

die sich weiter zu

$$\dot{P} = -\frac{\mathrm{d}}{\mathrm{d}x}\left(\frac{f^2}{2(1-x^2)}\right) - \dddot{f} \tag{7.286}$$

vereinfacht. Einmalige Integration liefert

$$P = -\frac{f^2}{2(1-x^2)} - \ddot{f} + C_1\,. \tag{7.287}$$

Durch Gleichsetzen der Gleichungen (7.287) und (7.284) gewinnen wir dann die Differentialgleichung

$$-\frac{1}{2}\frac{\mathrm{d}}{\mathrm{d}x}\left(f\dot{f} - (1-x^2)\ddot{f}\right) = -\ddot{f} + C_1\,, \tag{7.288}$$

die durch Integration die Beziehung

$$-\frac{1}{2}f\dot{f} + \frac{1}{2}(1-x^2)\ddot{f} = -\dot{f} + C_1 x + C_2 \tag{7.289}$$

erbringt, die wiederum integriert werden kann

$$-\frac{1}{4}f^2 + \frac{1}{2}(1-x^2)\dot{f} + \int x\dot{f}\,\mathrm{d}x = -\int \dot{f}\,\mathrm{d}x + C_1\frac{x^2}{2} + C_2 x + C_3 \tag{7.290}$$

und sich mit partieller Integration auf

$$f^2 = 4xf + 2(1-x^2)\dot{f} - 2(C_1x^2 + 2C_2x + 2C_3) \tag{7.291}$$

reduziert. Zunächst dreht es sich darum, die Integrationskonstanten zu bestimmen. Aus Symmetriegründen muß auf der Achse, d. h. für $\vartheta = 0, \pi$

$$u_\vartheta = 0 \tag{7.292}$$

und

$$\frac{\partial u_r}{\partial \vartheta} = 0 \tag{7.293}$$

gelten. Wir fordern, daß u_r auf der Achse beschränkt bleibt (mit der Ausnahme $r = 0$), also $\dot{f} < \infty$. Mit (7.283) folgt aus (7.292)

$$f(\pm 1) = 0 \tag{7.294}$$

und mit (7.282) aus (7.293)

$$\lim_{x \to \pm 1} \sqrt{1-x^2}\,\ddot{f} = 0 \tag{7.295}$$

oder

$$\ddot{f} < \infty\,. \tag{7.296}$$

Aus der Differentialgleichung (7.289) schließen wir damit auf

$$C_2 = 0 \tag{7.297}$$

und aus (7.291)

$$C_1 + 2C_3 = 0\,. \tag{7.298}$$

Zur Bestimmung von C_1 greifen wir auf (7.289) zurück und finden so

$$C_1 = 0\,. \tag{7.299}$$

Schließlich können wir (7.291) in der Form

$$\dot{f} = F(x)f^2 + H(x)f \tag{7.300}$$

schreiben, mit

$$F(x) = \frac{1}{2(1-x^2)}$$

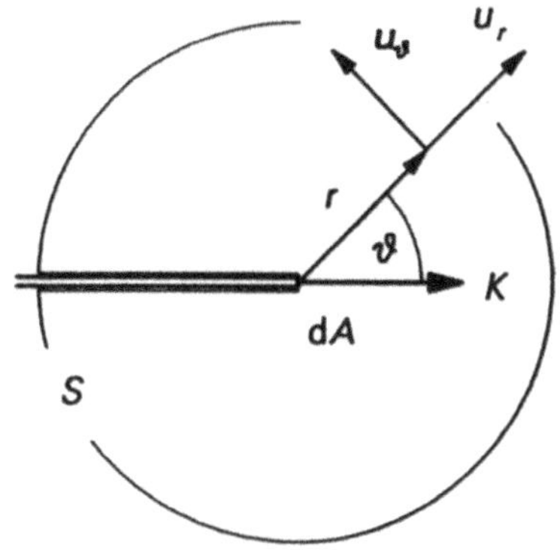

Abb. 7.14. Kontrollvolumen für den Impulssatz

und

$$H(x) = -\frac{2x}{1-x^2}\ .$$

Die Gleichung ist eine *Riccatische Differentialgleichung*, die bekanntlich mit der Transformation

$$f = -\frac{\dot{u}}{u\,F(x)} \tag{7.301}$$

hier in die lineare Differentialgleichung

$$\ddot{u} = 0 \tag{7.302}$$

übergeht und daher die Lösung

$$f = -\frac{2b(1-x^2)}{a+bx} = 2\,\frac{1-x^2}{C-x} \tag{7.303}$$

hat. Damit sind auch die Geschwindigkeitskomponenten u_r und u_ϑ bekannt und mit (7.287) auch P und daher der Druck.

Die Konstante C ist wegen (7.268) z. B. eine Funktion von K/ν^2. Zur Ermittlung dieses Zusammenhangs $C(K/\nu^2)$ ziehen wir den Impulssatz heran, wenden ihn auf das in Abb. 7.14 gezeigte Kontrollvolumen an und erhalten für die Komponente in Achsrichtung (Index 1), wenn t_1 die Komponente des Spannungsvektors in diese Richtung ist,

$$\iint\limits_{S} (\varrho u_1(u_j n_j) - t_1)\,\mathrm{d}S = \lim_{\Delta A\to 0} \iint\limits_{\Delta A} (\varrho u_1^2 + t_1)\,\mathrm{d}S = K\varrho\ , \tag{7.304}$$

wobei wir – wie schon ausgeführt – nicht über die Wand des Röhrchens integrieren. Hier wird auch einsichtig, daß K nur dann von r unabhängig wird, was ja für Ähnlichkeit zu fordern ist.

Dem mittleren Ausdruck in (7.304) entnehmen wir noch, daß der Impuls sowohl als Fluß $\varrho u_1^2 \,\mathrm{d}A$ bei $t_1 = 0$ oder als Kraft $t_1 \,\mathrm{d}A$ bei $u_1 = 0$ interpretiert werden kann. Wegen

$$t_1 = t_r \cos\vartheta - t_\vartheta \sin\vartheta = \tau_{rr}\cos\vartheta - \tau_{\vartheta r}\sin\vartheta \tag{7.305}$$

und

$$u_1 = u_r \cos\vartheta - u_\vartheta \sin\vartheta \tag{7.306}$$

schreiben wir für den Integranden im Impulssatz

$$\varrho u_1 u_r - t_1 = \cos\vartheta(\varrho u_r^2 - \tau_{rr}) - \sin\vartheta(\varrho u_r u_\vartheta - \tau_{\vartheta r}) \ . \tag{7.307}$$

Die etwas mühsame Auswertung des Integrals wird dadurch erleichtert, daß der letzte Klammerausdruck als Folge von (7.289) verschwindet. Für den restlichen Teil erhalten wir

$$\cos\vartheta\left(\varrho u_r^2 + p - 2\eta\frac{\partial u_r}{\partial r}\right) = \frac{\varrho\nu^2}{r^2}(\dot{f}^2 + P - 2\dot{f})x \ , \tag{7.308}$$

wobei der konstante Druck p_0 im Unendlichen weggelassen wurde, weil er zur Integration keinen Beitrag liefert. Einsetzen der Ausdrücke für f und P ergibt

$$x\frac{\varrho\nu^2}{r^2}(\dot{f}^2 + P - 2\dot{f}) = \frac{\varrho\nu^2}{r^2}\left(\frac{4(C^2-1)^2}{(C-x)^4} - \frac{4C}{C-x}\right)x \tag{7.309}$$

und daher für den kinematischen Impuls

$$K = \frac{4\nu^2}{r^2}\int_0^{2\pi}\int_{-1}^{+1}\left(\frac{(C^2-1)^2}{(C-x)^4} - \frac{C}{C-x}\right)x\,r^2\,\mathrm{d}x\,\mathrm{d}\varphi \ . \tag{7.310}$$

Nach Ausführung der Integration finden wir den gewünschten Zusammenhang $C(K/\nu^2)$ in impliziter Form:

$$\frac{K}{\nu^2} = Re^2 = 16\pi C\left(1 - \frac{C}{2}\ln\frac{C+1}{C-1} + \frac{4}{3}\frac{1}{C^2-1}\right) \ . \tag{7.311}$$

Offensichtlich muß $C > 1$ sein; kleine Werte von C entsprechen großen Reynolds-Zahlen und hohem Impuls.

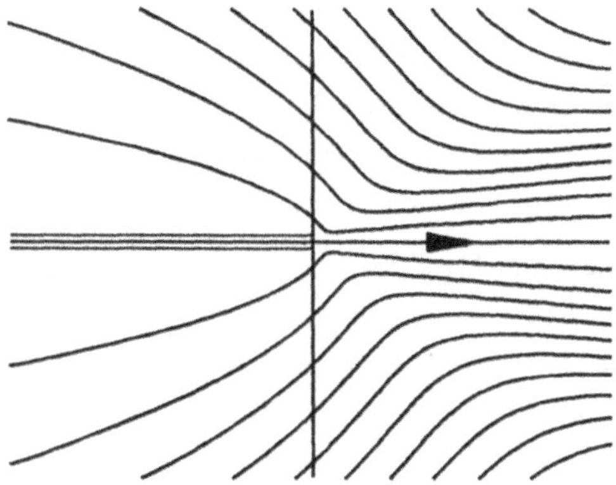

Abb. 7.15. Stromlinien der Impulsquelle mit $C = 1.1$

Abbildung 7.15 zeigt die Stromlinien

$$\Psi = r\nu f = const$$

für eine große Reynolds-Zahl, die zur Bildung eines schlanken Strahls unter dem Einfluß der Impulsquelle am Ursprung führt.

Für große Reynolds-Zahlen setzen wir $C = 1 + \epsilon$ und erhalten

$$f = \frac{2(1-x^2)}{(1-x)(1+\frac{\epsilon}{1-x})} \approx 2(1+x) \tag{7.312}$$

für x nicht zu nahe bei 1, d. h. mit Ausnahme der Achsennähe. Es ergibt sich eine radiale Geschwindigkeitskomponente

$$u_r \approx -\frac{2\nu}{r} \tag{7.313}$$

zum Ursprung hin. Diese Geschwindigkeit dient dazu, die Flüssigkeitsmenge zu ersetzen, die im Strahl mitgerissen wird. Die Rate $\partial\dot{V}/\partial x$, mit der die Flüssigkeit beim laminaren Strahl mitgerissen wird, ist nach Abschnitt 6.5.6 proportional zur Viskosität. Man zeigt leicht, daß $\partial\dot{V}/\partial x \sim -u_r r$ ist. In unmittelbarer Strahlnähe

$$x \sim 1 - \vartheta^2/2 \, , \, \vartheta \ll 1$$

gilt

$$f \approx \frac{2\vartheta^2}{\epsilon + \vartheta^2/2} \, .$$

Die Lösung läßt sich ausdehnen auf den Strahl in einem kegelförmigen Raum (MORGAN [1956], POTSCH [1981]). In dieser Betrachtung stellt der bisher behandelte Fall den Austritt in einen Kegelraum mit dem halben Öffnungswinkel $\alpha = \pi$ dar. Wie bisher ist dann $C_1 = 2C_3 = -C_2$, aber C_2 verschwindet nicht.

Aus dem oben Gesagten ist schon klar, daß sich die Haftbedingungen an der Wand nicht erfüllen lassen. Es existiert keine Ähnlichkeitslösung, allerdings läßt sich für große Reynolds-Zahlen eine gleichmäßig gültige Lösung angeben (SCHNEIDER [1981]). Die äußere Lösung – im Sinne einer singulären Störungsrechnung – genügt dabei der Gleichung (7.291).

7.4 Exakte Lösungen der Grenzschichtgleichungen

Die exakten Lösungen der Navier-Stokesschen Gleichungen, die wir besprochen haben, gelten für alle Reynolds-Zahlen, wenngleich sie nicht für alle Reynolds-Zahlen stabil sind. Für große Reynolds-Zahlen ergeben sich u. U. erhebliche Vereinfachungen für die Berechnung. Es dominieren dann die Trägheitskräfte, und der Einfluß der viskosen Kräfte ist gering, so daß es nahe liegt, die Viskosität überhaupt zu vernachlässigen. Wie wir gesehen haben, stellt die Annahme der Reibungsfreiheit viele brauchbare Ergebnisse bereit, und die Theorie der reibungsfreien Strömungen ist das Kernstück der Strömungslehre. Diese reibungsfreien Lösungen erfüllen aber nicht die physikalische Randbedingung des Haftens an der Wand, sondern sagen i. allg. eine nicht verschwindende Tangentialgeschwindigkeit an der Wand voraus. Die physikalische Randbedingung erzwingt zu ihrer Erfüllung eine wandnahe Schicht mit hohen Geschwindigkeitsgradienten, in der bei noch so hoher Reynolds-Zahl die Reibungskräfte nicht vernachlässigbar, d. h. mit den Trägheitskräften vergleichbar sind. Die Dicke dieser Schicht ist natürlich problemspezifisch, aber ihre Abhängigkeit von der Viskosität kann den bekannten, exakten Lösungen entnommen werden (Abschnitt 7.3.2):

$$\delta = const * \sqrt{\frac{\nu}{a}} = const * \sqrt{\frac{\nu\, x}{U}}\,, \tag{7.314}$$

wo U die Geschwindigkeit ist, die am Rand dieser *Grenzschicht* an der Stelle x angetroffen wird. Daher braucht man die Viskosität nur in dieser Schicht zu berücksichtigen, deren Dicke mit $\sqrt{\nu}$ gegen Null geht, d. h. $Re \to \infty$. Außerhalb dieser Schicht kann man die Reibung völlig vernachlässigen und oft sogar Potentialströmungen voraussetzen. Die Lösung in der Grenzschicht und in der Außenströmung müssen beide in einem Überlappungsgebiet gültig sein, was sichergestellt ist, wenn die Geschwindigkeit in der Grenzschicht für $y/\delta \to \infty$ in die Geschwindigkeit übergeht, die die äußere reibungsfreie Strömung an der Wand, d. h. für $y \to 0$, annimmt. Die Strömung in der Grenzschicht wird immer noch durch nichtlineare partielle Differentialgleichungen beschrieben, die aber einfacher sind als die Navier-Stokesschen Gleichungen. Wir wollen uns auf ebene, stationäre, inkompressible Strömungen beschränken. Die Klasse der Ähnlichkeitslösungen ist aber erheblich größer.

Es ist zweckmäßig, eine Stromfunktion Ψ einzuführen, aus der sich die Geschwindigkeitskompenenten u in x- und v in y-Richtung nach der Formel

$$u = \frac{\partial \Psi}{\partial y}, \quad v = -\frac{\partial \Psi}{\partial x} \tag{7.315}$$

berechnen lassen. Die Existenz einer Stromfunktion ist durch die Kontinuitätsgleichung (7.133) gesichert. In der Gleichung für die Stromfunktion in der Grenzschicht

$$\frac{\partial \Psi}{\partial y}\frac{\partial^2 \Psi}{\partial x \partial y} - \frac{\partial \Psi}{\partial x}\frac{\partial^2 \Psi}{\partial y^2} = U\frac{\partial U}{\partial x} + \nu\frac{\partial^3 \Psi}{\partial y^3} \tag{7.316}$$

ist $U(x)$ eine aus der Außenströmung gegebene Funktion. Die Haftbedingung und die Anpassung an die äußere Strömung verlangen

$$\Psi(x,0) = \frac{\partial \Psi(x,0)}{\partial y} = 0\,, \quad \frac{\partial \Psi(x, y \to \infty)}{\partial y} = U\,, \tag{7.317}$$

wo wir $\partial \Psi(x,0)/\partial x = 0$ ersetzt haben durch $\Psi(x,0) = 0$, da Ψ bis auf eine additive Konstante unbestimmt ist. Entsprechend dem parabolischen Charakter des Gleichungssystems ist noch eine Geschwindigkeitsverteilung

$$\frac{\partial \Psi(0,y)}{\partial y} = U_0(y) \tag{7.318}$$

vorzugeben. Neben den physikalischen Größen, die schon aus den Differentialgleichungen erkenntlich sind, treten noch dimensionsbehaftete Größen durch die Verteilungen $U_0(y)$ und $U(x)$ ein. Wir nehmen an, daß nur eine dimensionsbehaftete Größe A die Geschwindigkeitsverteilungen beschreibt, d. h. auch, daß die Anfangsverteilung und die Verteilung $U(x)$ nicht unabhängig voneinander vorgeschrieben werden können. Ohne Einschränkung der Allgemeinheit haben wir

$$[A] = LT^{-k}\,, \tag{7.319}$$

und aus

$$U = \mathrm{fn}(x, A) \tag{7.320}$$

folgt der äquivalente Zusammenhang

$$U\, A^{-1/k} x^{-(k-1)/k} = const\ , \tag{7.321}$$

d. h. wird sind auf ein Potenzgesetz festgelegt:

$$U = C\, x^m \tag{7.322}$$

mit

$$[C] = L^{1-m} T^{-1}\ . \tag{7.323}$$

Wir betrachten zunächst den Fall $m = 0$, $U = U_\infty = const$ und haben mit

$$\Psi = \Psi(x, y, \nu, U) \tag{7.324}$$

fünf Größen, aus denen sich drei dimensionslose Produkte bilden lassen, da der Rang r der Dimensionsmatrix Zwei ist. Die Beziehung (7.324) ist daher durch

$$\frac{\Psi}{\nu} = \mathrm{fn}\left(\frac{x\,U}{\nu}, \frac{y\,U}{\nu}\right) \tag{7.325}$$

ersetzbar. Gegenüber (7.324) hat aber die Dimensionsanalyse keinen Fortschritt gebracht, was die Zahl der unabhängig Veränderlichen angeht. In der Tat, aus (7.325) wird nicht sichtbar, daß es sich um ein Strömungsgebiet handelt, dessen Querabmessung von ν abhängt, während die Längsabmessung davon unabhängig ist. Wir tragen dieser Tatsache Rechnung, wenn wir als Bezugslänge für y die Länge $\sqrt{\nu\, x / U_\infty}$ verwenden und schließen weiter aus (7.315), daß die Stromfunktion in der Grenzschicht von der Größenordnung $U_\infty \sqrt{\nu\, x / U_\infty} = \sqrt{\nu\, x\, U_\infty}$ ist. Mit dieser Erkenntnis bringen wir (7.325) in die dimensionsanalytisch äquivalente Form

$$\frac{\Psi}{\sqrt{\nu\, x\, U_\infty}} = \mathrm{fn}\left(\frac{x}{y}, y\sqrt{\frac{U_\infty}{\nu\, x}}\right)\ , \tag{7.326}$$

die immer noch zwei unabhängige Veränderliche enthält. Man überzeugt sich aber leicht, daß die Randbedingungen sich auch erfüllen lassen, wenn die Abhängigkeit von x/y entfällt. Tatsächlich führt der Ansatz

$$\frac{\Psi}{\sqrt{\nu\, x\, U_\infty}} = \mathrm{fn}\left(y\sqrt{\frac{U_\infty}{\nu\, x}}\right) \tag{7.327}$$

zum Ziel. Auf formalem Wege läßt sich dieser Ansatz gewinnen, wenn man in (7.324) vorübergehend noch eine künstliche Länge L einführt. Dann tritt zunächst noch das Produkt $U_\infty L/\nu$ auf, aber es liegt eine Bezugslänge für x vor, die nicht von ν abhängt. Der (7.324) äquivalente Zusammenhang kann dann in der Form geschrieben werden

$$\frac{\Psi}{\sqrt{\nu\, x\, U_\infty}} = \mathrm{fn}\left(\frac{x}{L}, y\sqrt{\frac{U_\infty}{\nu\, L}}, \frac{U_\infty L}{\nu}\right) . \tag{7.328}$$

Da aber L in der Lösung nicht auftreten darf, muß die Abhängigkeit von $U_\infty L/\nu$ entfallen und x/L muß mit $y\sqrt{U_\infty/(\nu\, L)}$ so kombiniert werden, daß L herausfällt, was schließlich wieder auf den Ansatz (7.327) führt. Die Dimensionsanalyse hat in diesem Fall keine ausreichende Vereinfachung gebracht. Das Auftreten der dimensionsbehafteten Konstanten ν läßt dimensionsanalytisch keine schärfere Fassung als Gleichung (7.325) zu. Hier läßt sich aber ν mit der Transformation (MOFFATT [1977])

$$\bar{\Psi} = \frac{\Psi}{\sqrt{\nu}} ,$$

$$\bar{y} = \frac{y}{\sqrt{\nu}} \tag{7.329}$$

und

$$\bar{x} = x$$

aus der Differentialgleichung entfernen. Dies ist nicht möglich bei den Navier-Stokesschen Gleichungen, und das mag schon als Hinweis dienen, warum sich die Lösung dann schwieriger gestaltet. Wir benutzen jetzt für die transformierten Größen genau dieselbe Bezeichnung wie für nicht transformierte, beachten aber, daß nun

$$[y] = T^{1/2} , \quad [\Psi] = L\, T^{-1/2} \tag{7.330}$$

ist. Die Gleichung für die transformierte Stromfunktion lautet dann

$$\frac{\partial\Psi}{\partial y}\frac{\partial^2\Psi}{\partial x\partial y} - \frac{\partial\Psi}{\partial x}\frac{\partial^2\Psi}{\partial y^2} = U\frac{\partial U}{\partial x} + \frac{\partial^3\Psi}{\partial y^3} , \tag{7.331}$$

während sich die Randbedingungen nicht ändern. Wir haben jetzt, wenn wir den allgemeinen Fall

$$\Psi = \Psi(x, y, C) \tag{7.332}$$

betrachten, nur vier physikalische Größen, die zu nur zwei dimensionslosen Produkten Anlaß geben. Daher ist

$$\frac{\Psi}{\sqrt{C\, x^{m+1}}} = \mathrm{fn}\left(y\sqrt{C\, x^{m-1}}\right) , \tag{7.333}$$

und wenn wir zu den ursprünglichen nicht transfomierten Größen zurückkehren, auch

$$\frac{\Psi}{\sqrt{\nu C\, x^{m+1}}} = f(\eta) \tag{7.334}$$

mit

$$\eta = y\sqrt{\frac{C\, x^{m-1}}{\nu}} \; . \tag{7.335}$$

Die Beziehung (7.334) überführt die partielle Differentialgleichung für die Stromfunktion in die gewöhnliche Differentialgleichung, die *Falkner-Skan-Gleichung*

$$f''' + \frac{m+1}{2} f\, f'' + m\left(1 - f'^2\right) = 0 \tag{7.336}$$

mit den Randbedingungen

$$f(0) = f'(0) = 0 \quad \text{und} \quad f'(\infty) = 1 \; . \tag{7.337}$$

Die Anfangsbedingung führt auf die bereits in (7.337) enthaltene Forderung $f'(\infty) = 1$. Die Außenströmung

$$U = C\, x^m$$

entspricht der Geschwindigkeit, die bei der Potentialströmung um symmetrische Keile an der Keilwand angetroffen wird. Das Potential der äußeren Strömung ist mit (7.30) gegeben. Daher steht der Exponent m mit dem halben Öffnungswinkel in der Beziehung

$$\beta = \frac{\pi\, m}{m+1} \; , \tag{7.338}$$

wobei wir statt δ im Abschnitt 7.1.1 hier β benutzen, um Verwechselungen mit der Grenzschichtdicke auszuschließen. Für $m = 1$ erhält man die bekannte Staupunktströmung mit $a = C$ (Abschnitt 7.3.2), die in der Nähe des vorderen Staupunktes eines stumpfen, symmetrischen Körpers angetroffen wird. Die Falkner-Skan-Gleichung nimmt für diesen Fall genau die Form (7.168) an und die Randbedingungen (7.337) sind dieselben wie (7.169) und (7.170). In diesem speziellen Fall ist also die Grenzschichtlösung dieselbe wie die exakte Lösung der Navier-Stokesschen Gleichung (dies ist immmer der Fall, wenn die Lösung der Grenzschichtgleichung für $x \to 0$ regulär bleibt). Die Falkner-Skan-Gleichung muß numerisch gelöst werden, etwa mit dem in Abschnitt 7.3.2 besprochenen Verfahren. Der Wert $m = 0$ entspricht der Strömung längs einer ebenen Platte ohne Druckgradient. Die Falkner-Skan-Gleichung reduziert sich dann zur *Blasius-Gleichung*. Ihre Lösung liefert die laminare Grenzschicht an einer ebenen Platte. Im Gegensatz zur turbulenten Plattengrenzschicht (Kapitel 6) hat die laminare Plattengrenzschicht nur einen Längenmaßstab: $\sqrt{\nu x/U_\infty}$. Für negative m erhält man die Strömung um konvexe Ecken. Dann ist die Geschwindigkeit der Außenströmung an $x = 0$ unendlich. Die Lösungen der Falkner-Skan-Gleichungen, die dann nicht mehr eindeutig sind, können daher nur in einer gewissen Entfernung von $x = 0$ Bedeutung haben und auch nur dann, wenn durch Zusatzbedingungen Eindeutigkeit hergestellt wird. Die Außenströmung für $m = -1$ und $C > 0$ stellt die Strömung dar, wie sie in reibungsfreier Strömung an zwei Wänden durch eine Quelle erzeugt wird, die sich im Schnittpunkt der Wände befindet. Die Lösung der Falkner-Skan-Gleichung für diesen Fall ist das „große Reynolds-Zahl"-Analogon der Hamel-Jeffery-Strömung (Abschnitt 7.3.5). Wir hatten dort gezeigt, daß oberhalb eines Grenzwertes der Reynolds-Zahl symmetrisches Ausströmen nicht mehr möglich ist und erwarten daher, daß für $m = -1$ keine Lösung der Falkner-Skan-Gleichung existiert. Wenn man die Falkner-Skan-Gleichung für diesen Fall

$$f''' + f'^2 - 1 = 0 \tag{7.339}$$

mit f'' multipliziert und von $\eta = 0$ bis $\eta = \infty$ integriert, entsteht mit den „Randbedingungen" $f'(0) = 0$, $f'(\infty) = 1$, $f''(\infty) = 0$

$$[f''(0)]^2 = -\frac{4}{3}\,, \tag{7.340}$$

was unmöglich ist.

Die Ausführungen zeigen, daß erst nach vorangegangener Transformation der Veränderlichen die Dimensionsanalyse zum Ziel, der Reduktion der Zahl der Veränderlichen, geführt hat. Dies benutzen wir als Gelegenheit, auf eine andere, wesentlich weitergehende Methode hinzuweisen, um Ähnlichkeitslösungen zu finden: Wenn eine partielle Differentialgleichung invariant gegen Lie-Transformationsgruppen ist, so läßt sich die Zahl der unabhängig Veränderlichen verringern. In diesem Sinne ist die Dimensionsanalyse ein spezieller Fall einer Invarianz bezüglich Dehnungstransformationen. Es gibt eine reichhaltige Literatur über die Anwendung von Transformationsgruppen zum Auffinden von Ähnlichkeitslösungen partieller Differentialgleichungen. Wir verweisen hier auf das Buch von Bluman und Cole [1974] und dort aufgeführte Literatur. Für Anwendungen speziell auf die Gleichungen der instationären Gasdynamik siehe Coggeshall [1991] und für Anwendungen auf die instationären Grenzschichtgleichungen siehe Ma und Hui [1990].

Literaturverzeichnis

Abramovich, G. N.: *The Theory of Turbulent Jets.* Cambridge (Mass.): The MIT Press, 1963

Barenblatt, G. I.: *Similarity, Self-Similarity, and Intermediate Asymptotics.* New York, London: Consultants Bureau, 1979

Barenblatt, G. I.; Zel'dovich, Y. B.: Self-similar solutions as intermediate asymptotics. *Ann. Rev. Fluid Mech.*, 4 (1972) 285–312

Batchelor, G. K.: Heat convection and buoyancy effects in fluids. *Quart. J. R. Met. Soc.*, 80 (1954) 339–358

Bechert, K.: Über die Differentialgleichungen der Wellenausbreitungen in Gasen. *Ann. Physik*, 39 (1941) 357–372

Birkhoff, G.: *Hydrodynamics. A Study in Logic, Fact, and Similitude.* Princeton: Princeton University Press, 1950

Bluman, G. W.; Cole, J. D.: *Similarity Methods for Differential Equations.* New York, Heidelberg, Berlin: Springer, 1974

Bradshaw, P.: Compressible turbulent shear layers. *Ann. Rev. Fluid Mech.*, 9 (1977) 33–54

Brand, L.: The pi theorem of dimensional analysis. *Arch. Rational Mech. Anal.*, 1 (1957/58) 34–45

Bridgman, P. W.: *Dimensional Analysis.* New Haven: Yale University Press, 1922

Buckingham, E.: On physically similar systems; Illustration of the use of dimensional equations. *Phys. Rev.*, 4 (1914) 345-376

Buttenbender, J.: *Kritische Untersuchung von Aufwertungsverfahren anhand von Daten für Modell und Großausführung.* Studienarbeit, Fachgebiet Technische Strömungslehre, Darmstadt, 1991

Casey, M. V.: The effects of Reynolds number on the efficiency of centrifugal compressor stages. *ASME J. Engng. Gas Turb. Power*, 107 (1985) 541–448

Chen, C. J.; Rodi, W.: *Vertical Turbulent Buoyant Jets.* Oxford, New York, Toronto, Sydney, Paris, Frankfurt: Pergamon Press, 1980

Clauser, F. H.: The turbulent boundary layer. *Adv. Appl. Mech.*, 4 (1956) 1–51

Coggeshall, S. V.: Analytic solutions of hydrodynamics equations. *Phys. Fluid A*, 3(5) (1991) 757–769

Coles, D.: The law of the wake in the turbulent boundary layer. *J. Fluid Mech.*, 1 (1956) 191–226

Cordier, O.: Probleme der Strömungstechnik im Maschinenbau: Ähnlichkeitsbetrachtungen für Strömungsmaschinen. *VDI-Berichte*, 3 (1955) 85–88

Cordier, O.: Ähnlichkeitsbedingungen für Strömungsmaschinen. *BWK*, 5 (1953) 337–340

Crane, L. J.: Flow past a stretching plane. *Z. Ang. Math. Phys.*, 21 (1970) 645–647

DIN 1305: *Normen für Größen und Einheiten in Naturwissenschaft und Technik*. Berlin, Köln, Frankfurt/M.: Beuth, 1974

Dowson, D.; Taylor, C. M.: Cavitation in bearings. *Ann. Rev. Fluid Mech.*, 11 (1979) 35–66

Eckert, B.; Schnell, E.: *Axial- und Radialkompressoren*. Berlin, Heidelberg, New York: Springer, 1980

Epshteyn, L. A.: *Methods of the Dimensional Analysis and Similarity Theory in Problems of Ship Hydromechanics*. Washington D.C.: Department of the Naval Intelligence Support Center, 1977

Focken, C. M.: *Dimensional Methods and their Applications*. London: Arnold, 1953

Fourier, J. B. J.: *Analytical Theory of Heat*. New York: Dover, 1955

Goldshtik, M. A.: Viscous-flow paradoxes. *Ann. Rev. Fluid Mech.*, 22 (1990) 441–472

Grein, H.; Meier, J.; Klicov, D.: Efficiency scale effects in Pelton turbines. Proc. IAHR-Symp. Vol. II, Montreal, 1986

Guderley, G.: Starke kugelige und zylindrische Verdichtungsstöße in der Nähe des Kugelmittelpunktes bzw. der Zylinderachse. *Luftfahrtforschung*, 19 (1942) 302–312

Görtler, H.: *Dimensionsanalyse*. Berlin: Springer, 1975

Hamel, G.: Spiralförmige Bewegung zäher Flüssigkeiten. *Jahresber. Dt. Mathematiker-Vereinigung*, 25 (1916) 34–60

Hayes, W. D.; Probstein, R. F.: *Hypersonic Flow Theory*. New York, London: Academic Press, 1966

Hergt, P.; Stoffel, B.; Lauer, H.: Verlustanalyse an einer Kreiselpumpe auf der Basis von Messungen bei hoher Viskosität des Fördermediums. *VDI-Berichte*, 424 (1981) 29–38

Hersey, M. D.: The laws of lubrication of horizontal journal bearings. *J. Wash. Acad. Sci.*, 4 (1914) 542–552

Hersey, M. D.: *Theory and Research in Lubrication*. New York, London, Sidney: John Wiley, 1966

Huang, T. T.: Similarity laws for turbulent flow of dilute solutions of drag-reducing polymers. *Phys. Fluids*, 17 (1974) 298–309

Hutton, S. P.; Fay, A.: Analysis of efficiency scale-up for hydraulic machines. *Water Power*, 6 (1974) 205–268

IEC: International Code for Model Acceptance Tests of Hydraulic Turbines. IEC Publication 193, 1965

IEC: International Code for Model Acceptance Tests of Storage Pumps. IEC Publication 497, 1976

Jeffery, G. B.: The two-dimensional steady motion of a viscous fluid. *Philos. Mag. Ser. 6*, 29 (1915) 455–465

Kader, B. A.; Yaglom, A. M.: Similarity treatment of moving-equilibrium turbulent boundary layers in adverse pressure gradients. *J. Fluid Mech.*, 89 (1978) 305–342

Kline, S. J.: *Similitude and Approximation Theory*. Berlin, Heidelberg, New York, Tokyo: Springer, 1986

Kline, S. J.; Morkovin, M. V.; Sovran, G.; Cockrell, D. J. (Hg.): *Computation of Turbulent Boundary Layers – 1968 Stanford Conference, Vol. 1.*, AFOSR – IFP, Stanford: Stanford University, 1969

Kolmogorov, A. N.: Die lokale Struktur der Turbulenz in einer zähen Flüssigkeit bei sehr großen

Reynoldsschen Zahlen. In *Sammelband zur statistischen Theorie der Turbulenz*, Goering, H. (Hg.), p. 71, Berlin: Akademie-Verlag, 1958

Kolmogorov, A. N.: A refinement of previous hypotheses concerning the local structure of turbulence in a viscous incompressible fluid at high Reynolds number. *J. Fluid Mech.*, 13 (1962) 82–85

Kovasznay, L. S. G.; Kibens, V.; Blackmelder, R. F.: Large-scale motion in the intermittent region of a turbulent boundary layer. *J. Fluid Mech.*, 41 (1970) 283–325

Landau, L. D.: A new exact solution of the Navier-Stokes equations. *Dokl. Akad. Nauk SSSR*, 43 (1944) 286–288

Landau, L. D.; Lifshitz, E. M.: *Fluid Mechanics*. Oxford, New York: Pergamon Press, 1987

Langhaar, H. L.: *Dimensional Analysis and Theory of Models*. New York: Wiley, 1964

Lighthill, M. J.: Turbulence. In *Osborne Reynolds and Engineering Science Today*, McDowell, D. M.; Jackson, J. D. (Hg.), p. 83, Manchester: Manchester University Press, 1970

List, E. J.: Turbulent jets and plumes. *Ann. Rev. Fluid Mech.*, 14 (1982) 189–212

Lodge, A.: The multiplication of concrete quantities. *Nature*, July (1888) 281–283

Ludwieg, H.; Tillmann, W.: Untersuchungen über die Wandschubspannungen in turbulenten Reibungsschichten. *Ing. Archiv*, 17 (1949) 288–299

Ma, P. K. H.; Hui, W. H.: Similarity solutions of the two-dimensional unsteady boundary-layer equations. *J. Fluid Mech.*, 216 (1990) 537–559

Macagno, E. O.: Historico-critical review of dimensional analysis. *J. Franklin Inst.*, 292(6) (1971) 391–402

Mandelbrot, B. B.: *The Fractal Geometry of Nature*. New York: W. H. Freeman, 1982

Marcinowski, H.: Einstufige Turboverdichter. Wichtige Betriebsmerkmale und Betriebseigenschaften. *Chemie-Ingenieur-Technik*, 31/4 (1959) 237–247

McCallion, H.; Yousif, F.; Lloyd, T.: The analysis of thermal effects in a full journal bearing. *ASME J. Lubr. Tech.*, 92 (1970) 578–587

Mellor, G. L.: The effects of pressure gradients on turbulent flow near a smooth wall. *J. Fluid Mech.*, 24 (1966) 255–274

Mellor, G. L.; Gibson, D. M.: Equilibrium turbulent boundary layers. *J. Fluid Mech.*, 24 (1966) 225–253

Moffatt, H. K.: Six lectures on general fluid dynamics and two on hydromagnetic dynamo theory. In *Fluid Dynamics*, Balian, R.; Peube, J. L. (Hg.), p. 149, London, New York, Paris: Gordon and Breach Science Publishers, 1977

Monin, A. S.; Obuchow, A. M.: Fundamentale Gesetzmäßigkeiten der turbulenten Vermischung an der bodennahen Schicht der Atmosphäre. In *Sammelband zur statistischen Theorie der Turbulenz*, Goering, H. (Hg.), p. 199, Berlin: Akademie-Verlag, 1958

Monin, A. S.; Yaglom, A. M.: *Statistical Fluid Mechanics*. Cambridge (Mass.), London: The MIT Press, 1971

Morgan, A. J. A.: On a class of laminar viscous flows within one or two bounding cones. *Aeron. Quart.*, 7 (1956) 225–239

Morgan, A. J. A.: The reduction by one of the number of independent variables in some systems of partial differential equations. *Quart. J. Math.*, 3(12) (1952) 250–259

Morton, B. R.: The ascent of turbulent forced plumes in a calm atmosphere. *Int. J. Air Poll.*, 1 (1959) 184–197

Morton, B. R.; Taylor, G. I.; Turner, J. S.: Turbulent gravitational convection from maintained and instantaneous sources. *Proc. Roy. Soc.*, 234 A (1956) 1–23

Oboukhov, A. M.: Some specific features of atmospheric turbulence. *J. Fluid Mech.*, 13 (1961) 77–81

Pai, S. I.: *Fluid Dynamics of Jets.* Toronto, New York, London: Van Nostrand, 1954

Perry, A. E.; Bell, J. B.; Joubert, P. N.: Velocity and temperature profiles in adverse pressure gradient turbulent boundary layers. *J. Fluid Mech.*, 25 (1966) 299–320

Perry, A. E.; Henbest, S.; Chong, M. S.: A theoretical and experimental study of wall turbulence. *J. Fluid Mech.*, 165 (1986) 163–199

Petermann, H.: *Einführung in die Strömungsmaschinen.* Berlin, Heidelberg, New York: Springer, 1974

Pfleiderer, C.: *Die Kreiselpumpen für Flüssigkeiten und Gase.* Berlin, Göttingen, Heidelberg: Springer, 1961

Pinkus, O.; Bupara, S. S.: Adiabatic solutions for finite journal bearings. *ASME J. Lubr. Tech.*, 101 (1979) 492–496

Pinkus, O.; Sternlicht, B.: *Theory of Hydrodynamic Lubrication.* New York, Toronto, London: McGraw-Hill, 1961

Planck, M.: *The Theory of Radiation.* New York: Dover, 1959

Plate, E. J.: *Aerodynamic Characteristics of Atmospheric Boundary Layers.* Oake-Ridge: U.S. Atomic Energy Commission Division of Technical Information, 1971

Potsch, K.: Laminare Freistrahlen im Kegelraum. *Z. Flugwiss. Weltraumforsch.*, 5 (1981) 44–52

Prandtl, L.: Beiträge zur Physik der freien Atmosphäre. *Bjerknes-Festschrift*, 19 (1932) 188–202

Prandtl, L.: Eine Beziehung zwischen Wärmeaustausch und Strömungswiderstand der Flüssigkeiten. *Phys. Z.*, 11 (1910) 1072–1078

Prandtl, L.: *Führer durch die Strömungslehre.* Braunschweig: Vieweg, 1965

Prandtl, L.: Neuere Einsichten in die Gesetze des Luftwiderstandes. In: Festschrift der Kaiser-Wilhelm-Gesellschaft zur Förderung der Wissenschaften zum 10 jährigen Jubiläum. Berlin: Springer, 1921

Prandtl, L.: A re-examination of the hydrodynamic theory of bearing lubrication. Proc. General Discussion on Lubrication and Lubricants, London, 1937

Rayleigh, J. W. S.: The principle of similitude. *Nature*, 95 (1915) 66–68

Rayleigh, J. W. S.: *The Theory of Sound.* New York: Dover, 1945

Reynolds, O.: On the theory of lubrication and its application to Mr. Beauchamp Tower's experiments, including an experimental determination of the viscosity of olive oil. *Phil. Trans. Roy. Soc. Lond. A*, 177 (1886) 157–234

Rosenhead, L.: *Laminar Boundary Layers.* New York: Dover, 1963

Rotta, J. C.: *Turbulente Strömungen.* Stuttgart: Teubner, 1972

Rotzoll, R.: Untersuchungen an einer langsamläufigen Kreiselpumpe bei verschiedenen Reynolds-Zahlen. *Konstruktion im Maschinen-, Apparate- und Gerätebau*, 10/4 (1958) 121–130

Ruark, A. E.: Inspectional analysis: A method which supplements dimensional analysis. *J. Mitchell Soc.*, 51 (1935) 127–133

Sassenfeld, H.; Walther, A.: Gleitlagerberechnungen. *VDI-Forschungsheft 441*, B/20 (1954) 1–28

Schlichting, H.: *Boundary Layer Theory.* New York: McGraw-Hill, 1979

Schneider, W.: Boundary-layer theory of free turbulent shear flows. *Z. Flugwiss. Weltraumforsch.*, 15 (1991) 143–158

Schneider, W.: Flow induced by jets and plumes. *J. Fluid Mech.*, 108 (1981) 55–65

Schubauer, G. B.; Tchen, G. M.: *Turbulent Flow.* Princeton: Princeton University Press, 1961

Sedov, L. I.: *Similarity and Dimensional Methods in Mechanics.* New York: Academic Press, 1959

Serrin, J.: Mathematical Principles in Cassical Fluid Mechanics. In *Handbuch der Physik, Bd. VIII/1*, Flügge, S. (Hg.), p. 125, Berlin, Göttingen, Heidelberg: Springer, 1959

Servaes, H.: The effects of forced-feed lubrication on performance characteristics of full finite journal bearings. *ASME J. Lubr. Tech.*, 91 (1969) 544–550

Simon, H.; Bülskämper, A.: On the evaluation of Reynolds number and relative surface roughness effects on centrifugal compressor performance based on systematic experimental investigations. *ASME J. Engng. Gas Turb.Power*, 106 (1984) 489–501

Sommerfeld, A.: Zur hydrodynamischen Theorie der Schmiermittelreibung. *Z. Math. Phys.*, 50 (1904) 97–155

Speziale, C. G.: Analytical methods for the development of Reynolds-stress closures in turbulence. *Ann. Rev. Fluid Mech.*, 23 (1991) 107–157

Spurk, J. H.: *Strömungslehre.* Berlin, Heidelberg, New York, London, Paris, Tokyo, HongKong: Springer, 1989

Spurk, J. H.: Über den Öldurchsatz in druckgeschmierten Lagern. *Ing. Archiv*, 51 (1982) 399–414

Squire, H. B.: The round laminar jet. *Quart. J. Mech. App. Math.*, 4 (1951) 321–329

Sreenivasan, K. R.: Fractals and multifractals in fluid turbulence. *Ann. Rev. Fluid Mech.*, 23 (1991) 539–600

Stephan, H.: *Integralverfahren zur Berechnung von Gleitlagern mit beliebiger Ölzuführungsgeometrie.* Dissertation, Fachgebiet Technische Strömungslehre, Darmstadt, 1989

Stratford, B. S.: An experimental flow with zero skin friction throughout its region of pressure rise. *J. Fluid Mech.*, 5 (1959) 17–35

Taylor, E. S.: *Dimensional Analysis for Engineers.* Oxford: Clarendon Press, 1974

Taylor, G. I.: Cavitation of a viscous fluid in narrow passages. *J. Fluid Mech.*, 16 (1963) 595–619

Townsend, A. A.: Equilibrium layers and wall turbulence. *J. Fluid Mech.*, 11 (1961) 97–120

Townsend, A. A.: *The Structure of Turbulent Shear Flow.* Cambridge: Cambridge University Press, 1976

Vogelpohl, G.: Ähnlichkeitsbeziehungen der Gleitlagerreibung und untere Reibungsgrenze. *VDI-Zeitschrift*, 91/16 (1949) 379–384

von Kármán, T.: Mechanische Ähnlichkeit und Turbulenz. Nachr. Ges. Wiss. Göttingen, Math. Phys. Klasse, 58, 1930

Wang, C. Y.: Exact solutions of the steady-state Navier-Stokes equations. *Ann. Rev. Fluid Mech.*, 23 (1991) 159–177

Wang, C. Y.: The three-dimensional flow due to a stretching flat surface. *Phys. Fluids*, 27/18 (1984) 1915–1917

White, F. M.: *Viscous Fluid Flow.* New York: McGraw-Hill, 1974

Yaglom, A. M.: Similarity laws for constant-pressure and pressure gradient turbulent wall flows. *Ann. Rev. Fluid Mech.*, 11 (1979) 505–540

Yaglom, A. M.; Kader, B. A.: Heat and mass transfer between a rough wall and turbulent fluid flow at high Reynolds and Peclet numbers. *J. Fluid Mech.*, 62 (1974) 601–623

Zel'dovich, Y. B.; Raizer, Y. P.: *Physics of Shock Waves and High-Temperature Hydrodynamic Phenomena (2 Bände).* New York, London: Academic Press, 1967

Zierep, J.: *Ähnlichkeitsgesetze und Modellregeln der Strömungslehre.* Karlsruhe: G. Braun, 1982

Sachverzeichnis

GPSR Compliance

The European Union's (EU) General Product Safety Regulation (GPSR) is a set of rules that requires consumer products to be safe and our obligations to ensure this.

If you have any concerns about our products, you can contact us on ProductSafety@springernature.com

In case Publisher is established outside the EU, the EU authorized representative is:

Springer Nature Customer Service Center GmbH
Europaplatz 3
69115 Heidelberg, Germany

Batch number: 10683525

Printed by Printforce, the Netherlands